# MOKICKS UND KLEINKRAFTRÄDER

## IN DEUTSCHLAND
## 1960 – 2000

Frank Rönicke

Motor
buch
Verlag

Umschlaggestaltung: Sven Rauert unter Verwendung von Bildern aus dem Archiv des Autors.

Dieser Buchtext wurde von einem Menschen ohne jegliche Zuhilfenahme künstlicher Intelligenz erstellt.

Abbildungen: Sofern unter den Abbildungen nicht anders angegeben, handelt es sich um Pressefotos und Prospektabbildungen der jeweiligen Werke und um Bilder aus dem Archiv des Autors.



ISBN: 978-3-613-04758-7



1. Auflage 2026

Sie finden uns im Internet unter www.motorbuch-verlag.de



Lektorat: Joachim Kuch
Innengestaltung: Jürgen Knopf, Medien und Printprodukte, 74321 Bietigheim-Bissingen
Druck und Bindung: DZS GRAFIK d.o.o, 1210 Ljubljana
Printed in Slovenia

# Inhalt

# Vorwort

Fünfziger, vom Mofa bis zum Kleinkraftrad, haben in Deutschland seit Jahren Hochkonjunktur; die Sehnsucht nach der Jugend und ihrer »Spielzeuge« bleibt ungebrochen. Und das gilt manchmal noch mehr für viele europäische Länder, in denen es die schon immer übertriebene (west)deutsche Regulierungswut rund um die kleinen Fahrzeuge gar nicht gab. Übrigens auch in der DDR nicht, mit dem Ergebnis, dass laut Einigungsvertrag vom August 1990 alle bis Oktober des gleichen Jahres bei Simson in Suhl gebauten Mokicks immer noch 60 km/h schnell sein dürfen. Mit wiederum der Folge, dass die Baureihen S 51, Schwalbe und SR 50 bis heute bundesweit für den Alltagsgebrauch heiß begehrt sind.

Schwer gefragt sind auch Kreidler, Zündapp und Co., die Jugendträume der »Boomer-Generation« der alten Bundesrepublik, auch wenn es an den Stammtischen der alten Herren nicht mehr um die besten »Frisiermethoden« geht und auch nicht mehr darum, wer mit seinem Häschen auf der knappen Sitzbank am schnellsten das Eiscafé erreicht.

Der vorliegende Band versucht sie nun alle wieder hervorzukramen, die Fünfziger aus vier Jahrzehnten, die in Deutschland Ost und West käuflich erworben werden konnten. Von der heißbegehrten Zündapp KS 50, über die schnellen KTM Comet bis zu den Mauerblümchen Montesa Cota oder Derbi Diabolo.

Anders als beim vorangegangenen Band dieser kleinen Reihe »Mofas und Mopeds«, der 1965, dem Jahr der offiziellen Einführung der Fahrzeuggattung Mofa 25 begann, habe ich mich als Einstieg bei den Mokicks und Kleinkrafträdern für das Jahr 1960 entschieden. Zum 1. August 1960 trat in der Bundesrepublik eine neue Führerscheinregelung in Kraft. Die neue Klasse 4 galt für Kleinkrafträder mit maximal 50 cm³ Hubraum ohne Geschwindigkeitsbegrenzung und die Klasse 5 für die gleichen Fahrzeuge mit einer auf 40 km/h limitierten Höchstgeschwindigkeit. Dabei waren hier Pedale nicht mehr zwingend erforderlich – Fußrasten und Kickstarter ersetzten diese. Aus dem Moped, dessen Zulassungszahlen rapide abnahmen, war das Mokick entstanden. Aus den Montagehallen in- und ausländischer Hersteller liefen Mokicks und Kleinkrafträder fortan in ähnlicher Optik, aber mehr oder weniger unterschiedlichen Antriebskonzepten zu den Händlern. Nachdem die Kleinkrafträder nach 1980 vom Markt verschwanden, liefen die Mokicks ab Mitte des Jahrzehnts noch einmal zur Höchstform auf. Denn ab 1986 waren 50 km/h erlaubt und sportliche Designs sowie Mehrganggetriebe ergaben nun endlich einen Sinn. In den 90er Jahren verschwammen dann manchmal die Konturen, Mokicks waren jetzt oft Mofa-Derivate (oder umgekehrt). Die sportlichen Linien kehrten nach 1986 aber auch zurück, sei es in Form einer Enduro oder einer Straßenrennmaschine.

Für die Unterstützung bei der Texterstellung bedanke ich mich bei Michaela Hesslinger aus Igersheim.

**Frank Rönicke**

# Einführung

In der zweiten Hälfte der 1930er Jahre kam das sogenannte Motorfahrrad, ein leichtes Motorrad mit zusätzlichem Pedaltrieb, immer mehr in Mode. Auch »pedalisiertes Motorrad« und später kurz »Mofa« genannt, steuer- und führerscheinfrei, wurde das Gefährt meist von einem zugelieferten Motor angetrieben. Hauptantriebsquelle jener Zeit war der Sachs Zweitakt-Motor Modell 32, der mit 98 ccm Hubraum 2,25 PS leistete und in 30 verschiedenen deutschen Kleinmotorrädern werkelte, allen voran die Marktführer Miele und Wanderer. Viele dieser Hersteller starteten 1948/49 wieder mit den letzten, oft nur leicht überarbeiteten Vorkriegsmodellen durch, Fichtel & Sachs hatte dafür den Motor sogar noch etwas modernisiert. Bis Mitte der 1950er Jahre blieben einige dieser Modelle in Damen- (Durchstiegs-) und Herrenvariante (mit Querstange) in Deutschland im Angebot, während man zum Beispiel in Italien schon längst auf leichtere Fahrzeuge mit 50-cm³-Motoren setzte.

*> Die Wanderer 2 SP war eines der besten deutschen Motorfahrräder, das bis in den Zweiten Weltkrieg hinein gebaut wurde.*

*> Kreidlers K 51 war 1953 Deutschlands erstes Kleinkraftrad, das die Basis für eine Jahrzehnte anhaltende Erfolgsgeschichte bildete.*

Alfred Kreidler wollte mit seiner Firma in Kornwestheim im Mofa-Geschäft mitmischen. Nur sollte das Kreidler-Mofa einfacher und billiger sein und trotzdem mindestens den gleichen Nutzwert haben wie ein herkömmliches Fahrzeug dieser Klasse. Die Idee war nun, einen kleineren und leichteren Rahmen nur noch in der Durchstiegsvariante zu bauen und einen modernen Zweitaktmotor mit nur 50 cm³ Hubraum in sein Dreieck zu setzen. Fünfziger waren seit 1949 in der jungen Bundesrepublik steuer- und führerscheinfrei. Mit einem in das Getriebe integrierten Pedaltrieb konnte auf die zweite Antriebskette verzichtet werden. 1951 lief die erste Serienmaschine vom Typ K 50 vom Band und war sofort eine Sensation. Mit ihren 2 PS (etwas später 2,2 PS) lief die Maschine 55 km/h schnell und kostete nur 535 D-Mark. Für ein Mofa des ehemaligen Marktführers Miele, das 15 kg schwerer und nur 5 km/h schneller war, musste der Käufer mindestens 690 D-Mark berappen.

Die Konkurrenz wurde ebenso schnell auf den Plan gerufen wie der Gesetzgeber. Und nachdem ab Januar 1953 die neue Mopedklasse (die immer noch als Fahrräder mit Hilfsmotoren durch die deutsche Bürokratie geisterte), unter anderem mit der 33-kg-Formel geschaffen worden war, passte Kreidlers »Mofa« da gar nicht rein. Für die 47 kg schwere K 50 brauchte man nun plötzlich einen Führerschein! Warum nicht gleich ein Motorrad in dieser Klasse etablieren, fragten sich die Kreidler-Mannen. Bei den klassischen Mofas mit 98 cm³ war es ja so: Erhielten sie Fußrasten und einen Kickstarter anstelle der Tretkurbel, war aus ihnen der Einstieg in die Motorradklasse und ein sicherer zu bewegendes Fahrzeug geworden. Also verpasste Johann Hilber, der Kreidler Chefkonstrukteur, dem »Mofa« K 50 einen Kickstarter an der linken Seite, zwei Fußrasten dazu und nannte das Ganze K 51. Ein Motorrad mit 55 km/h Höchstgeschwindigkeit! Da musste der Gesetzgeber, kaum dass er die 50-cm³-Klassen eingeteilt

*> Die »Blechbananen« der Zweirad Union, im Bild das Modell Victoria 155, gehörten zu den ersten Kleinkrafträdern der frühen 1960er Jahre.*

*> Endstation einer Kleinkraftradentwicklung: Die Zündapp KS 50 watercooled, mit Wasserkühlung, Druckgussfelgen, Blinkanlage, Cockpitverkleidung und Heckbürzel.*

> *Die Hercules K 50 Ultra LC blieb bis 1983 das letzte und einzige in Deutschland noch produzierte und angebotene Kleinkraftrad.*

> *Die von 1959 bis 1969 in verschiedenen Versionen gebaute Göricke Regina Luxus verkörperte eindrucksvoll die aus dem Moped hervorgegangenen Mokicks.*

hatte, schon wieder aktiv werden. Im August 1954 wurde nämlich die Straßenverkehrs-Zulassungs-Ordnung noch einmal dahingehend geändert, dass 50-cm³-Zweiräder mit Fußrasten und Kickstarter künftig als »Kleinkrafträder« geführt wurden. Als »Lex Kreidler« ging diese Regelung in die Kraftfahrzeuggeschichte ein, die für Jahrzehnte eine neue Fahrzeugkategorie schuf. Mit der K 51 als erstem Kleinkraftrad der deutschen Kraftfahrzeuggeschichte.

Die Fünfziger-Szene hatte den ansonsten in Deutschland darnieder liegenden »Motorradmarkt« derart wiederbelebt, dass 1960, nach drei Jahren Pause, wieder eine Internationale Fahrrad- und Motorradausstellung stattfinden konnte. Hier trugen die übrig gebliebenen Hersteller motorisierter Zweiräder nun eine Art Stellvertreterkrieg in den 50-cm³-Klassen aus.

### Das Kleinkraftrad

Das Kleinkraftrad mit offener Motorleistung entwickelte sich schon zu Beginn der 1960er Jahre weg vom Moped-Image und hin zum kleinen Motorrad, das am Ende bei über 6 PS Motorleistung um die 90 km/h Spitze schaffte. Dafür gab es einen stabilen Rahmen, (meist) eine Telegabel vorn und eine Schwinge mit zwei Federbeinen hinten. Ein großer Sporttank sorgte für genug Reichweite, kräftige Bremsen für eine ordentliche Verzögerung – vor allem, als in der zweiten Hälfte der 1970er Jahre die Scheibenbremsen auf dem Vormarsch waren. In der Regel hatten zu dieser Zeit auch alle Triebwerke ein Fünfganggetriebe. Soziustest mussten die Maschinen sein, denn mit 16 wollte man ja Freundin oder Freund mitnehmen.

Ab 16 Jahren durfte man also ein Kleinkraftrad (auch auf der Autobahn!) fahren, sofern vorher der im August 1960 eingeführte Führerschein Klasse 4 erworben wurde. Dafür war weder ein Fahrschulbesuch noch eine Fahrprüfung erforderlich. Eine Fragebogenprüfung zu Verkehrssituationen gab es allerdings. Freiwillig war der Besuch von Unterrichtsstunden zur Aneignung theoretischen Wissens und für Fahrübungen möglich – und empfehlenswert!

Kleinkrafträder waren zwar zulassungs- und steuerfrei, mussten aber

> *Kleinkraftrad oder Mokick: Die KTM Comet Grand Prix gab es in beiden, äußerlich kaum zu unterscheidenden Versionen. Im Bild der Mokick-Typ 50 S.*

ein weißes Kennzeichen mit schwarzer Beschriftung tragen, das von der Zulassungsbehörde ausgehändigt wurde. Sofern man den Nachweis einer Haftpflichtversicherung dabeihatte. Und die war für Kleinkrafträder richtig teuer, denn nahezu 20 Prozent aller Kleinkrafträder waren irgendwann in einen Unfall verwickelt. 700 D-Mark waren es etwa 1976 – so teuer wie bei einem Motorrad mit 350 ccm Hubraum. Kleinkrafträder mussten außerdem regelmäßig zum TÜV.

1976 wurde für Kleinkrafträder auch eine Helmpflicht eingeführt, aber anfangs noch sehr locker gehandhabt.

Ende der 70er Jahre brach der Kleinkraftrad-Markt aufgrund der ausufernden Kosten völlig zusammen; die meisten Hersteller – bis auf Hercules – ließen die Produktion 1980 auslaufen. Das Leichtkraftrad mit 80 ccm Hubraum ersetzte in Deutschland die 50er, die laut Gesetzgeber noch bis Ende 1983 gefertigt werden durften. Ab 1981 galt auch hier die Führerscheinregelung der Leichtkrafträder mit der neu eingeführten Klasse 1b.

### Kleinkrafträder in Zahlen

Um 1970 herum wurden jährlich rund 50 000 Kleinkrafträder in Deutschland zugelassen! Doch am Horizont zeigten sich auch hier die ersten dunklen Wolken.

Mitte der siebziger Jahre begann auf dem deutschen Kleinkraftradmarkt ein Schrumpfungsprozess. Wurden in Deutschland im Jahre 1973 noch genauso viele Kleinkrafträder wie größere Motorräder aller Klassen zugelassen, änderte sich das Verhältnis in den Folgejahren deutlich zu Gunsten echter Motorräder. 1973 wurden in Westdeutschland 55 000 Kleinkrafträder hergestellt und knapp 40 000 hierzulande zugelassen. Wie deutlich das Interesse in den Folgejahren zurückging, zeigen zwei andere Zahlen: Am 1. Januar 1975 waren in der Bundesrepublik 208 000 Kleinkrafträder registriert, das waren nur 6 000 mehr als im Jahr zuvor. Gründe gab es genug. Da war die 1976 eingeführte Helmpflicht, deren Nichtbeachtung aber noch auf Jahre hinaus nicht geahndet wurde. Außerdem die wahnwitzigen Haftpflicht-Versicherungsprämien und die die Preise für die Maschinen selbst, die inzwischen die 3000-D-Mark-Grenze überschritten hatten. Dafür gab es auch eine wunderschöne Honda CB 200 mit Zweizylinder-Viertaktmotor oder eine Yamaha RD 200. Und die Japaner konnten auch preiswerte, aber nicht billige 50er, die die deutschen Hersteller ebenso bedrängten, wie etwa die immer stärker werdende Marke KTM aus Österreich.

1980 kam mit den neuen 80-cm$^3$-Leichtkrafträdern die vermeintliche Rettung für die letzten deutschen Hersteller. Aber der Schuss

> *Spätestens zum Ende der 1980er Jahre hin, wurden auch in Deutschland Mokicks im Mofa-Design angeboten. Im Bild die Atala MASTER HYDRO von 1988.*

ging nach hinten los, die Japaner waren wieder schneller, besser und preiswerter und als Mitte der 1980er Jahre die Versicherungskosten auf einem ähnlichen Niveau wie zuvor bei den Kleinkrafträdern lagen, war auch die Zeit der 80er schnell wieder vorbei. Lachender Dritter war das Mokick.

**Das Mokick**

In allen rechtlichen und steuerlichen Belangen war das Mokick (Motor-Kickstarter) seit August 1960 dem Moped gleichgestellt. Auch hier galt die zugelassene Höchstgeschwindigkeit von 40 km/h. Anders als das Moped aber, das aus dem Mofa erwachsen war, stammte das Mokick nach 1960 meist vom Kleinkraftrad ab. Beide Modelle waren auf den ersten Blick oft nicht zu unterscheiden – durch ein Kühlluftgebläse viel-

> *Tausende der fast 1,5 Million Mal gebauten S 51-Mokicks von Simson tummeln sich heute noch auf deutschen Straßen.*

leicht, sofern das Mokick dieses noch hatte. Meistens waren die Motoren identisch, beim Mokick durch Zuschnüren von Vergaser und Auspuff sowie einer anderen Übersetzung zum Hinterrad in seiner Leistung gedrosselt. Das erlaubte auch den Einsatz von Getrieben mit weniger Gangstufen.

In den 1980er Jahren – die Mokicks wurden jetzt offiziell als Kleinkrafträder mit 40 km/h Höchstgeschwindigkeit geführt – setzte das Mokick in Design und Ausstattung die zu Ende gegangene Ära der Kleinkrafträder fort. Mit der Einführung des neuen Führerscheins Klasse Vier und dem gleichzeitigen Siegeszug der Leichtkrafträder brach 1981 auch der Mokick-Markt drastisch ein, um ab 1986, als die Höchstgeschwindigkeit auf 50 km/h hochgesetzt worden und der Boom der Leichtkrafträder vorbei war, wie Phönix aus der Asche aufzuerstehen.

Schon während der 1980er Jahre teilten sich die Mokicks in zwei Designlinien auf. Einmal die Fahrzeuge, die sich weiterhin am Aussehen sportlicher Motorräder orientierten und andererseits diejenigen, die eine optische Einheit mit dem klassischen Durchstiegsmofa bildeten.

**Die 50er in der DDR**

In der DDR durften von Anfang an alle 50-cm³-Fahrzeuge – mit Ausnahme des Sperbers – ab 15 Jahren und nach dem Erwerb des »Mopedführerscheins« gefahren werden. Die theoretische und die praktische Prüfung dazu waren leicht zu bewältigen.

Mit den ab 1964 gebauten Modellen der »Vogelserie« wurde die Höchstgeschwindigkeit für die 50er auf 60 km/h festgeschrieben.

Nach 1972 waren praktisch alle Fünfziger in der DDR Mokicks, die offiziell 60 km/h schnell sein und weiterhin mit dem Mopedführerschein ab 15 Jahren gefahren werden durften. Steuer und Versicherung kosteten zusammen 8,50 Mark Ost – in Berlin, Hauptstadt der DDR, 10,50 Mark Ost.

Vergleichbar dem bundesdeutschen Kleinkraftrad, wurde von 1966 bis 1972 in Suhl der SR 4-3 »Sperber« gebaut. Mit 4,6 PS und 75 km/h Höchstgeschwindigkeit wurde er im Osten in die Klasse der Motorräder einsortiert und durfte mit einem entsprechenden Führerschein ab 16 Jahren gefahren werden.

*> Unter der Bezeichnung »Starflite« vertrieb unter anderem Karstadt viele Jahre lang 50er vom Mofa bis zum Kleinkraftrad des niederländischen Herstellers Batavus.*

**Zu diesem Buch**

Die enorme Fülle an Mokicks und Kleinkrafträdern, vor allem in den 70er und 80er Jahren, macht es nahezu unmöglich, jedes einzelne Modell in Wort und Bild darzustellen. Dennoch wird hier der Versuch unternommen, eine möglichst lückenlose Aufzählung aller relevanten Hersteller und ihrer Modelle im genannten Zeitraum zu präsentieren. Es werden auch reine Sportmaschinen vorgestellt, soweit sie nicht mehr als 50 ccm Hubraum aufweisen und für den deutschen Markt von Relevanz sind. Dabei wird jeweils chronologisch vorgegangen, Mokicks und Kleinrafträder nicht getrennt vorgestellt. Die im Zuge des Rollerbooms in den 90er Jahren auch mit einigen Mokicks auf den deutschen Markt kommenden Hersteller aus China, Taiwan, Indien oder Südkorea bleiben aus Platz- und Interessensgründen unerwähnt. Ebenso wie alle Motorroller, die im Zeitraum 1960 bis 2000 den Kategorien Mokick oder Kleinkraftrad zugeordnet wurden. Für Motorroller wird es im Zuge dieser kleinen Buchreihe einen eigenen Band geben.

Die von deutschen Versand- und Warenhäusern angebotenen Fahrzeuge werden – anders als in zeitgenössischen Katalogen – nicht unter der Bezeichnung des Vertreibers, sondern unter der des Herstellers (z. B. Batavus, Garelli, usw.) aufgeführt. Der Bezug zu den Handelshäusern wird aber jeweils hergestellt.

Für die angegebenen Produktionszeiträume kann keine Gewähr übernommen werden; in der Regel entsprechen sie den Katalogangaben, die um ein Jahr hin oder her variieren könnten. Das kann passieren, wenn Firmen den Erscheinungstermin eines Fahrzeuges offiziell machten, ihn dann aber nicht halten konnten. Oder wenn die Produktion schon eingestellt worden war, Restbestände aber noch verkauft wurden.

# Die deutschen Hersteller:

Teil 1

## Von DKW bis Kreidler

# DKW

## DKW

Mit der in Nürnberg infolge der Zweiradkrise in die Pleite gerutschten Firma Victoria, der kaum weniger bekannten Marke Express aus Neumarkt und den Resten der DKW-Motorradfertigung in Ingolstadt entstand 1958 in Nürnberg die Zweirad Union mit Sitz im Victoria-Werk in der Nopitschstraße.
Die Geschäfte – hauptsächlich mit 50-cm³-Fahrzeugen – liefen nun recht ordentlich, aber durch eine Krise der zur Zweirad Union gehörenden Faun-Werke stand es Mitte der 60er Jahre nicht zum Besten. Kurzerhand übernahm Fichtel & Sachs, die sich zuvor schon die Hercules-Werke einverleibt hatten, zum 24. Januar 1966 die Zweiradfertigung der Zweirad Union. Mit der Folge, dass die Marken Express und Victoria nach und nach nicht mehr fortgeführt wurden, die gesamte Nürnberger Zweiradfertigung ins ehemalige Victoria-Werk zog und Hercules- und DKW-Fahrzeuge oft baugleicher Natur waren. Für das vorliegende Buch werden die drei Marken der Zweirad Union trotz vieler gleicher Typenidentitäten getrennt aufgeführt.

### 1960–1965

Nach dem Abverkauf der Auslaufmodelle der früher selbständigen Firmen kamen 1959/1960 eine Reihe von (teilweisen) Neukonstruktionen in das Programm der Zweirad Union. Am Anfang war die Hummel Super noch ein echtes DKW-Fabrikat, mit in der Leistung etwas gesteigertem Motor aus der Ingolstädter Fertigung, aber einem moderneren Design. Die Hummel Super war als Moped oder zweisitziges Mokick (Zusatzbezeichnung MK) mit je 2 PS Motorleistung lieferbar. Das Kleinkraftrad Hummel Super KR war mit 3,8, später 4,2 PS unterwegs. Mokick und Kleinkraftrad hatten eine neue Telegabel erhalten.
Auf eine Victoria-Konstruktion (Avanti) ging das sportliche Modell DKW Violetta zurück, das von der Zweirad Union angeboten wurde. Es konnten folgende drei Varianten geordert werden: Moped (mit Pedaltrieb), Mokick (beide 2 PS) oder ungedrosseltes Kleinkraftrad (3,7 PS, 70 km/h) mit Gebläsekühlung. Eine Doppelsitzbank war für alle Ausführungen serienmäßig. Angetrieben wurden alle Modelle vom so genannten »Einheitsmotor« der Zweirad Union, wenngleich noch die Markennamen in die Seitendeckel geprägt waren.

*> Ab 1960 für kurze Zeit im Angebot der Zweirad Union: DKW Violetta, wieder als Moped, Mokick oder Kleinkraftrad (Foto).*

*> Von 1960 bis 1966 war die Hummel als Typ 115 (Mokick) und 155 (Kleinkraftrad) im Angebot. Die schon in Ingolstadt vorgedachte Karosserieform ging als »Blechbanane« in die Fahrzeuggeschichte ein.*

*> Zu Beginn der 1960er Jahre bot die Zweirad Union dieses Modell mit neuer Telegabel als Hummel Super MK mit 2 PS oder Hummel Super KR mit 4,2 PS an.*

*> Und noch eine Hummel ging 1962, jetzt im sportlich geschlossenen Schalenrahmen, an den Start: Die Modelle 136 als Mokick und 166 als Kleinkraftrad.*

Auf eine Studie von DKW Ende der 1950er Jahre basierte die ebenfalls noch 1960 vorgestellte »neue Linie« der Zweirad Union. Scherzhaft nannte man die mit üppigem, futuristisch gestaltetem Blech ausgestatteten Maschinchen auch »Blechbananen«. Die DKW-Ausführungen nannten sich wieder Hummel, je nachdem – ob Mokick oder Kleinkraftrad – kam die Typenbezeichnung 115 oder 155 dazu. Das Fahrwerk war komplett überarbeitet und mit 16-Zoll-Rädern ausgestattet. Die dazu eher ungewöhnliche Bereifung sollte vermutlich die Weißwandringe besser zur Geltung bringen. Mit 4,2 PS war das Modell 155 ab 1963 75 km/h schnell.

Das bisher bestehende Programm der Zweirad Union mit 24 (!) Modellen erhöhte sich 1962 gar auf 32 Varianten. DKW steuerte dazu die Modelle Hummel 136 bzw. 166 bei. Der aus dem DKW-Erbe heraus neu konstruierte 49,6-cm³-Motor erhielt seinerzeit Bestnoten von den Kritikern. Er leistete für das Mokick (Modell 136) 2,6 PS und beschleunigte das Kleinkraftrad (Modell 166) mit 4,6 PS (später 5,3 PS) auf 80 km/h. Ungewöhnlich war das Fünfganggetriebe (Mokick mit vier Gängen), das seiner Zeit weit vorauseilte. Neu war auch das Fahrwerk, zwar immer noch mit dem ausladenden Schalenrahmen, aber jetzt mit ungedämpfter Telegabel und 21-Zoll-Reifen.

**1966–1974**

1965/66 übernahm Fichtel & Sachs die finanziell schwer angeschlagene Zweirad Union. Das sicherte den Beschäftigten zwar ihre Jobs, bedeutete aber das Ende einer bis dahin durchaus noch individuellen Fahrzeugentwicklung. Nun war Einheitsbrei total angesagt und als Antrieb kamen selbstverständlich nur noch Sachs-Motoren in Frage. Die noch von den ZU-Ingenieuren entwickelte neue 50-cm³-Reihe, die 1965 in Serie ging, erhielt nach dem Einstieg von Fichtel & Sachs – mit der Marke Hercules – neben neuen Motoren auch ein neues Fahrwerk (außer Telegabel). Der Typ 139 war wieder die Mokick-Version und das Modell 159 TS das mit Fahrtwindkühlung, freiliegenden Federn hinten und sportlicherem vorderem Kotflügel besser ausgestattete Kleinkraftrad.

Mit der Einführung der 125 TS wurde das Kleinkraftrad 159 TS optisch auf den gleichen Stand gebracht.

> *Und im Mokick 139, hier in der ersten Version von 1966.*

1971 wartete die Zweirad Union noch einmal mit einem umfangreichen Mokick- und Kleinkraftrad-Programm unter dem Markennamen DKW auf. Dabei waren die 139 M und die RT 159 Jet mit gleichem Motor (Sachs 50 S) und gleichem Fahrgestell ausgestattet. Auf Grund der Zulassungsordnung blieb der Mokickmotor auf 2,9 PS gedrosselt. Gleiches galt für die Fun-Modelle 694 und 695, die ebenfalls vom Sachs 50 S angetrieben wurden und eine Telegabel hatten. Ansonsten hoben sich das sport bike und seine Mokick-Version mit dem kurzen Radstand, dem hohen Lenker und den kleinen Scheibenrädern doch deutlich von den anderen Zweirädern ab.

In der Weiterentwicklung der Hercules-Modelle zu Beginn der siebziger Jahre erhielt auch das Kleinkraftrad ein etwas anderes Aussehen, wobei der unterzogene Rohrrahmen erhalten blieb. Wie die Hercules Kleinkrafträder wies nun auch die DKW RT 159 ES (E) vorne eine Schwinge statt der bisherigen Telegabel auf. Die übrigen technischen Daten blieben ansonsten weitgehend unverändert. Die ES-Varianten hatten einen hochgezogenen, die E-Modelle einen normal verlegten Auspuff. Das gesamte Sachs/Hercules-Programm wurde nun in völliger Design- und Farbengleichheit produziert. Zum Teil entschieden erst die großen Händler, welcher Marke die Modelle zugeordnet werden sollten und brachten die entsprechenden Aufkleber an.

1974 ließ die Sachs-Gruppe die Marke DKW im Bereich der Mokicks und Kleinkrafträder fallen; Mofas und Sportmotorräder ab 125 cm³ blieben noch einige Jahre im Programm.

*> Mit dem Einstieg von Fichtel & Sachs bei der Zweirad Union kamen fortan auch deren Motoren zum Einsatz. Wie hier im Kleinkraftrad DKW 159 TS.*

*> Das Kleinkraftrad DKW 159 TS Standard in der ersten Ausführung von 1968 mit dem alten Tank.*

*> Die RT 139 in einer Version vom Ende der 1960er Jahre, unter anderem mit neuem Tank.*

*> Um 1970 herum erhielten die Mokicks und Kleinkrafträder mit dem DKW-Logo die Buchstaben »RT« der Typenbezeichnung vorangestellt, um an gute alte Zeiten zu erinnern. Im Bild die RT 159 mit 6,25 PS und modischem Fächerzylinder.*

> Der Einstieg bei den Kleinkrafträdern begann 1971 mit der einfacher gestalteten RT 159 Jet ohne Rahmenunterzug.

> Maximal elegant und sportlich: Die DKW RT 159 Super mit einem Maximum an Chrom und Edelstahl.

> Alles Hercules oder was? Ab 1971 erhielten die 50er Kleinkrafträder mit dem DKW-Logo – wie diese RT 159 ES – auch die Hercules-Schwinge zur Vorderradführung.

| Die DKW-Modelle in der Übersicht | | | | | | | |
|---|---|---|---|---|---|---|---|
| **Modell** | **Art** | **Motor** | **Leistung PS** | **Getriebe** | **Rahmen** | **Federung v/h** | **Bauzeit** |
| Hummel Super MK | Mokick | ZU-Zweitakt | 2 | 3-Gang-Hand | Pressstahl-Schalen | Telegabel/Schwinge | 1960–1962 |
| Hummel Super KR | KKR | ZU-Zweitakt | 4,2 | 3-Gang-Hand | Pressstahl-Schalen | Telegabel/Schwinge | 1960–1963 |
| DKW Violetta Sport | Mokick | ZU-Zweitakt | 2 | 3-Gang-Fuß | Pressstahl-Schalen | Telegabel/Schwinge | 1960–1963 |
| DKW Violetta Sport | KKR | ZU-Zweitakt | 4,2 | 3-Gang-Fuß | Pressstahl-Schalen | Telegabel/Schwinge | 1960–1963 |
| DKW Hummel 115 | Mokick | ZU-Zweitakt | 2 | 3-Gang-Fuß | Pressstahl-Schalen | Schwinge/Schwinge | 1960–1965 |
| DKW Hummel 155 | KKR | ZU-Zweitakt | 3,8 / 4,2 | 3-Gang-Fuß | Pressstahl-Schalen | Schwinge/Schwinge | 1960–1965 |
| DKW Hummel 136 | Mokick | ZU-Zweitakt | 2,6 | 4-Gang-Fuß | Pressstahl-Schalen | Telegabel/Schwinge | 1962–1965 |
| DKW Hummel 166 | KKR | ZU-Zweitakt | 4,6 | 4-Gang-Fuß | Pressstahl-Schalen | Telegabel/Schwinge | 1962–1965 |
| DKW Mokick 139 | Mokick | Sachs-Zweitakt | 2,6 | 4-Gang-Fuß | Rohrrahmen | Telegabel/Schwinge | 1965–1967 |
| DKW 159 TS | KKR | Sachs-Zweitakt | 5,3 | 5-Gang-Fuß | Rohrrahmen | Telegabel/Schwinge | 1965–1967 |
| DKW Hummel 136 | Mokick | Sachs-Zweitakt | 2,6 | 4-Gang-Fuß | Pressstahl-Schalen | Telegabel/Schwinge | 1966–1969 |
| DKW RT 139 (S / M) | Mokick | Sachs-Zweitakt | 2,6 (2,9) | 4-Gang-Fuß | Rohrrahmen | Telegabel/Schwinge | 1966–1974 |
| 159 TS Standard | KKR | Sachs-Zweitakt | 5,3 | 5-Gang-Fuß | Rohrrahmen | Telegabel/Schwinge | 1966–1969 |
| 159 TS Sport / Supersport | KKR | Sachs-Zweitakt | 5,3 | 5-Gang-Fuß | Rohrrahmen | Telegabel/Schwinge | 1966–1969 |
| DKW Hummel 166 | KKR | Sachs-Zweitakt | 5,3 | 5-Gang-Fuß | Rohrrahmen | Telegabel/Schwinge | 1966–1969 |
| DKW RT 159 (Super) | KKR | Sachs-Zweitakt | 5,3 | 5-Gang-Fuß | Rohrrahmen | Telegabel/Schwinge | 1967–1970 |
| DKW RT 159 Jet | KKR | Sachs-Zweitakt | 6,25 | 5-Gang-Fuß | Rohrrahmen | Schwinge/Schwinge | 1971–1974 |
| DKW RT 159 E / ES | KKR | Sachs-Zweitakt | 6,25 | 5-Gang-Fuß | Rohrrahmen | Schwinge/Schwinge | 1971–1974 |
| Mokick 694 | Mokick | Sachs-Zweitakt | 2,9 | 3-Gang-Fuß | Rohrrahmen | Telegabel/Schwinge | 1973–1974 |
| sport bike 695 | Mokick | Sachs-Zweitakt | 5,3 | 5-Gang-Fuß | Rohrrahmen | Telegabel/Schwinge | 1973–1974 |

## Express

Die Expresswerke AG in Neumarkt in der Oberpfalz bezeichnete sich selbst gern als die älteste Fahrradfabrik des Kontinents. 1882 gegründet, erschienen 1903 erste Motorräder mit Einbaumotoren. 1907 endete diese Phase auch bei Express wieder und erst nach 1930 machte sich Express den Motorfahrrad-Boom der dreißiger Jahre zu Nutze, um mit eigenen Fahrgestellen, der Zusammenarbeit mit der Firma Hecker und Motoren von Fichtel & Sachs die Fahrradproduktpalette erfolgreich zu erweitern. Nach dem Ende des Zweiten Weltkriegs dauerte es bis 1948, ehe in Neumarkt wieder motorisierte Zweiräder gefertigt werden konnten. Beginnend mit den 98er Mofas der Vorkriegszeit spielte Express auf der gesamten Klaviatur der lieferbaren Zweitakt-Einbaumotoren und bot im Laufe der 1950er Jahre eine riesige Modellpalette an, zu denen sich auch diverse Mopeds gesellten. Im Niedergang der Motorradkonjunktur schloss man sich 1958 mit Victoria und DKW zur Zweirad Union zusammen.

### Express in der Zweirad Union

Der Einstieg in die Klassen Mokick und Kleinkraftrad begann hier mit dem Modell Express Super. Dafür waren Fußrasten obligatorisch und der Motor leistete ohne Gebläse 3,8 PS. Bei dieser Leistung machte eine Doppelsitzbank Sinn, die Höchstgeschwindigkeit lag bei 70 km/h. Das Maschinchen hatte zwar auch einen Pressstahlrahmen, der klassische Tropfentank (verchromt) war hier jedoch aufgesetzt. Der Motor war mit einem Schutzgitter umgeben, das bei Gebläsekühlung (Mokick) entfiel.

Die Zweirad Union ließ zwar die Namen der in ihr vereinten Marken weiter existieren, sie hatten aber jegliche Eigenständigkeit spätes-

*> Während die Mokicks und Kleinkrafträder der DKW Super-Typen mit einer Telegabel ausgerüstet waren, mussten die entsprechenden Express-Modelle noch mit der Kurzschwinge auskommen.*

*> »Carino« nannte die Zweirad Union das im italienischen Stil gehaltene Sportmodell mit dem Express-Schriftzug.*

*> Der Name »Radexi« hatte bei Express Tradition und tauchte nun 1962 wieder auf. Das Modell 136 als Mokick mit Vierganggetriebe...*

*> ...und der Typ 166 als Kleinkraftrad mit Fünfgangschaltwerk. Beide Motoren wurden noch von einem Gebläse gekühlt.*

> *Jedem seine Blechbanane: Einfach nur 115 und 155 hießen Mokick und Kleinkraftrad mit dem Express-Schriftzug.*

tens seit 1960 verloren. Alle neu oder weiter entwickelten Fahrzeugtypen konnten als DKW, Victoria oder Express mit speziellen Bezeichnungen geliefert werden. So war eine Express »Carino« das sportliche Kleinkraftrad im italienischen Design. Mit der halblangen Schwinge am Vorderrad, den offen liegenden Federbeinen der Hinterradschwinge und den Weißwandreifen sah das ganze recht nett aus. Die Carino konnte in verschiedenen Ausführungen als Mokick oder Kleinkraftrad geliefert werden.

Die Express-Ausführungen der »Blechbananen« kamen ohne Zusatzbezeichnung aus, je nachdem – ob Mokick oder Kleinkraftrad – kam die Typenbezeichnung 115 oder 155 dazu. Das Fahrwerk war komplett überarbeitet und mit 16-Zoll-Rädern ausgestattet. Die »Blechbananen« sorgten zwar für einiges Aufsehen, Verkaufsschlager wurden sie aber nicht.

Im Programm von 1962 steuerte Express die Modelle Radexi 136 bzw. 166 bei. Erstmals seit der Gründung der Zweirad Union hatte man sich wieder an die Bezeichnung »Radexi« erinnert. Der aus dem DKW-Erbe heraus neu konstruierte Motor erhielt seinerzeit Bestnoten von den Kritikern. Er leistete für das Mokick (Modell 136) 2,6 PS und beschleunigte das Kleinkraftrad (Modell 166) mit 4,6 PS (später 5,3 PS) auf 80 km/h. Ungewöhnlich war das Fünfganggetriebe (Mokick mit vier Gängen), das seiner Zeit weit vorauseilte. Neu war auch das Fahrwerk, zwar immer noch mit dem ausladenden Schalenrahmen, aber jetzt mit ungedämpfter Telegabel und 21-Zoll-Rädern. Als Typ »Aero« waren die Maschinen in besonderen Farbkombinationen erhältlich.

**F & S übernimmt**

1966 übernahm Fichtel & Sachs die finanziell schwer angeschlagene Zweirad Union. Das sicherte den Beschäftigten zwar ihre Jobs, bedeutete aber das Ende einer bis dahin durchaus noch individuellen Fahrzeugentwicklung. Die noch von den ZU-Ingenieuren entwickelte neue 50-cm³-Reihe, die 1965 in Serie ging, erhielt nach dem Einstieg von Fichtel & Sachs – mit der Marke Hercules – neben neuen Motoren auch ein neues Fahrwerk. Der Typ 139 war wieder die Mokick-Version und das Modell 159 TS das mit Fahrtwindkühlung, freiliegenden Federn hinten und sportlicherem vorderem Kotflügel besser ausgestattete Kleinkraftrad.

Für den Markennamen Express waren das bis auf ein Mofa die letzten motorisierten Fahrzeuge, nach 1968 blieb aus der alten Zweirad Union nur noch der Name DKW übrig.

> *Bei den letzten motorisierten Express-Modellen war das Mokick Typ 139 (Bild) noch gebläsegekühlt, während das Triebwerk des Kleinkraftrads 159 TS frei im Fahrtwind hing.*

**Die Express-Modelle in der Übersicht**

| Modell | Art | Motor | Leistung PS | Getriebe | Rahmen | Federung v/h | Bauzeit |
|---|---|---|---|---|---|---|---|
| Express Super | Mokick | ZU-Zweitakt | 2 | 3-Gang-Hand | Pressstahl-Schalen | Schwinge/Schwinge | 1960–1962 |
| Express Super | KKR | ZU-Zweitakt | 3,8 | 3-Gang-Hand | Pressstahl-Schalen | Schwinge/Schwinge | 1960–1963 |
| Express Carino | Mokick | ZU-Zweitakt | 2 | 3-Gang-Fuß | Pressstahl-Schalen | Schwinge/Schwinge | 1960–1963 |
| Express Carino | KKR | ZU-Zweitakt | 3,8 | 3-Gang-Fuß | Pressstahl-Schalen | Schwinge/Schwinge | 1960–1963 |
| Express 115 | Mokick | ZU-Zweitakt | 2 | 3-Gang-Fuß | Pressstahl-Schalen | Schwinge/Schwinge | 1960–1965 |
| Express 155 | KKR | ZU-Zweitakt | 3,8 / 4,2 | 3-Gang-Fuß | Pressstahl-Schalen | Schwinge/Schwinge | 1960–1965 |
| Radexi 136 | Mokick | ZU-Zweitakt | 2,6 | 4-Gang-Fuß | Pressstahl-Schalen | Telegabel/Schwinge | 1962–1965 |
| Radexi 166 | KKR | ZU-Zweitakt | 4,6 | 5-Gang-Fuß | Pressstahl-Schalen | Telegabel/Schwinge | 1962–1965 |
| Express 139 | Mokick | Sachs-Zweitakt | 2,6 | 4-Gang-Fuß | Rohrrahmen | Telegabel/Schwinge | 1965–1967 |
| Express 159 TS | KKR | Sachs-Zweitakt | 5,3 | 5-Gang-Fuß | Rohrrahmen | Telegabel/Schwinge | 1965–1967 |

## Goebel

1953 war die Bielefelder »Fahrzeugfabrik Karl Goebel« – wie so viele andere auch – in die Mopedfertigung eingestiegen. 1957 hatte Goebel dann die »Meister Werke« von Erhard Doppelt übernommen, so dass viele der in der Folge gebauten 50er unter beiden Markennamen erhältlich waren.

Für den Zeitrahmen dieses Buches waren unter anderem die Goebel-Modelle Avus GS 8 L, Avus GS 10 und GS 11 interessant, die von 1960 an angeboten wurden. Ersteres war als Mokick mit 2 PS, letztere als Kleinkrafträder mit 3,2 bzw. 3,8 PS ausgelegt. Zu diesem Zeitpunkt waren die Fahrzeuge der Bielefelder mit Sachs-Motoren ausgerüstet und alle Maschinen hatten einen Pressstahlrahmen, eine Langschwinge zur Vorderradführung sowie eine Hinterradschwinge.

Bis 1967 hielt Goebel an diesem Fahrwerkskonzept fest. Mit den Weiterentwicklungen der Sachs-Motoren baute Goebel bis dahin das Mokick GS 83 und das Kleinkraftrad GS 14.

Ende 1967 kam dann der zeitgemäße Umstieg auf einen Rohrrahmen und eine Telegabel. Mit den bis 1971 gebauten Modellen GS 84 Super (Mokick) und GS 15 Super bzw. Super Sport (Kleinkraftrad) hatte Goebel nun zwei äußerst attraktive Kickstarter-Modelle im Angebot, verabschiedete sich aber 1971 von diesem Markt und beteiligte sich nicht weiter am »Wettrüsten«.

Nach Karl Goebels Tod Ende 1974 kaufte die Firma Schminke aus Bad Wildungen die Goebel-Fabrikation auf, die jetzt aber nur noch aus Mofas bestand. 1978 standen noch vier Goebel-Modelle in den Katalogen, ehe die Fertigung im Jahr darauf endete.

*> Mittels Fußrasten und Kickstarter wurden aus dieser Goebel GS 7 die Mokicks GS 8 und GS 8 L, ohne und mit Gebläsekühlung.*

*> »Avus GS 10 – Sozia Sport Dreigang« nannte Goebel dieses bis 1962 gebaute Kleinkraftrad.*

*> Sportliches Schutzblech, offene Federn und Sitzbankbürzel waren unter anderem die Zutaten der GS 15 Super Sport, Goebels letztem Kleinkraftrad.*

*> Das letzte Goebel-Mokick war das von 1968 bis 1971 angebotene Modell GS 84 Super, das bei Staiger & Co in Stuttgart im Programm stand.*

> *5,3 PS und Fünfganggetriebe waren 1967 Stand der Technik im deutschen Kleinkraftradbau – die Goebel GS 15 Super. (Foto: Farben-Schiessl)*

**Die Goebel-Modelle in der Übersicht**

| Modell | Art | Motor | Leistung PS | Getriebe | Rahmen | Federung v/h | Bauzeit |
|---|---|---|---|---|---|---|---|
| Goebel Avus GS 8 | Mokick | Sachs-Zweitakt | 1,8 | 3-Gang-Hand | Pressstahl-Schalen | Schwinge/ Schwinge | 1960–1962 |
| Goebel Avus GS 8 L | Mokick | Sachs-Zweitakt | 1,8 | 3-Gang-Hand | Pressstahl-Schalen | Schwinge/ Schwinge | 1960–1962 |
| Goebel Avus GS 10 | KKR | Sachs-Zweitakt | 3,2 | 3-Gang-Hand | Pressstahl-Schalen | Schwinge/ Schwinge | 1960–1962 |
| Goebel Avus GS 11 | KKR | Sachs-Zweitakt | 3,8 | 3-Gang-Hand | Pressstahl-Schalen | Schwinge/ Schwinge | 1960–1963 |
| Goebel GS 14 | KKR | Sachs-Zweitakt | 4,3 | 3-Gang-Fuß | Pressstahl-Schalen | Schwinge/ Schwinge | 1962–1967 |
| Goebel GS 83 | Mokick | Sachs-Zweitakt | 2,6 | 4-Gang-Fuß | Pressstahl-Schalen | Schwinge/ Schwinge | 1965–1967 |
| Goebel GS 15 Super | KKR | Sachs-Zweitakt | 5,3 | 5-Gang-Fuß | Rohrrahmen | Telegabel/ Schwinge | 1967–1971 |
| Goebel GS 15 Super Sport | KKR | Sachs-Zweitakt | 5,3 | 5-Gang-Fuß | Rohrrahmen | Telegabel/ Schwinge | 1968–1971 |
| Goebel GS 84 Super | Mokick | Sachs-Zweitakt | 2,8 | 4-Gang-Fuß | Rohrrahmen | Telegabel/ Schwinge | 1968–1971 |

## Göricke

Um 1960 herum startete der Bielefelder Konfektionär Göricke eine Großoffensive in Sachen 50-cm³-Fahrzeuge. Mit Hilfe des Baukastensystems bei Fahrwerk (z. B. halblange Schwinge oder Telegabel fürs Vorderrad) und Anbauteilen, dem wechselseitigen Einsatz von Motoren mit und ohne Gebläsekühlung, der Auslegung als Moped, Mokick oder Kleinkraftrad und der Bestückung mit einem Einzelsitz oder einer Sitzbank war eine schier unendliche Fülle verschiedener Typen möglich. Am Beispiel der neu aufgelegten Regina Luxus wird dies deutlich: Die Modelle 340 (Export mit Telegabel!) und 342 als Moped mit Einzelsitz, die Modelle 343 (Sachs-Motor) und 363 (Ilo-Motor) als Moped mit Doppelsitzbank und die 343 K als Mokick, ebenfalls mit Doppelsitzbank. Während die kleinen Maschinen mit Sachstriebwerk bis 1966 bzw. 1969, stets optisch und technisch weiterentwickelt, im Programm blieben, war die Zeit der Ilo-Motoren 1961/62 abgelaufen.

Ähnlich wie beim Luxusmodell ergaben ab 1959 die verschiedenen Konstellationen von Ilo- oder Sachs-Motor, Pedalen oder Kickstarter und Einzel- oder Doppelsitzbank auch eine kleine Typenreihe der Sportmodelle. Der Typ 365, mit Ilo-Motor, Pedalen oder Fußrasten (Kickstarter) hielt sich bis 1961, die Maschine vom Typ 345 mit Doppelsitzbank und Sachs-Motor konnte bis 1969 wahlweise als Moped oder Mokick erworben werden. Optisch waren alle Sport-Fünfziger – bis auf den Motor – mit dem Vollschwingen-Fahrwerk und dem im Schalenrahmen integrierten Motorradtank identisch.

*> Die Regina Luxus hielt sich als Moped oder Mokick zehn Jahre lang im Göricke-Programm.*

*> Das Gleiche galt für die Regina Sport. Im Bild noch als Moped, wurde das Modell im Laufe der 1960er Jahre fast ausschließlich als Mokick verkauft.*

*> Das erste Kleinkraftrad von Göricke zeigte im Design noch deutlich die Grundzüge der Moped-Generation um 1960 herum.*

*> In der Göricke Supersport entfaltete der Sachs-Motor zuletzt bereits 4,3 PS, die für eine Höchstgeschwindigkeit von 75 km/h reichten.*

## Die Kleinkrafträder

Auf den Wettbewerb in Sachen Kleinkrafträder antwortete Göricke 1959 mit den Modellen 346 (Kleinkraftrad) und 347 bzw. 367 (Sport/Supersport - Sachs- oder Ilo-Motor). Offiziell wurden die beiden vom Design her völlig unterschiedlichen Maschinen als Touren- und Sportmodell gefüht. Mit dem 3,8 PS leistenden Sachs-Motor waren die kleinen Fahrzeuge erstaunliche 70 km/h schnell, die Supersportmaschine mit 4,3-PS-Ilo-Motor konnte sogar 75 km/h erreichen.

Das Kleinkraftrad 348 löste 1962 die Vorgängertypen in dieser Klasse ab und stellte eine völlige Neukonstruktion mit Einrohrrahmen und Motorraddesign dar. Der neue fahrtwindgekühlte Motor 50 S von Fichtel & Sachs leistete inzwischen 4,5 PS und verfügte über ein sehr modernes Fünfganggetriebe. Die Nr. 348 war Görickes letzte Entwicklung in Eigenregie. Der Fahrradhersteller Schminke in Bad Wildungen hatte Göricke 1964 übernommen und in eine Verkaufsgemeinschaft mit den Panther-Werken in Braunschweig gepresst, die ebenfalls zu Schminke gehörten. Künftige Entwicklungen motorisierter Zweiräder wurden nun sowohl unter der Marke Göricke, als auch mit dem Panther-Emblem verkauft.

Dazu gehörten schließlich noch die Kleinkrafträder 50 S, die nur 1964 angeboten wurden, sowie die Modelle 350 S und GS 50. Letzteres wurde vom bekannten 5,3 PS leistenden Sachs-Motor angetrieben und blieb bis 1969 als letztes Kleinkraftrad mit dem Göricke-Schriftzug auf dem Markt.

*> Das Kleinkraftrad Modell 348 war die letzte Eigenentwicklung von Göricke, ehe die Firma im Schminke-Imperium landete. (Foto: Roger Burri)*

*> Mokick oder Kleinkraftrad? Die Modelle M 50/4 S - Sport (Mokick) und GS 50 traten ab 1967 mit gleichem Fahrwerk und im gleichen Design auf.*

**Die Göricke-Modelle in der Übersicht**

| Modell | Art | Motor | Leistung PS | Getriebe | Rahmen | Federung v/h | Bauzeit |
|---|---|---|---|---|---|---|---|
| Regina Luxus | Mokick | Sachs-Zweitakt | 1,8 | 3-Gang-Hand | Pressstahl-Schalen | Schwinge/Schwinge | 1959–1969 |
| Regina Sport | Mokick | Sachs-Zweitakt | 1,8 | 3-Gang-Hand | Pressstahl-Schalen | Schwinge/Schwinge | 1959–1969 |
| Kleinkraftrad | KKR | Sachs-Zweitakt | 3,8 | 3-Gang-Hand | Pressstahl-Schalen | Schwinge/Schwinge | 1959–1962 |
| Göricke Sport | KKR | Sachs-Zweitakt | 3,8 | 3-Gang-Hand | Pressstahl Schalen | Schwinge/Schwinge | 1969–1961 |
| Göricke Supersport | KKR | Sachs-Zweitakt | 4,3 | 3-Gang-Fuß | Pressstahl-Schalen | Schwinge/Schwinge | 1959–1962 |
| Modell 348 | KKR | Sachs-Zweitakt | 4,5 | 5-Gang-Fuß | Rohrrahmen | Schwinge/Schwinge | 1962–1965 |
| Göricke 50 S | KKR | Sachs-Zweitakt | 4,5 | 5-Gang-Fuß | Rohrrahmen | Schwinge/Schwinge | 1964 |
| Goericke 350 S | KKR | Sachs-Zweitakt | 5,3 | 5-Gang-Fuß | Rohrrahmen | Telegabel/Schwinge | 1965–1966 |
| Göricke M 50/4 S - Sport | Mokick | Sachs-Zweitakt | 2,7 | 4-Gang-Fuß | Doppelrohr-rahmen | Telegabel/Schwinge | 1967–1969 |
| Göricke GS 50 | KKR | Sachs-Zweitakt | 5,3 | 5-Gang-Fuß | Doppelrohr-rahmen | Telegabel/Schwinge | 1967–1969 |

## Gritzner

Dass Gritzner 1903 bereits motorisierte Fahrräder baute und damit zu den deutschen Motorradpionieren gehörte, ist heute kaum noch bekannt. Der Österreicher Max Gritzner begann 1871 in Karlsruhe Nähmaschinen zu bauen und erweiterte die Fertigungspalette gut 20 Jahre später mit Fahrrädern, die bald zum wichtigsten Standbein der Firma wurden. Während die Frühphase des Motorradbaus um 1903 nur kurz währte, stieg Gritzner – wie so viele andere Fahrradproduzenten – 1931 in die Fertigung von Motorfahrrädern ein. Zunächst mit dem 74-ccm-Motor von Fichtel & Sachs, ab 1935 dann mit dem 98er Triebwerk. Zu dieser Zeit hatte Gritzner die angeschlagene Firma Kayser aus Kaiserslautern übernommen, die ebenfalls in Sachen Schreibmaschinen und Fahrräder unterwegs war. Unter der Firmierung »Gritzner-Kayser« wurden die Fahrzeuge bis in den Zweiten Weltkrieg hinein unter beiden Marken verkauft. Während die Firmierung auch nach dem Krieg erhalten blieb, war jedoch ab 1949 mit dem Wiedereinstieg in die Mofafertigung nur noch von Gritzner die Rede. Bis 1954 versuchte man sich dann noch in der Herstellung größerer Motorräder, ehe sich die Karlsruher ausschließlich auf das Geschäft mit 50-cm³-Maschinen konzentrierten.

### Die Mars-Modelle

Die Firma Mars aus Doos bei Nürnberg war in Deutschland Vorreiter in Sachen Sportmoped: flacher Lenker, langgezogene Tank-Sitzbankkombination, Rahmen ohne Durchstieg, viel Chrom in Verbindung mit einer auffallenden Lackierung und überhaupt ein sportlich-italienisches Design. 1956 sorgte die so präsentierte Mars Monza für Furore und wurde zum Leitbild vieler ähnlicher Modelle anderer Hersteller. Nach dem Mars-Konkurs übernahm die Gritzner-Kayser AG 1958 deren Produktion und damit auch das attraktive Monza-Modell. Das gab es nun als Moped oder Kleinkraftrad mit dem 3 PS leistenden Ilo-Motor, dessen drei Gänge mit dem Fuß geschaltet werden konnten. Bei dieser mit Fußrasten ausgestatteten Maschine

*> Mit der Monza Super Sport de Luxe brachte Gritzner 1960 eine erste eigene Überarbeitung des ehemaligen Mars-Renners auf den Markt.*

> Nach der Übernahme der Mars-Fertigung aus Nürnberg war das Modell Monza Supersport das erste Kleinkraftrad der Karlsruher Firma Gritzner.

> Zuvor war 1961 noch die Monza SK erschienen, zwar mit neuem, sportlichem Finish, Telegabel-Fahrwerk und starkem 5-PS-Motor von Ilo, der aber nur über ein Dreiganggetriebe verfügte.

> Monza de Luxe hieß schließlich das bis 1964 gefertigte, letzte Kleinkraftrad von Gritzner.

verlief der Auspuff rechtsseitig und war sportlich hochgelegt. Das zweite von Mars übernommene Modell war die »Milano«, das alternative Moped mit Durchstiegsrahmen. Ab 1961 konnte die Milano auch als Kleinkraftrad (Milano SK) mit einem 4,3 PS leistenden Dreigangmotor von Fichtel & Sachs geordert werden. Farbenfrohe Lackierungen, Weißwandreifen und viel Chrom sollten die Maschinen damals aus der Masse der Wettbewerber herausheben, machten sie aber auch sehr teuer - sowohl in der Herstellung wie auch beim Verkaufspreis.

Zur Mitte des Jahres 1960 hin wurde das Modell Monza stark überarbeitet. Das Vorderrad führte jetzt eine auf zwei Federbeine abgestützte halblange Schwinge und die Schutzbleche wurden wuchtiger. Neben der weiterhin angebotenen Mopedversion mit 1,6 PS und dem Mokick mit gleicher Leistung gab es die beiden Kleinkrafträder Super Sport und Super Sport de Luxe, einmal mit dem 3,6 PS Ilo-Motor und zum anderen mit dem 4,3 PS (Dauerleistung) leistenden Sachs-Motor. Mit Letzterem bestückt, hatte das Kleinkraftrad ab 1962 nur noch die Bezeichnung Monza de Luxe.

Im Kleinkraftrad-»Wettrüsten« zu Beginn der 1960er Jahre schickte Gritzner ab 1961 noch das Modell Monza SK ins Rennen. Der Ilo-Motor leistete maximal 5 PS (in den technischen Daten wurde üblicherweise die Dauerleistung von 4,3 PS angegeben) und war kurzzeitig Deutschlands stärkster 50er. Um den Motorradcharakter dieser Maschine noch hervorzuheben, hatten ihr die Ingenieure einen geänderten Rahmen, 19-Zoll-Räder und eine Telegabel verpasst. Doch all das nützte nichts, Gritzner konnte im Wettbewerb mit Kreidler, Zündapp und Co nicht mehr bestehen. Das Geld wurde knapp und fehlte für Neuinvestitionen, etwa in die Konstruktion eines Mofas. So zogen sich die Karlsruher 1964 aus dem Geschäft mit motorisierten Zweirädern komplett zurück und konzentrierten sich künftig allein auf ihre Kompetenz im Fahrradbau.

**Die Gritzner-Modelle in der Übersicht**

| Modell | Art | Motor | Leistung PS | Getriebe | Rahmen | Federung v/h | Bauzeit |
|---|---|---|---|---|---|---|---|
| Gritzner Monza Supersport | KKR | Sachs-Zweitakt | 3 | 3-Gang-Hand | Pressstahl-Schalen | Schwinge/ Schwinge | 1958-1960 |
| Gritzner Milano | KKR | Sachs-Zweitakt | 4,3 | 3-Gang-Hand | Pressstahl-Schalen | Schwinge/ Schwinge | 1962-1964 |
| Monza Supersport de Luxe | KKR | Ilo-Zweitakt | 3,6 | 3-Gang-Hand | Pressstahl-Schalen | Schwinge/ Schwinge | 1962-1964 |
| Gritzner Monza de Luxe | KKR | Sachs-Zweitakt | 4,3 | 3-Gang-Hand | Pressstahl-Schalen | Schwinge/ Schwinge | 1962-1964 |
| Gritzner Monza SK | KKR | Sachs-Zweitakt | 4,3 | 3-Gang-Hand | Pressstahl-Schalen | Telegabel/ Schwinge | 1961-1963 |

## Hercules

Im Jahre 1904 entstand bei Hercules das erste Motorrad, weshalb man die Nürnberger Firma durchaus zu den Pionieren auf diesem Sektor zählen kann. Die für vorliegendes Buch relevante Zeit begann im Jahre 1959, als das erste Kleinkraftrad entstand. Ein Meilenstein war dann das Jahr 1962, in dem sich der Schweinfurter Motorenhersteller Fichtel & Sachs bei Hercules einkaufte und die Firma schließlich komplett übernahm. Sachs-Motoren trieben zu dieser Zeit schon längst alle 50er von Hercules an. 1966 zog Hercules in die Gebäude der ehemaligen Victoria-Werke, die seit 1958 Bestandteil der Zweirad Union waren.

### 1959–1970

Das ab 1959 gebaute Hercules-Modell 220 war mit den Zusatzbezeichnungen »K« als Kleinkraftrad und »MK« (ab 1961) als Mokick zu haben. Stand hinter den Buchstaben noch ein »L« oder ein »F«, wurde mittels Gebläse oder Fahrtwind gekühlt. Die Maschinen hatten alle einen Pressstahl-Schalenrahmen, eine halblange Schwinge für das Vorderrad und die Langschwinge mit zwei Federbeinen für die Hinterradführung. Von anfänglich 1,8 PS stieg die Motorleistung des Mokicks bis auf 2,6 PS, in der 220 K leistete der Sachs-Zweitakter 3,2 PS. Hier gab es bereits 1962 die Ablösung mit Namen 220 K-4, die bei unverändertem Fahrwerk jetzt mit 4,2 PS und einer Viergang-Fußschaltung anstelle der

*> Das Modell 220 K war die erste Kleinkraftrad-Entwicklung von Hercules, noch mit Drehgriff-Schaltung und Gebläsekühlung.*

> *Die K 50 Super Sport wartete neben viel Chrom und der roten Lackierung erstmals mit der halblangen Schwinge in der Gestaltung künftiger Hercules-Modelle auf.*

Dreigang-Handschaltung aufwartete. Auch die Mokicks zogen mit der Fußschaltung nach.

Mit der Übernahme der Zweirad Union stieg Hercules ab 1966 zum Marktführer im deutschen 50-cm³-Geschäft auf. Nicht ganz unbeteiligt daran war die Hercules K 50, ein Kleinkraftrad mit anfangs (1962) 4,5 PS und Fünfganggetriebe, das neue Maßstäbe im deutschen Kleinkraftradbau setzte. Vollschwingenfahrwerk mit Zentralrohrrahmen, Büffeltank und zweifarbige, ergonomische Sitzbank – mehr Motorrad gab es bei den 50ern zu dieser Zeit nicht. Bereits 1964 stieg die Leistung des Sachs-Motors auf 5,3 PS.

Die K 50 war ein Dauerbrenner, der sich im Laufe der Jahre immer weiterentwickelte und von dem zahlreiche Ableger produziert wurden. Wie die K 50 Sport von 1964 mit Fahrtwindkühlung, viel Chrom, flachem Lenker und offenen Federbeinen. Und die K 50 Super Sport

> Drei oder vier Gänge, das war die Frage beim letzten, bis 1969 angebotenen Mokick mit Pressstahl-Schalenrahmen.

> Ende 1962 erstmals gezeigt, setzte die K 50 von Hercules neue Maßstäbe im deutschen Kleinkraftradbau.

> Als »RS« war die K 50 Super Sport mit einem hochgezogenen Auspuff im Hercules-Angebot.

> Wie inzwischen allgemein üblich unterschieden sich Mokick und Kleinkraftrad oft nur durch die Motorleistung. Im Bild die 220 MKL.

> Den erfolgreichen Werksgeländemaschinen stellte Hercules ab 1968 die käufliche K 50 GS an die Seite, deren Motor mit Fächerzylinder erstmals die von den deutschen und österreichischen Herstellern festgeschriebenen 6,25 PS erreichte.

> Erster Ableger der K 50 war das Modell »Sport« mit viel Chrom und offenliegenden Federn der Schwingenfederbeine.

von 1966, ganz in Rot, mit Sportsitzbank und erstmals der halblangen Schwinge zur Vorderradführung, wie sie künftig bei Hercules üblich war. Als K 50 RS war die Maschine in Schwarz lackiert und hatte einen hochgezogenen Auspuff. Den hatte auch die ab 1968 angebotene K 50 GS und dazu noch weitere Attribute, die für Privatfahrer im Nachwuchsbereich durchaus genügten, um im Gelände konkurrenzfähig zu sein. Es war auch die erste Maschine von Hercules mit dem 6,25 PS leistenden Triebwerk.

In Sachen Mokicks hielt sich Hercules mit dem Modell MK 50 ab 1965 in Design und Fahrwerk an die Kleinkrafträder jener Zeit, lediglich der Motor, hier wieder mit Kühlgebläse, leistete nur 2,6 PS. Anfangs mit Dreigangschaltung erhielt die ab 1966 parallel angebotene MK 50/1 Super 4 ein Viergangschaltwerk und das Design der K 50 Sport.

> *Das Mokick MK 50 mit Gebläsekühlung und Dreiganggetriebe.*

**Die Hercules-Modelle 1959–1970 in der Übersicht**

| Modell | Art | Motor | Leistung PS | Getriebe | Rahmen | Federung v/h | Bauzeit |
|---|---|---|---|---|---|---|---|
| Hercules 220 K | KKR | Sachs-Zweitakt | 3,2 | 3-Gang-Hand | Pressstahl-Schalen | Schwinge/Schwinge | 1959–1962 |
| Hercules 220 MKL | Mokick | Sachs-Zweitakt | 1,8 | 3-Gang-Hand | Pressstahl-Schalen | Schwinge/Schwinge | 1961–1964 |
| Hercules 220 MKF | Mokick | Sachs-Zweitakt | 1,8 | 3-Gang-Hand | Pressstahl-Schalen | Schwinge/Schwinge | 1961–1964 |
| Hercules 220 K-4 | KKR | Sachs-Zweitakt | 4,2 | 4-Gang-Fuß | Pressstahl-Schalen | Schwinge/Schwinge | 1962–1964 |
| Hercules 220 KF | Mokick | Sachs-Zweitakt | 2,6 | 3-Gang-Fuß | Pressstahl-Schalen | Schwinge/Schwinge | 1964–1966 |
| Hercules 220 KF 4 | Mokick | Sachs-Zweitakt | 2,6 | 4-Gang-Fuß | Pressstahl-Schalen | Schwinge/Schwinge | 1964–1969 |
| Hercules K 50 | KKR | Sachs-Zweitakt | 4,5 | 5-Gang-Fuß | Einrohrrahmen | Schwinge/Schwinge | 1962–1964 |
| Hercules K 50 | KKR | Sachs-Zweitakt | 5,3 | 5-Gang-Fuß | Einrohrrahmen | Schwinge/Schwinge | 1964–1970 |
| Hercules K 50 Sport | KKR | Sachs-Zweitakt | 5,3 | 5-Gang-Fuß | Einrohrrahmen | Schwinge/Schwinge | 1964–1970 |
| Hercules K 50 Super Sport | KKR | Sachs-Zweitakt | 5,3 | 5-Gang-Fuß | Einrohrrahmen | Schwinge/Schwinge | 1966–1970 |
| Hercules K 50 RS | KKR | Sachs-Zweitakt | 5,3 | 5-Gang-Fuß | Einrohrrahmen | Schwinge/Schwinge | 1966–1970 |
| Hercules K 50 GS | Enduro | Sachs-Zweitakt | 6,25 | 5-Gang-Fuß | Einrohrrahmen | Schwinge/Schwinge | 1968–1970 |
| Hercules MK 50 | Mokick | Sachs-Zweitakt | 2,6 | 3-Gang-Fuß | Einrohrrahmen | Schwinge/Schwinge | 1965–1971 |
| Hercules MK 50/1 Super 4 | Mokick | Sachs-Zweitakt | 2,7 | 4-Gang-Fuß | Einrohrrahmen | Schwinge/Schwinge | 1966–1969 |

## 1970–1977

In die 1970er Jahre startete Hercules schon 1969 mit der in Gelb aufgehübschten, alten K 50, die jetzt noch die Zusatzbezeichnung »Standard« erhielt und der Einstieg in die Klasse der Kleinkrafträder war. Mit dem komplett überarbeiteten Design der Hercules Kleinkrafträder ab 1971 übernahm nun das Modell K 50 Sprint diese Aufgabe. Im Gegensatz zu den teureren Schwestermodellen hatten die Sprint-Typen immer eine Telegabel und zunächst noch den 5,3-PS-Motor. Erst in der K 50 Sprint von 1977 leistete er 6,25 PS. Das hatte die K 50 RX schon ab 1971 drauf, die zusammen mit der K 50 SX die alte K 50-Reihe ablösen sollte. Anfangs mit einer Telegabel, die dann aber doch wieder gegen die bei Hercules typische halblange Schwinge ersetzt wurde. Die Telegabeln blieben den Sprint-Modellen und den Maschinen der Zweirad Union vorbehalten. Parallel lief immer eine K 50 GS mit, deren Motor 1970 6,75 und 1973 bereits 8 PS leistete.

Ab 1972 folgten dann K 50 SE, RE, RL und RLC, die sich im Design weiterentwickelten, einen hochgelegten oder normal verlegten Auspuff hatten, viel oder weniger Chrom aufwiesen, einen Gepäckträger oder keinen hatten, Speichen oder Gussfelgen besaßen und ab Mitte der 1970er Jahre mit einer Vierleuchten-Blinkanlage und Elektronik-Zündung ausgerüstet waren.

Ein ganz neues Kleinkraftrad-Kapitel schlug Hercules dann mit der ab 1976 gebauten K 50 Ultra auf. Mit Marzocchi-Telegabel, Doppelscheibenbremse vorn, Cockpitverkleidung, Gussrädern und Heckbürzel lehrte diese Maschine der Konkurrenz das Fürchten. Und mit dem Modell LC hielt dann auch die Wasserkühlung bei den Kleinkrafträdern von Hercules Einzug. Mag sein, dass die Wasserkühlung den Geräuschpegel der bis auf 8000 U/min drehenden Zwiebacksägen

> Ein wenig überarbeitet und in Gelbocker lackiert war die alte K 50 mit der Zusatzbezeichnung »Standard« um 1970 herum der Einstieg in die offene 50er Klasse bei Hercules.

> Die K 50 Sprint übernahm 1971 die Rolle des Einstiegsmodells bei den offenen 50ern von Hercules.

> 1973 bis 1976 war die Sprint im neuen Hercules-Design und mit etwas mehr Motorleistung unterwegs. Im Bild das Modell von 1975 mit einer Scheibenbremse am Vorderrad und offenen hinteren Federbeinen.

etwas senkte, wirklich notwendig war diese Entwicklung nicht. Es machte die Maschinen noch teurer, die sich zum Ende der 1970er Jahre hin sowieso kaum noch absetzen ließen.

Anders die Mokicks, die sich als gedrosselte Kleinkrafträder, später aber auch als eigenständige Modelle, stets einer großen Nachfrage erfreuten. Zum Ende der 1970er Jahre hin überholten sie bei den Verkaufszahlen locker die offenen 50er. Bei Hercules hießen die Mokicks zunächst MK, also noch bis 1971 die Modelle MK 50, MK 50/1 und – optisch optimiert – Super 4. Dann bis 1975 die Typen MK 3 M oder MK 4 M (Drei- oder Vierganggetriebe) mit 2,9 PS und schließlich die Modelle MK 1 und MK 2 bis 1978. Letzteres mit Vierganggetriebe und Chromtank.

> Die K 50 GS von 1970 mit 6,75 PS…

> … und im Jahr darauf mit gleicher Leistung, aber verändertem Design.

> Die K 50-Modelle der ersten Generation wurden 1970 von neuen Typen mit neuem Design und stärkeren Motoren abgelöst. Im Bild die K 50 SX in der frühen Version mit einer Telegabel.

> Das Schwestermodell K 50 RX von Anfang an mit der halblangen Schwinge vorn und dem hochgezogenen Auspuff.

> MK 3 M oder 4 M, je nach Gangzahl nannten sich die neuen, ab 1970 eingeführten Hercules-Mokicks. Im Bild das Modell MK 3 M im Design von 1973.

> Die ab 1972 eingeführten Sport bikes SB 2 (Kleinkraftrad) und SB 1 (Mokick) unterschieden sich nur in der Motorleistung und den Getriebegängen.

> Die K 50 GS in der Version von 1974 mit neuem Design und jetzt 8,5 PS.

> Nach gerade mal zwei Jahren löste Hercules die Kleinkraftrad-Modelle SX und RX durch die Typen K 50 SE (Foto zeigt Ausführung von 1974)...

> ... und K 50 RE ab. Hier gezeigt in der ersten Dekorausführung von 1972.

> Die MK 2, unter anderem mit vier Getriebegängen, einem Cockpit mit Drehzahlmesser sowie Chrom und Edelstahl. Druckgussfelgen und Design kennzeichnen das letzte Modelljahr 1978.

> 1974 erschienen die Mokicks erneut überarbeitet. Das Einstiegsmodell MK 1 musste mit wenig Schnickschnack und weiterhin einem Dreiganggetriebe auskommen.

> 1975 lösten neue Sport bikes, moderat überarbeitet, die Vorgängermodelle ab. Das SB 3 war die Mokick-Variante mit 2,9 PS und das SB 5 (Foto) das Kleinkraftrad mit dem alten 5,3-PS-Triebwerk.

> Noch einmal die K 50 RL, hier im Design ab 1977 und mit Druckguss-Rädern.

> Aus dem Hercules-Modell K 50 SE wurde 1974 der Typ RL, jetzt mit Vierleuchten-Blinkanlage und wie immer leicht verändertem Design.

> 1977 wurde die K 50 Sprint noch einmal überarbeitet. Trotz 6,25 PS und einer Scheibenbremse am Vorderrad blieb die Sprint das Einstiegmodell bei den Hercules-Kleinkrafträdern.

> Am anderen Ende der Preisskala rangierte ab 1977 die K 50 RLC mit Wasserkühlung.

*> Eine echte Duftmarke setzte Hercules Ende 1976 mit der Vorstellung der K 50 Ultra. Ein so sportlich aufgemachtes Kleinkraftrad mit Doppelscheibenbremse am Vorderrad hatte man bis dato noch nicht gesehen.*

| Die Hercules-Modelle 1970–1977 in der Übersicht | | | | | | | |
|---|---|---|---|---|---|---|---|
| **Modell** | **Art** | **Motor** | **Leistung PS** | **Getriebe** | **Rahmen** | **Federung v/h** | **Bauzeit** |
| Hercules K 50 Standard | KKR | Sachs-Zweitakt | 5,3 | 5-Gang-Fuß | Einrohrrahmen | Schwinge/Schwinge | 1969–1971 |
| Hercules K 50 Sprint | KKR | Sachs-Zweitakt | 5,3 | 5-Gang-Fuß | Einrohrrahmen | Telegabel/Schwinge | 1971–1972 |
| Hercules K 50 Sprint | KKR | Sachs-Zweitakt | 5,8 | 5-Gang-Fuß | Einrohrrahmen | Telegabel/Schwinge | 1973–1976 |
| Hercules K 50 GS | Enduro | Sachs-Zweitakt | 6,75 | 6-Gang-Fuß | Zentralrohr | Schwinge/Schwinge | 1970–1972 |
| Hercules K 50 SX | KKR | Sachs-Zweitakt | 5,3 | 5-Gang-Fuß | Zentralrohr | Telegabel/Schwinge | 1970 |
| Hercules K 50 SX | KKR | Sachs-Zweitakt | 6,25 | 5-Gang-Fuß | Zentralrohr | Schwinge/Schwinge | 1971–1972 |
| Hercules K 50 RX | KKR | Sachs-Zweitakt | 6,25 | 5-Gang-Fuß | Zentralrohr | Schwinge/Schwinge | 1970–1972 |
| Hercules MK 3 M | Mokick | Sachs-Zweitakt | 2,9 | 3-Gang-Fuß | Zentralrohr | Telegabel/Schwinge | 1970–1975 |
| Hercules MK 4 M | Mokick | Sachs-Zweitakt | 2,9 | 4-Gang-Fuß | Zentralrohr | Telegabel/Schwinge | 1970–1975 |
| Sport bike SB 2 | Mokick | Sachs-Zweitakt | 2,9 | 3-Gang-Fuß | Zentralrohr | Telegabel/Schwinge | 1972–1974 |
| Sport bike SB 1 | KKR | Sachs-Zweitakt | 5,3 | 5-Gang-Fuß | Zentralrohr | Telegabel/Schwinge | 1972–1975 |
| Hercules K 50 GS | Enduro | Sachs-Zweitakt | 8,5 | 6-Gang-Fuß | Zentralrohr | Schwinge/Schwinge | 1973–1978 |
| Hercules K 50 SE | KKR | Sachs-Zweitakt | 6,25 | 5-Gang-Fuß | Zentralrohr | Schwinge/Schwinge | 1972–1974 |
| Hercules K 50 RE | KKR | Sachs-Zweitakt | 6,25 | 5-Gang-Fuß | Zentralrohr | Schwinge/Schwinge | 1972–1974 |
| Hercules MK 1 | Mokick | Sachs-Zweitakt | 2,9 | 3-Gang-Fuß | Zentralrohr | Telegabel/Schwinge | 1974–1978 |
| Hercules MK 2 | Mokick | Sachs-Zweitakt | 2,9 | 4-Gang-Fuß | Zentralrohr | Telegabel/Schwinge | 1974–1978 |
| Sport bike SB 3 | Mokick | Sachs-Zweitakt | 2,9 | 3-Gang-Fuß | Zentralrohr | Telegabel/Schwinge | 1975–1979 |
| Sport bike SB 5 | KKR | Sachs-Zweitakt | 5,3 | 5-Gang-Fuß | Zentralrohr | Telegabel/Schwinge | 1975–1979 |
| Hercules K 50 RL | KKR | Sachs-Zweitakt | 6,25 | 5-Gang-Fuß | Zentralrohr | Schwinge/Schwinge | 1974–1981 |
| Hercules K 50 Sprint | KKR | Sachs-Zweitakt | 6,25 | 5-Gang-Fuß | Zentralrohr | Telegabel/Schwinge | 1977–1979 |
| Hercules K 50 RLC | KKR | Sachs-Zweitakt | 6,25 | 5-Gang-Fuß | Zentralrohr | Schwinge/Schwinge | 1977–1983 |
| Hercules K 50 Ultra | KKR | Sachs-Zweitakt | 6,25 | 5-Gang-Fuß | Zentralrohr | Schwinge/Schwinge | 1976–1977 |

**1978–1995**

1978 startete die Mokickserie Supra 4 in verschiedenen Varianten, aus dem Mofa G 3 und dem Kleinkraftrad K 50 heraus entwickelt, unter anderem als Enduro. Alle Maschinen hatten eine Viergang-Fußschaltung, 2,9 PS reichten für 40 km/h. Mit dem Supra 4 in Topausstattung war kein Unterschied mehr zwischen Kleinkraftrad und Mokick erkennbar. Hercules wie auch die Konkurrenz setzte jetzt alle Hoffnung in diese Fahrzeugkategorie, die das Kleinkraftrad schließlich noch lange überlebte.

Hercules hielt bis zum gesetzlich verordneten Stopp der Kleinkraftradproduktion in Deutschland Ende 1983 an der Ultra-Fertigung fest. Fast jedes Jahr wurde die Maschine mit Flüssigkeitskühlung modellgepflegt. In den 80er Jahren ließ man Chromflächen und dezente Metallicfarben anstelle der zuletzt knallroten Lackierung glänzen. Die Verkaufszahlen hielten sich in sehr engen Grenzen, die Ultra 50 und Ultra RS 50 kosteten am Ende genauso viel wie eine 80er, waren in der Haftpflichtversicherung aber viel teurer.

Die Mokick-Hochphase 1979/80 flaute mit dem Aufkommen der Leichtkrafträder erst einmal ab.

Besser lief es wieder mit den Modellen KX 5 (Sport) und XE 5 (Enduro), die ab 1984 mit Fünfganggetriebe, schickem Design und Vollausstattung angeboten wurden. Mit dem Niedergang der Kleinkrafträder und der Einführung der 50 km/h-Grenze für Mopeds/Mokicks hatte Hercules plötzlich zwei ganz heiße Eisen im Feuer. Dazu gesellte sich 1986 noch die ZX 1, ein Enduro-Mokick der Spitzenklasse mit Wasserkühlung und Zentralfederbein. Hercules blieb im Geschäft!

Und hatte bereits 1980 eine Mokick-Form präsentiert, die in den 90er Jahren zum Standard in dieser Klasse werden sollte. Nämlich aus dem klassischen Moped/Mofa-Design mit Durchstiegsrahmen heraus entwickelt, jetzt aber mit Fußrasten und Kickstarter anstelle der Pedale. »Supra 2 D« hieß das erste Modell mit Zweigang-Drehgriffschaltung, das 1986, nach Einführung des 50 km/Limits für Mokicks, in »3 D« und entsprechend Dreigangschaltung umgetauft wurde. Nach 1993 standen neben einigen Mofa-Modellen lediglich noch die KX-5-Mokicks im Hercules-Angebot.

Fichtel & Sachs, seit 1991 zum Mannesmann-Konzern gehörend, wurde 1995 verkauft, der Markenname Hercules ging dabei an die holländische ATAG-Gruppe. Die Fertigung motorisierter Zweiräder blieb in der neuen »Sachs Fahrzeug- und Motorentechnik GmbH« – jetzt unter dem Markennamen Sachs (siehe Kapitel »Sachs«).

*> »Supra 4« nannte Hercules seine neue Mokickreihe, die ab 1978 mit dem Basismodell an den Start ging.*

*> GP konnte für »Grand Tourisme« oder »Grand Prix« stehen, die Supra 4 GP war jedenfalls das mit mehr Aufwand gestaltete Mokick der neuen Reihe.*

*> Und ein Enduro-Mokick durfte um 1980 herum bei keinem Hersteller fehlen, der etwas auf sich hielt.*

> *Bereits 1977 stellte Hercules sein Flaggschiff K 50 Ultra auf eine Wasserkühlung um.*

> Mit wechselndem Design und zuletzt 8,3 PS und Sechsganggetriebe blieb die Hercules Ultra 50 bis 1983 im

> Das Mokick KX 5 mit 3,5 PS und Fünfganggetriebe läutete 1984 eine neue Generation von Hercules-Mokicks ein.

> Mit oder ohne Kanzel, ständig wechselnden Designs und 4 PS ab 1986 – so blieb das Mokick KX 5 bis zum Ende der Hercules-Fertigung im Angebot.

> Abgeleitet von den 80er Leichtkrafträdern gab es schließlich noch eine vollverkleidete Ultra RS 50 mit 8,5 PS.

SACHS

> *Das Mokick im Mofa-Design: Die Supra 2 D, ab 1986 3 D, nahm eine neue Mokick-Generation vorweg.*

> *Mehr ging nicht: Das Enduro-Mokick ZX 1 mit Wasserkühlung im Stile einer »großen« 125er.*

**Die Hercules-Modelle 1978–1995 in der Übersicht**

| Modell | Art | Motor | Leistung PS | Getriebe | Rahmen | Federung v/h | Bauzeit |
|---|---|---|---|---|---|---|---|
| Hercules Supra 4 | Mokick | Sachs-Zweitakt | 2,9 | 4-Gang-Fuß | Einrohr mit Unterz. | Telegabel/Schwinge | 1978–1983 |
| Hercules Supra 4 GP | Mokick | Sachs-Zweitakt | 2,9 | 4-Gang-Fuß | Einrohr mit Unterz. | Telegabel/Schwinge | 1979–1982 |
| Hercules Supra 4 Enduro | Mokick | Sachs-Zweitakt | 2,9 | 4-Gang-Fuß | Einrohr mit Unterz. | Telegabel/Schwinge | 1979–1985 |
| Hercules Ultra LC | KKR | Sachs-Zweitakt | 6,25 | 5-Gang-Fuß | Einrohr mit Unterz. | Telegabel/Schwinge | 1977–1979 |
| Hercules Ultra II LC | KKR | Sachs-Zweitakt | 6,25 | 5-Gang-Fuß | Einrohr mit Unterz. | Telegabel/Schwinge | 1979–1983 |
| Hercules Ultra III LC | KKR | Sachs-Zweitakt | 6,25 | 5-Gang-Fuß | Einrohr mit Unterz. | Telegabel/Schwinge | 1980–1982 |
| Hercules Ultra 50 | KKR | Sachs-Zweitakt | 8,3 | 6-Gang-Fuß | Einrohr mit Unterz. | Telegabel/Schwinge | 1982–1983 |
| Hercules Ultra RS 50 | KKR | Sachs-Zweitakt | 8,5 | 6-Gang-Fuß | Einrohr mit Unterz. | Telegabel/Schwinge | 1981–1983 |
| Hercules Supra 2 D | Mokick | Sachs-Zweitakt | 2,7 | 2-Gang-Hand | Pressstahl-Tank | Telegabel/Schwinge | 1980–1985 |
| Hercules KX 5 | Mokick | Sachs-Zweitakt | 3,5–4 | 5-Gang-Fuß | Einrohr mit Unterz. | Telegabel/Schwinge | 1984–1995 |
| Hercules XE 5 | Enduro-Mokick | Sachs-Zweitakt | 3,5–4 | 5-Gang-Fuß | Einrohr mit Unterz. | Telegabel/Schwinge | 1984–1990 |
| Hercules Supra 3 D | Mokick | Sachs-Zweitakt | 2,7 | 3-Gang-Hand | Pressstahl-Tank | Telegabel/Schwinge | 1986–1990 |
| Hercules ZX 1 | Enduro-Mokick | Sachs-Zweitakt | 4,1 | 5-Gang-Fuß | Einrohr | Telegabel/Schwinge | 1986–1993 |

## Kreidler

Die Firma Kreidler, sozusagen Erfinder des Kleinkraftrades in Deutschland, gehörte mit seinen Florett-Modellen von Anfang an zu den Marktführern bei den pedallosen Fünfzigern.

**1960–1965**

Das Florett-Kleinkraftrad war einfach ein Fahrzeug aus einem Guss mit einem sehr stabilen Fahrwerk und einem robusten, in seiner Leistungscharakteristik unübertroffenen Motor. Der zudem durch seine Zylinderanordnung und die Gebläsekühlung ein ruhiger Geselle war und die Tachonadel nicht im Takt seiner Vibrationen zittern ließ.

Bald wurde die Leistung auf 3,6 PS bei jetzt 6000 U/min angehoben und die Höchstgeschwindigkeit nun mit 70 km/h angegeben. Lenker- und Sitzbankhöhe wurden um 55 bzw. 20 mm reduziert, der Tankinhalt auf 9,2 Liter erhöht. Außerdem erhielt die Sitzbank am hinteren Ende eine Abschrägung und die Hupe wurde in die Lenkkopfverkleidung integriert.

Ab September 1959 wurde die Maschine so für 875 D-Mark verkauft und sprengte bald alle bisherigen Absatzzahlen.

Für das Modelljahr 1962 spendierte Kreidler allen Florett-Modellen 17-Zoll-Räder.

Das Florett-Mokick von 1961 entsprach nun mit Kickstarter und Fußrasten äußerlich dem Kleinkraftrad. Vergaser und Auspuff blieben wie beim Moped zugeschnürt und auch die Hinterradübersetzung trug zur Geschwindigkeitsreduzierung auf 40 km/h bei. Für das Modelljahr 1962 erhielt das Mokick ebenfalls ein 17-Zoll-Fahrwerk.

Bereits 1961 fuhr Kreidler mit der Florett Super ein Geschütz auf, das Hercules und Co. erst einmal in die Schützengräben zwang. Neu war der jetzt 4,2 PS leistenden Motor, der absolut standfest eine Höchstgeschwindigkeit von mindestens 75 km/h zuließ. Die Leistung konnte nun mittels vier Getriebegängen, die per Fußschalthebel betätigt wurden, an das Hinterrad weitergegeben werden. Räder (17") und Rahmen trennten die zwei Langschwingen, die sich nun auf je zwei ölgedämpfte Federbeine abstützten. Weißwandreifen und viel Chrom setzten das Ganze schick in Szene.

Das Florett Motorrad wurde 1962 dem Super-Modell angeglichen. Dies hieß, dass bis auf die elektrische Anlage, die bei 17 Watt belassen wurde (27 Watt gegen Aufpreis), alle technischen Parameter von der Florett Super übernommen wurden. Also 4,2 PS, Viergang-Fußschaltung und hydraulisch gedämpfte Federbeine vorn. Bei Chromzierrat und Ausstattung wurde dagegen gespart.

Zwar fand das Fünfziger-»Wettrüsten« in erster Linie bei den »offe-

*> Ein Paukenschlag auf dem deutschen Motorradmarkt: Die ab 1961 gefertigte Florett Super.*

> In der Version als Kleinkraftrad erhielt die Florett für das Modelljahr 1960 eine Leistungssteigerung auf 3,6 PS.

> 1961 wurde aus dem Moped ohne Pedale das Florett Mokick, das kaum noch vom Kleinkraftrad zu unterscheiden war. Im Bild das 1962er Modell mit 17-Zoll-Rädern.

> Die Florett Super war ab dem Modelljahr 1964 mit einem größeren Scheinwerfer und dem kombinierten Brems- und Rücklicht ausgestattet.

> Ein Florett Mokick von 1966, dem letzten Baujahr mit Durchstiegs-Schalenrahmen. (Foto: Migebuff © CC BY-SA)

> Das Florett Mokick war ab 1964 ebenfalls mit einer neuen Beleuchtungsanlage ausgerüstet worden.

> Die Florett Super, Modelljahr 1965, jetzt mit 5,2 PS und dem Tank in »Hellelfenbein« lackiert.

> In der Werbung stellte Kreidler das »Motorrad« immer in der schwarz/roten Lackierung vor, das Mokick dagegen immer in Anthrazit/Beige und mit Beinschild.

> Das Florett »Motorrad« in seiner Ausführung von 1964 mit neuer Beleuchtungsanlage.

> Man muss schon genau hinsehen, um das Florett Motorrad (Bild) vom höherwertigen Super-Modell zu unterscheiden.

nen« Kleinkrafträdern statt, aber ein bisschen mehr Durchzug am Berg und im Zweipersonenbetrieb konnte auch für die 40-km/h-Mokicks nicht schaden. So erhöhte Kreidler die Leistung seines Mokicks auf 2,6 PS bei jetzt 4650 U/min. Beim Getriebe blieb es bei drei Gangstufen, aber die konnten jetzt gegen 12 Mark Aufpreis jugendgerecht auch per Fußschalthebel eingelegt werden.

Die Modelle von Zündapp und Hercules waren inzwischen serienmäßig mit 5,2 PS und fußgeschaltetem Fünfganggetriebe unterwegs. Da musste Kreidler gegenhalten und die Modelle Florett Super und Florett Motorrad für das Modelljahr 1965 noch einmal überarbeiten. 5,2 PS leistete der Motor jetzt ebenfalls und über die nun fünf Getriebegänge konnte bis zu den magischen 80 km/h beschleunigt werden.
Kreidler stellte 1964 mit der »Mustang«, eine geländesportliche Variante der Florett Super vor. Für Privatfahrer war dies eine Alternative zum Umbau einer Straßenmaschine; an die Werksmaschinen, wie sie zum Beispiel bei den Internationalen Sechstage-Fahrten eingesetzt wurden, kam die Mustang allerdings nicht heran. Die Produktionszahlen blieben sehr bescheiden, was möglicherweise am stolzen Preis von 1.925 D-Mark lag.

> *Mit dem Modell Mustang bot Kreidler ab 1964 eine wettbewerbstaugliche Geländesportmaschine für Privatiers und Nachwuchsfahrer an.*

**Die Kreidler-Modelle 1960–1965 in der Übersicht**

| Modell | Art | Motor | Leistung PS | Getriebe | Rahmen | Federung v/h | Bauzeit |
|---|---|---|---|---|---|---|---|
| Florett Motorrad | KKR | Kreidler-Zweitakt | 3,6 | 3-Gang-Hand | Pressstahl | Schwinge/ Schwinge | 1959–1962 |
| Florett Mokick | Mokick | Kreidler-Zweitakt | 2 | 3-Gang-Hand | Pressstahl | Schwinge/ Schwinge | 1961–1963 |
| Florett Super | KKR | Kreidler-Zweitakt | 4,2 | 4-Gang-Fuß | Pressstahl | Schwinge/ Schwinge | 1961–1964 |
| Florett Motorrad | KKR | Kreidler-Zweitakt | 4,2 | 4-Gang-Fuß | Pressstahl | Schwinge/ Schwinge | 1962–1964 |
| Florett Mokick | Mokick | Kreidler-Zweitakt | 2,6 | 3-Gang-Hand | Pressstahl | Schwinge/ Schwinge | 1964–1966 |
| Florett Super | KKR | Kreidler-Zweitakt | 5,2 | 5-Gang-Fuß | Pressstahl | Schwinge/ Schwinge | 1964–1967 |
| Florett Motorrad | KKR | Kreidler-Zweitakt | 5,2 | 5-Gang-Fuß | Pressstahl | Schwinge/ Schwinge | 1965–1966 |
| Florett Mustang | KKR-Enduro | Kreidler-Zweitakt | 5,2 | 4-Gang-Fuß | Pressstahl | Schwinge/ Schwinge | 1964–1966 |

**1966–1971**

Die Super-Florett erhielt für 1966 einen großen 12,5-Liter-Tank, eine daran anschließende etwas längere Sitzbank, zwei Blechabdeckungen, die am Rahmen angeschraubt wurden und den Durchstieg verschlossen und die Zusatzbezeichnung TS. Der Antrieb mit 5,2 PS und fünf Gängen blieb unverändert.

Wie schon in den Jahren zuvor lief das Kreidler »Motorrad« parallel zur Entwicklung des Florett Super mit. Hier fehlten lediglich wieder die Kniekissen am Tank, die Schwingenabdeckung und die Chromspange am vorderen Schutzblech. Und auch auf die Rahmenabdeckungen musste das 66er Motorrad-Modell verzichten.

Zu Beginn des Modelljahrs 1967, das wie immer ab Oktober 1966 startete, war der neue Blechpressrahmen fertig, der ein motorradmäßiges Aussehen der Florett auch ohne zusätzliche Seitenabdeckungen garantierte. Motorradmäßig jetzt auch die kurze ölgedämpfte Telegabel, die die alte Langschwinge ersetzte. Die erste Kreidler-Maschine, die in den Genuss des neuen Fahrgestells kam, war die Florett GT. Wobei das GT sicherlich für die große Tour stand, wofür diese Maschine mit Seitengepäckhalterungen ausgerüstet war. Optisch stach außerdem der knapp geschnittene vordere Kotflügel heraus, der im vorderen Bereich durch eine Chromspange fixiert wurde. Die GT konnte in der altbekannten Farbkombination anthrazit-metallic/hell-elfenbein und ab 1967 dann auch in vulkanrot/schwarz geliefert werden. Außerdem war optional ein verchromter Tank erhältlich.

Allein im bekannten anthrazit-metallic/neapelbeige kam das neue Florett Mokick daher, das gleichzeitig mit der GT im Herbst 1966 auf den Markt kam. Auch hier kamen der neue Rahmen und die Teleskopgabel zum Einsatz. Die Antriebseinheit blieb unverändert.

Sowohl die Florett GT als auch das Mokick blieben nur ein Jahr im Kreidler-Programm, denn Ende 1967 brachte Kreidler die Maschine auf den Markt, die fortan der Traum vieler 16jähriger war und ohne zahlungskräftige Eltern oft auch blieb. Die Florett RS (natürlich stand das RS für Rennsport) war nun das sportlichste aller Florett-Modelle. Dafür sorgten vor allem die offenen, verchromten Federbeine der Hinterradschwinge und der im Fahrtwind liegende, stärker verrippte Motor ohne uncooles Gebläse. Außerdem konnte der Lenker durch eine neue Befestigung in jede beliebige Stellung gebracht werden und »Sportarmaturen« mit einem bis 120 km/h reichenden Tachometer waren Motorradstandard. Motorleistung (5,3 PS) und Höchstgeschwindigkeit (80 km/h) blieben auf den bekannten Werten. 1968 betrug der Maschinenpreis 1.397 D-Mark, 1970 schließlich 1.574 D-Mark, da aber schon inklusive der 1968 eingeführten elf Prozent Mehrwertsteuer.

Für das konservative Publikum stellte Kreidler der sportlichen RS ab Herbst 1967 die Florett TM zur Seite. Die Buchstaben standen für

*> Die Florett Super TS von 1966 mit großem Tank und geschlossenem Rahmendurchstieg.*

*> Das Florett »Motorrad« Modell 1966 ebenfalls mit großem Tank, aber ohne Rahmenabdeckung.*

> Die Florett GT gab es traditionell wieder in zwei Farbkombinationen. Für 42 Mark Aufpreis konnte ein verchromter Tank geordert werden.

> Die Florett RS in einem Prospekt vom November 1967. Der verchromte Tank und die offenen Federbeine waren da noch aufpreispflichtig.

> Ab dem Modelljahr 69 waren Florett RS-Bremsnaben vorn und hinten mit je 150 mm Durchmesser gleich groß.

> Die Florett TM des ersten Modelljahres 1968, auf der Prospektabbildung noch mit dem vorderen Kotflügel der Vorgängertypen.

> Bis auf den gebläsegekühlten Motor und die gekapselten hinteren Federbeine entsprach die TM des Modelljahrs 69 der Florett RS.

> Die Florett-Mokicks LH und LF (Bild) waren in den zwei bekannten Farben Anthrazit und Neapelbeige lackiert.

> In Brilliantbeige und mit Chromtank kam das Mokick-Topmodell LFC von 1967 bis 1970 daher.

> Vulkanrot hieß 1971 die Farbe für das Florett-Mokick LFC.

> *Um sich vom Vorgänger abzusetzen, zeigte sich die 71er Florett RS in knalligem Orange.*

Touren-Modell und das hier noch genutzte Kühlgebläse für den Motor sollte Standfestigkeit auf langen Strecken suggerieren, obwohl das der moderne Fünfziger von Kreidler längst nicht mehr nötig hatte. Die offiziellen Fahrleistungen wurden für RS und TM als identisch angegeben. Auch optisch unterschieden sich die beiden Maschinen kaum voneinander. Für den Jahrgang 1971 erhielt der Motor eine leichte Leistungssteigerung auf 5,8 PS bei 8200 U/min in Verbindung mit einer anderen Sekundärübersetzung. Die offiziell angegebene Höchstgeschwindigkeit stieg von 80 auf 82 km/h. Bis 1972 in dieser Form gebaut, blieben die Verkaufszahlen der Florett TM stets im Schatten des RS-Modells.

Für Kreidler war es keine Frage, das Florett-Mokick weiterhin an die Entwicklung der Leichtkrafträder zu koppeln. Mit Beginn des Modelljahrs 1968 boten die Schwaben dann gleich drei Versionen der gedrosselten Fünfziger mit der neuen Telegabel, dem neuen Rahmen und dem 12,5-Liter-Tourentank an: Die Basismodelle LH und LF in der Kreidler-klassischen Lackierung anthrazit-metallic/neapelbeige und das Modell LFC in brilliantbeige mit verchromtem Tank. Bei den Buchstaben stand das L in der Kreidler-Typisierung für Mokick, das H für Handschaltung und das F entsprechend für Fußschaltung. Nach wie vor wies das Getriebe bei allen Mokicks nur drei Gänge auf. Auch die 2,6 PS des Vorgängermodells wurden zunächst übernommen, ab Mai 1969 stieg die Leistung dann moderat auf 2,9 PS.

Kreidler hatte schon 1968 einen über 6 PS leistenden Motor für die Florett RS in Petto, hielt sich aber an eine inoffizielle Absprache der deutschen Kleinkraftrad-Hersteller, die 5,6 PS als Leistungsobergrenze ansahen. Wundersamerweise zeigten dann sowohl Kreidler als auch Hauptkonkurrent Zündapp in Köln ihre neuen Spitzenmaschinen, die exakt 6,25 PS leisteten. Erneut einigten sich die Hersteller, die deutschen sowieso, jetzt aber auch größere internationale Firmen, auf diese 6,25 PS als künftige Leistungsobergrenze ihrer Kleinkrafträder. Und sie waren dazu verdammt, sich daran zu halten, denn immer noch galt der recht einfach zu erwerbende Führerschein Klasse 4 für Kleinkrafträder, der nicht gefährdet werden sollte. Und Endgeschwindigkeiten, die an die 90 km/h heranreichten, ließen die Behörden bereits aufmerken.

Seit 1968 und dem Film »Easy Rider« bot Kreidler (wie auch andere Hersteller) für alle Modelle einen hohen Lenker, auch »Western-Lenker« genannt, als Option an. Für das Modelljahr 1971 stattete Kreidler die RS wahlweise mit hohem Lenker aus und nannte sie entsprechend Florett RSH. Der Preisunterschied betrug nun 25 D-Mark.

**Die Kreidler-Modelle 1966–1971 in der Übersicht**

| Modell | Art | Motor | Leistung PS | Getriebe | Rahmen | Federung v/h | Bauzeit |
|---|---|---|---|---|---|---|---|
| Florett Super TS | KKR | Kreidler-Zweitakt | 5,2 | 5-Gang-Fuß | Pressstahl | Schwinge/ Schwinge | 1966 |
| Florett Motorrad | KKR | Kreidler-Zweitakt | 5,2 | 5-Gang-Fuß | Pressstahl | Schwinge/ Schwinge | 1966 |
| Florett GT | KKR | Kreidler-Zweitakt | 5,3 | 5-Gang-Fuß | Pressstahl | Telegabel/ Schwinge | 1966–1967 |
| Florett Mokick | Mokick | Kreidler-Zweitakt | 2,6 | 3-Gang-Hand | Pressstahl | Telegabel/ Schwinge | 1966–1967 |
| Florett RS | KKR | Kreidler-Zweitakt | 5,3 | 5-Gang-Fuß | Pressstahl | Telegabel/ Schwinge | 1967–1970 |
| Florett TM | KKR | Kreidler-Zweitakt | 5,3 (5,8) | 5-Gang-Fuß | Pressstahl | Telegabel/ Schwinge | 1967–1972 |
| Florett Mokick LH | Mokick | Kreidler-Zweitakt | 2,6 (2,9) | 3-Gang-Hand | Pressstahl | Telegabel/ Schwinge | 1967–1972 |
| Florett Mokick LF | Mokick | Kreidler-Zweitakt | 2,6 (2,9) | 3-Gang-Fuß | Pressstahl | Telegabel/ Schwinge | 1967–1972 |
| Florett Mokick LFC | Mokick | Kreidler-Zweitakt | 2,6 (2,9) | 3-Gang-Fuß | Pressstahl | Telegabel/ Schwinge | 1967–1972 |
| Florett RS | KKR | Kreidler-Zweitakt | 6,25 | 5-Gang-Fuß | Pressstahl | Telegabel/ Schwinge | 1970–1971 |
| Florett RSH | KKR | Kreidler-Zweitakt | 6,25 | 5-Gang-Fuß | Pressstahl | Telegabel/ Schwinge | 1970–1971 |

**1972–1975**

Die Florett RS erlebte für das Modelljahr 1972 ihre dritte Neuauflage. Und zwar mit einem völlig überarbeiteten Motor. Kernstück war die vom Kolbenspezialisten Mahle entwickelte Zylinderbeschichtung mit der Bezeichnung »NIKASIL«. Mit dem neuen Motor und ohne weitere Änderungen waren RS und RSH (wieder mit hohem Lenker) nur 1972 erhältlich.

Ebenfalls nur im Modelljahr 1972 war das neue Mokick Florett RM erhältlich. Kreidler stellte den Dreigang-Mokicks ein fußgeschaltetes Viergang-Modell zur Seite, das auch noch einen fahrtwindgekühlten Motor erhielt und so kaum noch vom RS-Modell zu unterscheiden war. Ab August 1972 kam das Viergang-Mokick in der Florett-Ausstattung des Modelljahrs 73 daher. Das bedeutete ein neues Tankdesign, aber vor allem die neue, durchgehende Telegabel.

Ab dem Modelljahr 1973 änderte sich für alle Florett-Modelle optisch das Tankdesign und technisch die Teleskopgabel. Diese endete jetzt nicht mehr unterhalb des Steuerkopfes, sondern die Standrohre waren nun bis auf Höhe des Lenkers hochgezogen. Für das RS-Modell gab es außerdem eine mattschwarz lackierte Motorabdeckung und ein in gleicher Farbe gehaltener Scheinwerfer. Neben den Modellen RS und RSH gab es die Luxusversionen RS-L und RSH-L, bei denen der Rahmen und das hintere Schutzblech in Signalorange lackiert und das vordere Schutzblech verchromt waren. So standen von August 1972 bis April 1973 vier RS-Typen im Kreidler-Angebot. Das blieb auch so, als dann ab April/Mai 1973 der Tachometer aus dem Lampengehäuse neben einem elektronischen Drehzahlmesser am Lenkerausleger (Cockpit) befestigt wurde. 1974 erhielten die RS-Modelle einen flachen Scheinwerfer.

TM stand für Touren-Modell und das blieb auch mit der Überarbeitung dieses Typs für das Modelljahr 1973 so. Allerdings war die Maschine jetzt auch poppiger in vulkanrot oder rotorange lackiert, hatte einen verchromten Tank im aktuellen Design und jetzt offen liegende hintere Federbeine. 1974 lief das nicht mehr ins Programm passende Modell aus.

Von der technischen und optischen Überarbeitung der Florett-Modelle des Jahrgangs 73 profitierten auch die weiterhin im Programm befindlichen Dreigang-Mokicks LF und LH. Also neues Tankdesign, neue Telegabel und die hinteren Federbeine zeigten jetzt bei allen Florett-Modellen ihre verchromten Federn.

Das handgeschaltete Mokick blieb das billigste Florett-Modell, wurde in Deutschland aber kaum noch geordert und hatte so etwas wie eine Alibifunktion.

*> Mit fahrtwindgekühltem Motor und Viergang-Fußschaltung war das Mokick Florett RM 1972 nur noch schwer vom Kleinkraftrad RS zu unterscheiden.*

*> Das Viergang-Mokick Florett RM mit hohem Lenker in der Ausführung 1973/74 mit der langen Telegabel und dem 73er Tankdesign.*

*> Und die RM im Modelljahr 1975, mit dem großen Kreidler-Schriftzug auf dem Tank.*

> *Im Spätsommer 1972 zeigt das Titelbild des Kreidler-Prospekts die 73er Florett-Modelle mit durchgehender Teleskopgabel.*

> 1973er Florett RSH-L, das Luxusmodell mit hohem Lenker.

> Die Luxus-RS mit flachem Lenker, ebenfalls von 1973, aber jetzt mit »Cockpit«. Der Gepäckträger war bei der RS immer noch eine aufpreispflichtige Option.

> Signalgelb war eine der beiden RS-L-Lackierungen von 1974 in Verbindung mit dem verchromten vorderen Schutzblech. In dieser Ausführung wurde die RS bis 1975 angeboten.

> *Die Florett RS-L von 1974 mit dem neuen, flachen Scheinwerfer.*

> *Die Florett TM, der konservative Begleiter des RS-Modells, ging ab Herbst 1972 in die zweite Runde, wurde aber nur noch bis 1974 gebaut.*

Für das Modelljahr 75, beginnend im August 1974, bedeutete der Typ RS-B (oder RSH-B, bei Maschinen mit hohem Lenker), dass die Kleinkrafträder jetzt mit einer Vierleuchten-Blinkanlage ausgestattet waren. Dazu kamen serienmäßig der bereits bekannte flache Scheinwerfer und das »Cockpit« mit 120-km/h-Tacho und elektronischem Drehzahlmesser. Außerdem eine neue Zündelektronik (Hochspannungs-Kondensator-Zündung, kurz HKZ) von Bosch, die den klassischen Zündmagneten ersetzte.

Dem 1972 eingeführten Mokick Typ RM mit Viergang-Fußschaltung und fahrtwindgekühltem Motor stellte Kreidler ab dem Frühsommer 1974 ein erweitertes Modell mit der Bezeichnung RMC zur Seite. Das C stand für Cockpit, also für Tachometer und Drehzahlmesser auf einem Lenkerausleger. Von der RM-Reihe wurden insgesamt fast 50.000 Exemplare gebaut.

Nach dem 1965 wenig geglückten Versuch, mit dem Modell Mustang eine käufliche Serienenduro zu etablieren, nahm Kreidler knapp zehn Jahre später einen neuen Anlauf in diesem Segment. Aber anders als die erste Mustang von Kreidler sollte das 1974 präsentierte Modell im Offroad-Look nur für die Show sein; fürs Gelände taugte es alleine schon wegen seiner Gesamtübersetzung, die auf Straßenfahrt ausgelegt war, nicht. Auf Beschwerden der Kundschaft reagierend, bot Kreidler noch 1974 wahlweise ein Modell mit einer Doppelsitzbank an und lieferte gegen einen Aufpreis von 110 D-Mark größere Bremsen und einen Drehzahlmesser. Noch im Frühjahr 1975 ging dies allein in Serie und der Cross-Schriftzug verschwand vom Tank ebenso wie die dicken Stollen von den Reifen.

> *Das Florett-Mokick LF in der Ausführung 1973/74, aber immer noch in der klassischen Kreidler-Farbgebung anthrazit-metallic/neapelbeige.*

> *Klassisch die Lackierung und der Sitzbezug: Das Einstiegsmodell Florett Mokick LH, Modelljahr 1975.*

| Die Kreidler-Modelle 1972–1975 in der Übersicht | | | | | | | |
|---|---|---|---|---|---|---|---|
| **Modell** | **Art** | **Motor** | **Leistung PS** | **Getriebe** | **Rahmen** | **Federung v/h** | **Bauzeit** |
| Florett RS | KKR | Kreidler-Zweitakt | 6,25 | 5-Gang-Fuß | Pressstahl | Telegabel/ Schwinge | 1972 |
| Florett RSH | KKR | Kreidler-Zweitakt | 6,25 | 5-Gang-Fuß | Pressstahl | Telegabel/ Schwinge | 1972 |
| Florett RM | Mokick | Kreidler-Zweitakt | 2,9 | 4-Gang-Fuß | Pressstahl | Telegabel/ Schwinge | 1972–1976 |
| Florett RS | KKR | Kreidler-Zweitakt | 6,25 | 5-Gang-Fuß | Pressstahl | Telegabel/ Schwinge | 1972–1975 |
| Florett RS-L | KKR | Kreidler-Zweitakt | 6,25 | 5-Gang-Fuß | Pressstahl | Telegabel/ Schwinge | 1972–1975 |
| Florett RSH | KKR | Kreidler-Zweitakt | 6,25 | 5-Gang-Fuß | Pressstahl | Telegabel/ Schwinge | 1972–1975 |
| Florett RSH-L | KKR | Kreidler-Zweitakt | 6,25 | 5-Gang-Fuß | Pressstahl | Telegabel/ Schwinge | 1972–1975 |
| Florett TM | KKR | Kreidler-Zweitakt | 5,8 | 5-Gang-Fuß | Pressstahl | Telegabel/ Schwinge | 1972–1974 |
| Florett Mokick LH | Mokick | Kreidler-Zweitakt | 2,9 | 3-Gang-Hand | Pressstahl | Telegabel/ Schwinge | 1972–1976 |
| Florett Mokick LF | Mokick | Kreidler-Zweitakt | 2,9 | 3-Gang-Fuß | Pressstahl | Telegabel/ Schwinge | 1972–1976 |
| Florett Mokick RMC | Mokick | Kreidler-Zweitakt | 2,9 | 4-Gang-Fuß | Pressstahl | Telegabel/ Schwinge | 1974–1976 |
| Florett RS-B | KKR | Kreidler-Zweitakt | 6,25 | 5-Gang-Fuß | Pressstahl | Telegabel/ Schwinge | 1974–1976 |
| Florett RSH-B | KKR | Kreidler-Zweitakt | 6,25 | 5-Gang-Fuß | Pressstahl | Telegabel/ Schwinge | 1974–1976 |
| Mustang (Cross) | KKR | Kreidler-Zweitakt | 6,25 | 5-Gang-Fuß | Pressstahl | Telegabel/ Schwinge | 1974–1977 |

**1976–1982**

1977 verkaufte Kreidler nur noch rund 10 000 Kleinkrafträder, wenige Jahre zuvor waren es noch dreimal so viel gewesen. Die wahre Dramatik zeigte das Jahr 1978: Nur noch 2.700 Kleinkrafträder konnte Kreidler an den Mann bringen; das Ende dieser Fahrzeugklasse war greifbar.

Was könnte man denn noch tun, werden sich die Kreidler-Leute gefragt haben, damit am Ende ein neuer Typ und natürlich ein höherer Preis stehen kann? Im Falle der Florett RS für 1976 mussten kleine Änderungen reichen, um den Preis auf 2.886 D-Mark zu schrauben. Und um der Typenbezeichnung ein L für Luxus hinzuzufügen. Wie gehabt, waren die RS mit dem flachen Lenker (jetzt M-Lenker) und die RSH mit dem hohen »Western-Lenker« bestückt.

Natürlich ließ sich immer noch mehr machen, um die Florett GS an internationale Motorradtrends anzupassen und endlich die 3000-D-Mark-Schallmauer zu durchbrechen. So hatte das in den Jahren 1977 und 78 angebotene Modell RS-G Leichtmetall-Verbundgussräder und der 1978 und 1979 ausgelieferte Typ RS-GS zusätzlich eine hydraulisch betätigte Scheibenbremse am Vorderrad. Die Florett RS-GS hatte als neues Kreidler-Spitzenprodukt außerdem noch eine hinten hochgezogene Spoilersitzbank und ab 1978 Seitenreflektoren. 1979 scherten sich Kreidler und Co nicht mehr um die einst getroffenen PS-Beschränkungen, 6,8 PS = 5 KW waren jetzt im Kampf um die allerletzten Kleinkraftradkunden angesagt.

Alle Kreidler Florett-Modelle, Kleinkrafträder wie Mokicks, hatten zum Modelljahr 1977 einen neuen Tank erhalten.

Mitte der siebziger Jahre gewannen die Mokicks die Oberhand. Ob das nun gerade die immer noch im Angebot befindliche Dreigang-Florett mit Kühlgebläse war, sei dahingestellt. Wie auch immer, für knapp über 2.000 D-Mark bot Kreidler in den Jahren 1976/77 seine Einstiegs-Florett mit dem alten, länglichen Scheinwerfer und der Fahrradklingel (!) am hohen Lenker an.

Noch im Jahr 1977 kam, zeitweise parallel, der Nachfolger LF-F auf

> *Das 76er Florett-RS-Modell wartete mit diversen Änderungen zum Vorgängermodell auf; markant waren die Faltenbälge an der Telegabel und der große Scheinwerfer.*

> *Das 76er RSH-Modell mit hohem Lenker und der Lackierung in Rotorange. Ab März 1976 kam noch die Farbe Golfgrün ins Programm.*

> *Die Florett RS-L des Modelljahres 1977 mit dem größeren 13-Liter-Tank und dem tiefen M-Lenker, den Kreidler auch gerne als »Rennlenker« anpries.*

> Mit dem hohen Lenker sprach man weiterhin von der Florett RSH und für die Verbundgussräder kam 1977/78 noch ein G in die Typenbezeichnung.

> BG stand für Blinkanlage und Gussfelgen – das Mokick RMC-BG der Jahre 1977/78.

> Gussfelgen und eine Scheibenbremse am Vorderrad standen für die Typenbezeichnung RS-GS. Augenfällig am Spitzenmodell außerdem die Sitzbank mit Heckspoiler.

> Nur noch bei genauem Hinschauen vom Kleinkraftrad zu unterscheiden: Das Mokick RMC-S, 1978/79 auch mit Scheibenbremse am Vorderrad.

die Montagebänder, zwar immer noch mit Klingel und Dreiganggetriebe, letzteres jetzt aber ausschließlich mit dem Fuß zu schalten. Außerdem war jetzt der flache Scheinwerfer (nur 15 W) und der Tacho als »Cockpit« montiert. Den Motor kühlte der Fahrtwind, die Zeit der Gebläsekühlung war endgültig vorbei.

Das Mokick Typ RMC – das C stand für Cockpit – erhielt für das Modelljahr 1977 den 13-Liter-Tank und wurde so als Viergang-Einstiegsmodell in Rotorange mit Chromtank bis zum Kreidler-Ende 1982 angeboten. Kratzte da dann aber auch schon an der 3000-D-Mark-Grenze.

Nur 1977 und nur in Golfgrün lief das Mokick RMC-B in Zuffenhausen vom Band. Das B stand hier wieder für die Vierleuchten-Blinkanlage. Noch 1977 erhielt das Florett Mokick die vom Kleinkraftrad her bekannten Verbundräder und die ebenfalls dort bereits verbaute Spoilersitzbank. Als Modell RMC-BG blieb die Maschine bis 1978 im Kreidler-Programm. Danach kam dann auch schon die hydraulisch betätigte Scheibenbremse ans Vorderrad und die Typenbezeichnung wechselte zu RMC-S. So ausgestattet, durchbrach auch das Mokick 1979 die 3000-Mark-Schallmauer.

Die ganze Hilf- und Ideenlosigkeit der Kreidler-Leute zeigte sich wohl in dem Rechteckscheinwerfer des 1980er GS-Modells. Irgendwie passte der nicht ins Bild. Das war es dann auch! Kleinkrafträder

> Der dritte Versuch: Mit dem Enduro-Mokick Mustang war dem schwäbischen Hersteller zweifellos noch einmal ein großer Wurf gelungen, der aber leider im Konkursgerangel unterging.

*> Neue Lampe, neue Farben – mehr fiel den Kreidler-Entwicklern für ihr Kleinkraftrad Florett RS am Ende nicht mehr ein.*

*> Bis auf den Schriftzug auf den Seitendeckeln war das RMC-Mokick des Jahrgangs 1980 nicht mehr vom Kleinkraftrad Florett RS zu unterscheiden.*

mit 50 ccm waren im Westen nicht mehr verkäuflich, nur noch ein paar hundert Maschinen entstanden vom einstigen Trendsetter Florett RS.

Für die junge Kundschaft hatte es bisher das Viergang-Mokick RMC gegeben, das nun für das Modelljahr 1980 noch einmal aufgewertet wurde. Kernstück war der (gedrosselte) RS-Motor mit dem sogenannten Cinemascope-Leichtmetallzylinder und dem Fünfganggetriebe. Optisch kamen der Rechteckscheinwerfer und die Dekorstreifen des 80er Modelljahrgangs dazu. Damit war das Mokick nun - bis auf die Modellbezeichnung auf den Seitendeckeln - überhaupt nicht mehr vom Kleinkraftrad zu unterscheiden.

Kreidler hatte sich einigen Trends der Kleinkraftrad- und Mokick-Entwicklung entzogen und war auch deshalb als einstiger Marktführer in den Zulassungszahlen deutlich hinter die Konkurrenten Hercules/Sachs und Zündapp zurückgefallen. Keine modernen Rahmenkonstruktionen, keine Wasserkühlung, keine Getrenntschmierung und das Festhalten an der waagerechten Zylinderführung hatte den Kornwestheimern Kritik und abwandernde Käuferschichten eingebracht. 1980 nun versuchte Kreidler seinen eingetragenen Markennamen Mustang noch einmal mit Rohrrahmen, ein wenig schräg gestelltem RMC-Motor und Enduro-Optik wiederzubeleben. Zusammen mit einem für Kreidler-Verhältnisse attraktiven Preis hätte das Fahrzeug durchaus das Zeug zum Bestseller gehabt, wenn bei Kreidler nicht schon längst alles zu spät gewesen wäre - der Konkurs stand unmittelbar bevor.

**Die Kreidler-Modelle 1976–1982 in der Übersicht**

| Modell | Art | Motor | Leistung PS | Getriebe | Rahmen | Federung v/h | Bauzeit |
|---|---|---|---|---|---|---|---|
| Florett RS | KKR | Kreidler-Zweitakt | 6,25 | 5-Gang-Fuß | Pressstahl | Telegabel/ Schwinge | 1976 |
| Florett RSH | KKR | Kreidler-Zweitakt | 6,25 | 5-Gang-Fuß | Pressstahl | Telegabel/ Schwinge | 1976 |
| Florett RS-GS | KKR | Kreidler-Zweitakt | 6,25/6,8 | 5-Gang-Fuß | Pressstahl | Telegabel/ Schwinge | 1977–1979 |
| Florett RS-G | KKR | Kreidler-Zweitakt | 6,25/6,8 | 5-Gang-Fuß | Pressstahl | Telegabel/ Schwinge | 1977–1979 |
| Florett RS-L | KKR | Kreidler-Zweitakt | 6,25/6,8 | 5-Gang-Fuß | Pressstahl | Telegabel/ Schwinge | 1977–1979 |
| Florett Mokick LH | Mokick | Kreidler-Zweitakt | 2,9 | 3-Gang-Hand | Pressstahl | Telegabel/ Schwinge | 1976–1977 |
| Florett Mokick LF | Mokick | Kreidler-Zweitakt | 2,9 | 3-Gang-Fuß | Pressstahl | Telegabel/ Schwinge | 1976–1977 |
| Florett Mokick LF-F | Mokick | Kreidler-Zweitakt | 2,9 | 3-Gang-Fuß | Pressstahl | Telegabel/ Schwinge | 1977–1979 |
| Florett Mokick RMC | Mokick | Kreidler-Zweitakt | 2,9 | 4-Gang-Fuß | Pressstahl | Telegabel/ Schwinge | 1977–1982 |
| Florett Mokick RMC-B | Mokick | Kreidler-Zweitakt | 2,9 | 4-Gang-Fuß | Pressstahl | Telegabel/ Schwinge | 1977 |
| Florett Mokick RMC-BG | Mokick | Kreidler-Zweitakt | 2,9 | 4-Gang-Fuß | Pressstahl | Telegabel/ Schwinge | 1977–1978 |
| Florett Mokick RMC-S | Mokick | Kreidler-Zweitakt | 2,9 | 4-Gang-Fuß | Pressstahl | Telegabel/ Schwinge | 1979 |
| Florett RS-GS 1980 | KKR | Kreidler-Zweitakt | 6,8 | 5-Gang-Fuß | Pressstahl | Telegabel/ Schwinge | 1980–1981 |
| Florett Mokick LF-F | Mokick | Kreidler-Zweitakt | 2,9 | 3-Gang-Fuß | Pressstahl | Telegabel/ Schwinge | 1980–1982 |
| Mokick Mustang 50 | Mokick | Kreidler-Zweitakt | 2,9 | 4-Gang-Fuß | Pressstahl | Telegabel/ Schwinge | 1980–1982 |
| Florett Mokick RMC-5S | Mokick | Kreidler-Zweitakt | 2,9 | 5-Gang-Fuß | Pressstahl | Telegabel/ Schwinge | 1980–1982 |

# Die deutschen Hersteller:

## Teil 2

## Von Maico bis Zündapp

## Maico

In Pfäffingen bei Tübingen hatte Maico schon vor dem Zweiten Weltkrieg Motorräder gebaut und machte sich danach als Lieferant für die Bundeswehr und als Hersteller von konkurrenzfähigen Sportmotorrädern, insbesondere für den Motorrad-Geländesport und das Motocross, einen Namen. Wenn auch zuletzt auf kleiner Sparflamme, hielt Maico mit dem Motorradbau länger durch als die meisten anderen deutschen Hersteller. Nach Konkursen und Besitzerwechseln stand die Marke immerhin noch bis zum Jahr 2000 in den Katalogen.

Maico hatte bis 1958 zwei Mopedtypen gebaut und kehrte 1960 nach kurzer Pause in die Schnapsglasklasse zurück. »Maicolino« nannten sich nun zwei im Motorrad-Design der frühen sechziger Jahre gezeichnete Mokicks, die mit Telegabel und Hinterradschwinge ausgerüstet waren. Eine eigene Motorentwicklung hatte Maico für diese Klasse nicht mehr begonnen, setzte dagegen auf Bewährtes der führenden Einbaumotorenhersteller Ilo und Sachs. Der Typ S war mit dem 3,6 PS leistenden Ilo-Motor bestückt, dessen Dreiganggetriebe per Fuß geschaltet wurde. Die etwas preiswertere Maicolino Typ T trieb ein Sachs-Motor mit nur 3,2 PS und Handschaltung an.

So richtig mitspielen konnte Maico in dieser Klasse, wo Kreidler, Zündapp und Hercules den Ton angaben, nicht. Dafür hätte es wohl eigener Triebwerke und mehr Investitionen in Entwicklung und Konstruktion bedurft. Doch Maico wollte sich offensichtlich (vorerst) nicht am beginnenden Wettrüsten in dieser Klasse beteiligen und stellte die Fertigung dieser Maschinen schon 1962 wieder ein.

> *Die Maicolino S war 1960 mit dem damals noch besseren Ilo-Motor mit 3,6 PS und fußgeschaltetem Getriebe auf den Markt gekommen.*

Es dauerte dann sieben Jahre, ehe Maico mit der mittels Einlass-Drehschieber gesteuerten MD 50 doch wieder auf die kleine Klasse setzte. Der Österreicher Günther Schier, der schon bei Rotax mit Drehschiebern experimentiert hatte, brachte diese für Maico neue Zweitakt-Technik ins Schwabenland und baute im Laufe der Zeit eine ganze Motorenreihe darauf auf. Immerhin 5,6 PS leistete der erste Maico-eigene 50-ccm-Zweitaktmotor mit Sechsganggetriebe. In mehreren Schritten optisch wie technisch überarbeitet (zuletzt 6,26 PS), wurde dieses sehr sportliche Kleinkraftrad bis 1975 gebaut.

Der schwäbische Traditionshersteller hatte sich danach vor allem auf die Fertigung von Geländesport- und Motocross-Maschinen spezialisiert.

> *Mit Handschaltung, etwas geringerer Leistung, aber auch preiswerter lieferte Maico parallel die Maicolino T mit Sachs-Triebwerk.*

> *Das war einzigartig im deutschen Kleinkraftradbau: Die MD 50 von Maico mit Drehschiebereinlass in der ersten Ausführung von 1968.*

> *Die spätere Ausführung der Maico MD 50, jetzt mit 6,3 PS.*

| Übersicht der Maico-Modelle | | | | | | | |
|---|---|---|---|---|---|---|---|
| **Modell** | **Art** | **Motor** | **Leistung PS** | **Getriebe** | **Rahmen** | **Federung v/h** | **Bauzeit** |
| Maicolino S | KKR | Ilo-Zweitakt | 3,6 | 3-Gang-Fuß | Einrohr | Telegabel/Schwinge | 1960–1962 |
| Maicolino T | KKR | Sachs-Zweitakt | 3,2 | 3-Gang-Hand | Einrohr | Telegabel/Schwinge | 1960–1962 |
| Maico MD 50 | KKR | Maico-Zweitakt | 5,6 | 6-Gang-Fuß | Doppelrohr | Telegabel/Schwinge | 1968–1970 |
| Maico MD 50 | KKR | Maico-Zweitakt | 6,3 | 6-Gang-Fuß | Dopelrohr | Telegabel/Schwinge | 1970–1975 |

## NSU

NSU aus Neckarsulm war eine der ältesten Motorradfabriken und eine der traditionsreichsten Marken überhaupt. Bis Mitte der 1950er Jahre war man mehrfach Motorradweltmeister und bis dahin auch immer mal wieder größter Motorradproduzent der Welt gewesen.
Mit dem Aufkommen der Mopeds hatte NSU mit seiner »Quickly« auch sofort eines der besten deutschen Modelle parat und hielt mit deren Weiterentwicklungen hier lange ganz vorne im Marktgeschehen mit.
Und als 1960 aus den Mopeds die Mokicks werden durften, hatte NSU mit der Quickly-TTK sofort ein ganz heißes Eisen im Feuer. Aufbauend auf dem neuen Moped Quickly-T mit 1,7 PS-Zweitaktmotor bot die TTK ein sehr sportliches Erscheinungsbild ohne Kühlgebläse und hatte – im Gegensatz zur Konkurrenz einen Zentralrohrrahmen, ein vollhydraulisches Schwingenfahrwerk und einen großen 11,8-Liter-Motorradtank. Dafür, dass diese Maschine nur bis 1961 im Programm blieb, waren 12.200 gebaute Einheiten eine ordentliche Zahl.
Aber für die Ansprüche der sportlich orientierten Marke NSU reichte dieses Mokick nicht aus. Deshalb brachte man 1962 das Kleinkraftrad Quick 50 in einem ähnlichen Design wie das Mokick auf den Markt. Der jetzt am offenen Stahlrohrrahmen hängende Zweitakter leistete hier standesgemäße 4,3 PS, vier Gänge konnten mit dem Fuß eingelegt werden. Die Maschine blieb bis zum Ende der NSU-Zweiradproduktion 1966 im Programm, war da aber im Wettrüsten mit anderen Marken schon recht weit zurückgefallen, was sich auch in den Verkaufszahlen manifestierte. 9.323 Quick 50 in fünf Jahren, das war deutlich unter dem Schnitt der Wettbewerber.

*> Die Buchstaben TT sollten beim NSU-Mokick Quickly-TTK für Rennsport stehen, entsprechend war die Maschine auch gestaltet worden.*

*> Das Kleinkraftrad Quick 50 war die Antwort von NSU auf die Modelle der Konkurrenz aus Nürnberg, Stuttgart und München. Es blieb aber im Schatten von Kreidler, Zündapp & Co.*

**Übersicht der NSU-Modelle**

| Modell | Art | Motor | Leistung PS | Getriebe | Rahmen | Federung v/h | Bauzeit |
|---|---|---|---|---|---|---|---|
| NSU Quickly-TTK | Mokick | NSU-Zweitakt | 1,7 | 3-Gang-Hand | Zentralrohr | Schwinge/ Schwinge | 1960–1962 |
| NSU Quick 50 | KKR | NSU-Zweitakt | 4,3 | 4-Gang-Fuß | Stahlrohr, offen | Schwinge/ Schwinge | 1962–1966 |

## Rabeneick

Der Namenszug »Rabeneick« ziert noch heute viele Fahrradrahmen. Die Anfänge der Bielefelder Firma in diesem Metier gehen auf die Mitte der 1930er Jahre zurück. Schnell machten sich die Zweiräder einen Namen und nach 1945 war es die Firma August Rabeneick GmbH, die als erster deutscher Hersteller wieder Fahrräder exportierte.
Dazu kamen ab 1949 auch Motorfahrräder und Konfektionsmotorräder in einer verwirrenden Typenvielfalt mit Zweitaktmotoren von Ilo und Fichtel & Sachs.
Ab 1953 war man auch von Anfang an mit einfachen Mopedkonstruktionen in diesem neuen Fahrzeugsegment dabei. Die nannten die Bielefelder ab 1955 »Binetta« und legten ein Jahr später mit dem Moped Binetta III, deren Fahrwerk auf einem üppigen Pressstahlrahmen ruhte, den Grundstein für spätere Mokicks und Kleinkrafträder.
Aus dem 59er Moped »Binetta Star« wurde ab 1961 das Mokick Starkick (oder nur SK) mit Dreigang-Handschaltung, kräftigem Pressstahlrahmen, halblanger Schwinge am Vorderrad, Langschwinge fürs Hinterrad und natürlich einer Doppelsitzbank. Noch im selben Jahr konnte wahlweise das Modell »Binetta SKF« mit Dreigang-Fußschaltung geordert werden.
1962 erhöhte sich die Leistung der Sachs Mokick-Motoren von 1,8 auf 2,6 PS. Das Modell mit Handschaltung entfiel, dafür gab es jetzt die Binetta SK 4 mit Viergang-Fußschaltung und entsprechend das Modell SK 3 mit Dreiganggetriebe.

Bei den Kleinkrafträdern mischte Rabeneick schon ab 1960 mit, hatte da das Modell »Binetta-Superstar« im Angebot, mit der Optik und dem Fahrwerk wie bei den Mokicks beschrieben, aber jetzt mit einem 3,2-PS-Motor (3,8 PS 1961). Die Dreigang-Handschaltung musste hier aber noch genügen.
Anders dann bei der Binetta Super 4, die 1962 mit einem fußgeschalteten Vierganggetriebe aufwartete und mit konkurrenzfähigen 4,3 PS gute 75 km/h erreichte. Der große, 14 Liter fassende Motorradtank war bei dieser Maschine jetzt ebenso serienmäßig wie die längere Schwinge zur Vorderradführung.
Mit der 1963 eingeführten »Binetta Super 5« wich Rabeneick erstmals vom Pressstahlrahmen ab. Diese Maschine mit Fünfganggetriebe stützte sich nun auf einen Zentralrohrrahmen, hielt aber weiterhin an der langen Vorderradschwinge fest. Mit Stummellenker, Magura-Sportarmatur, verchromten seitlichen Rahmenverkleidungen und offenen Federbeinen geriet die Maschine zur Binetta Super 5 Rennausführung. Dem Modell Super 5 war der Typ Rebeneick KS 50 vorangegangen, der auf der IFMA im Herbst 1962 erstmals gezeigt und zumindest für 1963 offiziell im Rabeneick-Programm stand. Die Bielefelder warben hier mit der »neuen Linie«, die mittels Zentralrohrrahmen und großem Tank entstanden war. Die Binetta Super 5 übernahm diesen Part dann bis 1964. Dem Jahr, in dem die Zweiradfertigung bei Rabeneick endete, nachdem Fichtel & Sachs die Firma im Jahr zuvor übernommen hatte.

*> »Binetta SK« nannte Rabeneick sein erstes Mokick mit 1,8 PS und Dreigang-Handschaltung.*

*> Mit Fußschaltung hieß das Modell dann »Binetta SKF«, der 14-Liter-Motorradtank war optional erhältlich.*

> *Je nach der Zahl der fußgeschalteten Gänge hießen die Binetta Mokicks ab 1962 SK 3 oder SK 4.*

> *Die »Neue Linie« nannte Rabeneick das Fünfgang-Kleinkraftrad mit Zentralrohrrahmen und großem Tank, das erstmals im Herbst 1962 als »KS 50« vorgestellt wurde.*

> *Die »Binetta Super 5« war schließlich die letzte Kleinkraftradentwicklung der Bielefelder Firma, ehe der neue Besitzer Fichtel & Sachs andere Pläne für Rabeneick hatte.*

**Übersicht der Rabeneick-Modelle**

| Modell | Art | Motor | Leistung PS | Getriebe | Rahmen | Federung v/h | Bauzeit |
|---|---|---|---|---|---|---|---|
| Binetta SK | Mokick | Sachs-Zweitakt | 1,8 | 3-Gang-Hand | Pressstahl | Schwinge/ Schwinge | 1961–1962 |
| Binetta SKF | Mokick | Sachs-Zweitakt | 1,8 | 3-Gang-Fuß | Pressstahl | Schwinge/ Schwinge | 1961–1962 |
| Binetta SK 3 | Mokick | Sachs-Zweitakt | 2,6 | 3-Gang-Fuß | Pressstahl | Schwinge/ Schwinge | 1962–1964 |
| Binetta SK 4 | Mokick | Sachs-Zweitakt | 2,6 | 4-Gang-Fuß | Pressstahl | Schwinge/ Schwinge | 1962–1964 |
| Binetta Superstar | KKR | Sachs-Zweitakt | 3,2 / 3,8 | 3-Gang-Hand | Pressstahl | Schwinge/ Schwinge | 1960–1961 |
| Binetta Super 4 | KKR | Sachs-Zweitakt | 4,3 | 4-Gang-Fuß | Pressstahl | Schwinge/ Schwinge | 1962–1963 |
| Binetta Super 5 | KKR | Sachs-Zweitakt | 4,5 | 5-Gang-Fuß | Pressstahl | Schwinge/ Schwinge | 1963–1964 |
| Rabeneick KS 50 | KKR | Sachs-Zweitakt | 4,5 | 5-Gang-Fuß | Pressstahl | Schwinge/ Schwinge | 1963 |

## Rex

Bereits im November 1945 initiierte der Münchner Ingenieur Max Seyffer die Konstruktion und den Bau eines kleinen Zweitaktmotors als Hilfsmotor zum Fahrradantrieb. Seyffer hatte reichlich Erfahrung in diesem Metier, war er doch unter anderem bei DKW in Zschopau Mitte der 1920er Jahre in der Motorenkonstruktion tätig gewesen.

Zusammen mit Fritz Gockerell, einem der bekanntesten deutschen Motorenkonstrukteure, Rudolf Schleicher, dem nicht weniger bekannten BMW-Konstrukteur und weiteren Akteuren, ging man an die Planung und stellte im März 1947 auf der Leipziger Frühjahrsmesse den ersten »FAHIMO – Der Hilfsmotor für jedes Fahrrad« der S-Motoren GmbH München vor. Im Juli 1947 begann dann eine bescheidene Serienproduktion des jetzt »FM 30« genannten Motors, der aus 31 ccm Hubraum 0,7 PS mobilisierte.

Als Ende 1947 mit Gustav Steinlein d e r Hilfsmotoren-Konstrukteur schlechthin, der vor dem Krieg für den berühmten 98er Sachs-Motor verantwortlich zeichnete, zur S-Motoren GmbH stieß, konnte eigentlich nichts mehr schief gehen. Über Zwischenschritte entstand mit dem »Radfix« 1947/48 der erste neue Fahimo in den westlichen Besatzungszonen, dessen Nachfrage schnell die Produktionskapazitäten sprengte.

Mitte 1948 war das Triebwerk in »Rex-Motor« umbenannt worden und auch der Firmenname wechselte bald zu »Rex-Motoren-Werk München« am neuen Standort in der Forstenrieder Straße.

In stetiger Weiterentwicklung der Motoren entstanden zu Beginn der 1950er Jahre folgerichtig auch sehr solide und am Markt erfolgreiche Mopeds.

> *Die Mopeds »Como« (Bild) und »Riva« lieferten die Vorlagen für die gleichnamigen Rex-Mokicks.*

> *Die Rex-Riva war das vom Design her sportlichere der beiden Rex-Mokicks.*

> *Mit den 4,4 PS, die der Zweivergaser-Motor der Silber-Rex generierte, waren die Münchner durchaus konkurrenzfähig, mit den hohen Kosten und dem schwerfälligen Design aber eher weniger.*

Für dieses Buch beginnt die Rex-Geschichte mit dem Sport-Moped »Riva-Sport«, aus dem 1960 das Kickstarter-Modell »Rex-Riva« resultierte. Diesem in italienisch-sportlichem Design gehaltenen Mokick stellte Rex im Jahr darauf das Tourenmodell Rex-Como zur Seite. Beiden Modellen gemein war der Pressstahlrahmen, die halblange Schwinge am Vorderrad, die Langschwinge mit zwei Federbeinen hinten, die 21-Zoll-Räder, der gebläsegekühlte 2,1-PS-Motor und das per Drehgriff zu schaltende Dreiganggetriebe.

Wie üblich zu Beginn der 1960er Jahre entwickelten die Hersteller aus ihren Moped- und Mokick-Modellen die ersten Kleinkrafträder. Rex machte da keine Ausnahme. Auf den Modellen Riva und Como basierte ab Mitte 1960 die Rex »Silber-Pfeil«, mit jetzt 3,4 PS leistendem Motor, der die Maschine (weiterhin mit Dreigang-Handschaltung) bis auf 60 km/h beschleunigte. Nach einem Rechtsstreit mit Daimler-Benz bezüglich der Bezeichnung »Silber-Pfeil«, den die Stuttgarter für ihre Rennwagen geschützt sehen wollten, benannten die Münchner das Kleinkraftrad in »Silber-Rex« um und verpassten ihm gleich noch eine Fußschaltung.

Ungewöhnlich im Kleinkraftradbau war die Ende 1961 erschienene Silber-Rex KL 35. Deren Motor speiste sich aus zwei Vergasern und leistete damit 4,4 PS, was zu einer Spitzengeschwindigkeit von 75 km/h führte.

Rex konnte im Wettbewerb mit den führenden Herstellern in Deutschland letztlich nicht bestehen. Den stetig rückläufigen Absatzzahlen und dabei steigenden Kosten setzte man also 1963 mit der Einstellung der Motoren- und Zweiradproduktion ein Ende.

**Übersicht der Rex-Modelle**

| Modell | Art | Motor | Leistung PS | Getriebe | Rahmen | Federung v/h | Bauzeit |
|---|---|---|---|---|---|---|---|
| Rex-Riva | Mokick | Rex-Zweitakt | 2,1 | 3-Gang-Hand | Pressstahl | Schwinge/ Schwinge | 1960–1963 |
| Rex-Como | Mokick | Rex-Zweitakt | 2,1 | 3-Gang-Hand | Pressstahl | Schwinge/ Schwinge | 1961–1963 |
| Rex Silber-Pfeil | KKR | Rex-Zweitakt | 3,4 | 3-Gang-Hand | Pressstahl | Schwinge/ Schwinge | 1960–1961 |
| Rex Silber-Rex KL 30 | KKR | Rex-Zweitakt | 3,4 | 3-Gang-Fuß | Pressstahl | Schwinge/ Schwinge | 1961–1962 |
| Rex Silber-Rex KL 35 | KKR | Rex-Zweitakt | 4,4 | 3-Gang-Fuß | Pressstahl | Schwinge/ Schwinge | 1962–1963 |

## Rixe

Die 1921 in Bielefeld gegründete Firma »Rixe & Meyer Maschinen- und Fahrradfabrik GmbH« begann ab 1935 mit der Fertigung von Motorfahrrädern und in den fünfziger Jahren stieg Rixe dann zu einem der führenden Motorrad-Konfektionäre mit einem kaum zu überschauenden Angebot zwischen 100 und 250 ccm Hubraum auf. Und wie bei Rabeneick und anderen ähnlich strukturierten Herstellern, blieb davon Ende der fünfziger Jahre nur noch eine Hunderter mit Sachs-Motor übrig. Dieses kleine Motorrad galt als eine der besten Konstruktionen in diesem Fahrzeugsegment und half sicherlich mit, Rixe als Produzent von Mopeds, Mofas und Leichtkrafträdern bis in die achtziger Jahre hinein überleben zu lassen.

Nachdem aber in Bielefeld 1966 nicht einmal mehr 50 Exemplare der stetig weiterentwickelten Hunderter gebaut wurden, ließ man die Produktion 1967 auslaufen. Rixe konzentrierte sich fortan mit durchaus gutem Erfolg auf den noch wachsenden Markt der 50er-Mofas, -Mopeds und -Mokicks und später auch der 80er-Leichtkrafträder.

### 1960–1975

Zu Beginn der 1960er Jahre war Rixe noch mit einigen Mopedmodellen unterwegs, die ihren Ursprung schon in den 1950er Jahren hatten.

Ganz neu dagegen war das erste Kleinkraftrad mit der Bezeichnung RS 50 K, dessen ölgedämpftes Vollschwingenfahrwerk mit 21-Zoll-Rädern auf einem Rohrrahmen ruhte. Der gebläsegekühlte Sachs-Motor leistete 3,2 PS, die mittels handgeschaltetem Dreiganggetriebe an das Hinterrad weitergegeben wurden. In gleicher Ausstattung, aber mit nur 1,8 PS brachte Rixe mit dem Parallelmodell RS 50 Duo S auch das erste Mokick auf den Markt. Abgelöst wurde dies – zumindest der Bezeichnung nach – schon 1961 von den Modellen RS 50 MKT und RS 50 MKS. Die Buchstaben standen für »Mokick Touren« und »Mokick Sport«.

Für das Modelljahr 1962 führte Rixe die Bezeichnung »Derby« für alle sportlich gestylten Mopeds, Mokicks und Kleinkrafträder ein. Das Mokick war nun als »Derby B« mit anfangs noch 1,8, ab 1965 dann 2,6 PS bis 1970 unterwegs.

»Derby C« stand für das Kleinkraftrad, das sich nur wenig vom RS 50 K unterschied, mit dem aktuellen Sachs-Motor aber 4,3 PS und eine Viergang-Fußschaltung auf dem Datenblatt stehen hatte.

In den Folgejahren feuerte Rixe ein Typen-Feuerwerk ab, dass heute für den Historiker kaum noch zu durchschauen ist. Als preiswertes Einstiegsmokick kam 1961/62 parallel zum Derby-Modell noch der Typ K 61/2GK heraus, eigentlich ein Zweigangmoped, dem man einen Kickstarter und Fußrasten verpasst hatte.

*> Moped, Mokick oder Kleinkraftrad – im Wesentlichen war es nur der Antrieb, der die Rixe RS 50-Modelle unterschied. (Foto: Pinsel`s Moving World)*

*> Gleiches galt für die noch 1961 vorgestellte Derby-Modellreihe.*

> *Mit 4,3 PS war man auf der Rixe Derby C auch zu zweit zügig unterwegs.*

> *Das Rixe-Mokick Derby B in der letzten Version, die mit 2,6 PS und Dreigang-Fußschaltung bis 1975 angeboten wurde.*

> *Die Rixe Derby D war mit Telegabel, Fünfganggetriebe und Sporttank zumindest bei ihrem Erscheinen 1965 voll auf der Höhe der Zeit.*

> *Die vorletzte Ausführung der Rixe Derby D mit »Büffeltank«, Fächerzylinder, offenen Federbeinen, knalliger Lackierung und 6,25 PS.*

Ein wichtiger Schritt bei den Kleinkrafträdern war 1965 die Einführung einer Telegabel. Zusammen mit dem neuen Sachs Fünfgangtriebwerk, das 5,2 PS leistete und dem großen 13,5-Liter-Tank war man jetzt absolut auf der Höhe der Zeit. In der parallelen Fertigung der beiden Derby-Typen C und D erhielt ersterer noch den Zusatz »RS 50 K« und letzterer der Zusatz »RS 50 S« angehängt. Ab 1972 setzte Rixe bei seinem D-Modell dann auch den 6,25 PS leistenden Sachs-Motor ein.

Für 1975 wurden sowohl das Mokick als auch das Kleinkraftrad noch einmal überarbeitet; beide nahmen nun schon Technik- und Designelemente der kommenden Fahrzeuggeneration von Rixe vorweg.

**1976–1983**

Bei Rixe stellte man stets Qualität über Quantität und hielt sich im Wettrüsten der großen Marken eher zurück. Ein fester Kundenstamm sicherte den Absatz, auch wenn zur Mitte der 1970er Jahre hin die Mokicks und Kleinkrafträder etwas altbacken wirkten. Dennoch wurde es auch in Bielefeld Zeit, mit neuen, den aktuellen Trends entsprechenden Modellen heraus zu kommen, um auf dem Markt noch sichtbar zu bleiben.

> Die neue Rixe-Linie von 1976 an: Das Mokick RS 50 B IV, hier in der Luxusversion mit Schutzbügel und viel Chrom.

> Die RS 50 S, das letzte Serien-Kleinkraftrad von Rixe, hier mit den optionalen Schutzbügeln an Lampe und Motor.

> Die Fünfgangschaltung der Rixe RS 50 S wurde mal mit einer römischen, mal mit einer arabischen Zahl symbolisiert.

> *Mofa oder Mokick? Tretkurbeln oder Kickstarter mit Fußrasten machten den Unterschied der sonst identischen Modelle. (Foto: Tim Plocher)*

So wurde für 1976 eine komplett neue Baureihe kreiert, die Mokicks und Kleinkrafträder einschloss und sich vor allem optisch deutlich von den Vorgängermodellen abhob. Auffällig waren jetzt der neue Rohrrahmen mit Unterzügen, die insgesamt sportlich-schlanke Motorradlinie, die Motor- und Lampenschutzbügel (nur bei L-Versionen), das Cockpit mit Drehzahlmesser sowie der reichliche Einsatz von Chrom und Edelstahl. Bügel und Chrom gabs beim Mokick allerdings nur bei der teuren Variante RS 50 B IV L, wobei die IV für die Gangzahl des Sachs-Zweitakters und L für Luxus stand. Der Mokick-Einstieg begann mit der RS 50 B III – entsprechend mit Dreiganggetriebe.

Beim Kleinkraftrad RS 50 S leistete der Sachs-Motor 50 S mit Fünfgang-Ziehkeilgetriebe weiterhin 6,25 PS. In den Katalogen war bis 1978 von den Modellen RS 50 S und RS 50 SL (L für Luxus mit Schutzbügeln) die Rede, die fünf Getriebegänge wurden mal mit einer römischen, mal mit einer arabischen 5 dargestellt.

Sinkende Absatzzahlen bei den Kleinkrafträdern im Besonderen und bei Rixe insgesamt trugen dazu bei, dass die Bielefelder 1978 die Fertigung dieses Fahrzeugsegments einstellten.

Neu ins Programm kamen dafür im gleichen Jahr das Sportmofa R 503/3-Gang und das Schwestermodell R 504 als Mokick mit Vierganggetriebe. Lieferbar mit Alu- oder Speichenräder und mit oder ohne Vierleuchten-Blinkanlage. Und auch wenn sich die Zahlen- und Buchstaben-Kombinationen in den Jahren nach 1979 immer wieder änderten, blieb es doch bei den gleichen Fahrzeugen. Mit den beginnenden finanziellen Problemen dünnten die Bielefelder die Angebotspalette 1984 deutlich aus. Aber es nützte nichts – am 4. Januar 1985 musste Rixe Insolvenz anmelden.

**Übersicht der Rixe-Modelle**

| Modell | Art | Motor | Leistung PS | Getriebe | Rahmen | Federung v/h | Bauzeit |
|---|---|---|---|---|---|---|---|
| Rixe RS 50 K | KKR | Sachs-Zweitakt | 3,2 | 3-Gang-Hand | Rohrrahmen | Schwinge/Schwinge | 1960–1961 |
| Rixe RS 50 Duo S | Mokick | Sachs-Zweitakt | 1,8 | 3-Gang-Hand | Rohrrahmen | Schwinge/Schwinge | 1960 |
| Rixe RS 50 MKT Touren | Mokick | Sachs-Zweitakt | 1,8 | 3-Gang-Hand | Rohrrahmen | Schwinge/Schwinge | 1961 |
| Rixe RS 50 MKS | Mokick | Sachs-Zweitakt | 1,8 / 2,2 | 3-Gang-Hand | Rohrrahmen | Schwinge/Schwinge | 1961–1964 |
| Rixe Derby B | Mokick | Sachs-Zweitakt | 1,8 | 3-Gang-Hand | Rohrrahmen | Schwinge/Schwinge | 1962–1964 |
| Rixe K 61/2G | Mokick | Sachs-Zweitakt | 1,8 | 2-Gang-Hand | Rohrrahmen | Schwinge/Schwinge | 1962–1964 |
| Rixe Derby C | KKR | Sachs-Zweitakt | 4,3 | 4-Gang-Fuß | Rohrrahmen | Schwinge/Schwinge | 1962–1967 |
| Rixe Derby B | Mokick | Sachs-Zweitakt | 2,6 | 3-Gang-Fuß | Rohrrahmen | Schwinge/Schwinge | 1965–1975 |
| Rixe K 61/2G | Mokick | Sachs-Zweitakt | 2,6 | 2-Gang-Hand | Rohrrahmen | Schwinge/Schwinge | 1964–1967 |
| Rixe Derby D | KKR | Sachs-Zweitakt | 5,2 | 5-Gang-Fuß | Rohrrahmen | Telegabel/Schwinge | 1965–1971 |
| Rixe Derby D | KKR | Sachs-Zweitakt | 6,25 | 5-Gang-Fuß | Rohrrahmen | Telegabel/Schwinge | 1972–1975 |
| Rixe RS 50 B IV | Mokick | Sachs-Zweitakt | 2,9 | 4-Gang-Fuß | Rohrrahmen | Telegabel/Schwinge | 1976–1978 |
| Rixe RS 50 B IV L | Mokick | Sachs-Zweitakt | 2,9 | 4-Gang-Fuß | Rohrrahmen | Telegabel/Schwinge | 1976–1978 |
| Rixe RS 50 B III | Mokick | Sachs-Zweitakt | 2,9 | 3-Gang-Fuß | Rohrrahmen | Telegabel/Schwinge | 1976–1978 |
| Rixe RS 50 S | KKR | Sachs-Zweitakt | 6,25 | 5-Gang-Fuß | Rohrrahmen | Telegabel/Schwinge | 1976–1978 |
| Rixe RS 50 SL | KKR | Sachs-Zweitakt | 6,25 | 5-Gang-Fuß | Rohrrahmen | Telegabel/Schwinge | 1976–1978 |
| Rixe R 504 | Mokick | Sachs-Zweitakt | 3 | 3-Gang-Fuß | Rohrrahmen | Telegabel/Schwinge | 1979–1984 |

## Sachs

Am 1. August 1895 gründeten Karl Fichtel und Ernst Sachs die »Schweinfurter Präcisions-Kugellagerwerke Fichtel & Sachs oHG«. Der Fokus lag anfangs auf der Produktion von Fahrrädern und deren Zubehör. Es kam zu Erfindungen, die weltweit Bedeutung erlangten, wie der Freilauf oder die Torpedo-Freilaufnabe, die sich weltweit zu Verkaufshits entwickelten.

Nach dem Ersten Weltkrieg konzentrierte sich die Firma auf die Herstellung von Kupplungen, Stoßdämpfern und Motoren.

In den 1930er Jahren lieferte F & S hunderttausende Ein- und Anbaumotoren für Motorfahrräder und Fahrräder. Und in den 1960er und 70er Jahren stieg man zu einem führenden Anbieter für 50-ccm-Motoren aller damit bestückten Fahrzeugklassen auf.

### Die Sachs-50-Motoren

Mit dem Motor Sachs 50 und seinen Variationen stieg Fichtel & Sachs ab 1959 auch zum Lieferanten Nr. 1 für die Motorisierung von Mokicks und Kleinkrafträdern auf. Bis auf die großen Hersteller Kreidler und Zündapp, die stets mit eigenen Triebwerken unterwegs waren, trieben die 50er Sachs-Motoren die meisten deutschen Fabrikate dieser Hubraumklassen an, wie die vorangegangenen Kapitel zeigen. Aber auch viele westeuropäische Marken vertrauten auf die zuverlässigen Antriebe aus Schweinfurt.

Den Anfang machte ab September 1959 der Sachs 50/3 KLH, der bei 6800 U/min 3,2 PS leistete. Die 3 symbolisierte die Zahl der Getriebegänge, die Buchstaben standen für Kickstarter, Lüfter (Kühlgebläse) und Handschaltung (Drehgriff). Ab April 1961 folgte das verbesserte Modell Sachs 50/3 LKH in verändertem Design und jetzt 3,8 PS bei 7250 U/min. Die vier Gänge des ab November 1961 lieferbaren Sachs 50/4, immer noch mit Kühlgebläse, wurden per Fuß geschaltet, seine Leistung betrug jetzt 4,3 PS bei 7250 U/min.

Einen großen Schritt machte Fichtel & Sachs dann mit dem Modell 50 S ab November 1962. Der lieferte zunächst 4,5 PS bei moderaten 6300 U/min, war fahrtwindgekühlt und gab seine Kraft mittels Fünfganggetriebe weiter. In seiner stetigen Weiterentwicklung stieg die Leistung zunächst auf 5,2 PS bei 7400 U/min und Ende der 1960er Jahre auf 5,8 PS bei 7500 U/min. Bis dahin kam immer noch ein Graugusszylinder zur Anwendung; ab Ende 1969 warb Fichtel & Sachs dann für das ganz neue Modell 50 S, jetzt mit Aluminium-Zylinder und verchromter Kolbenlauffläche. Dieser Motor mit dem berühmten Fächerzylinder leistete nun die unter den Herstellern verabredeten 6,25 PS bei kreischenden 8000 U/min. Danach wurde noch an Optik und Laufruhe gearbeitet, im Wesentlichen blieb das Triebwerk aber unverändert bis zum Ende der Kleinkraftradfertigung.

Nachdem Zündapp 1972 den ersten wassergekühlten 50 ccm-Motor auf den Markt gebracht hatte, zog Fichtel & Sachs 1977 nach und stellte den 50 SW vor. Entwickelt aus dem 50 S, mit 2 mm mehr Hub und ca. 5 mm weniger Bohrung wurde aus dem Langhuber ein quad-

*> Mit dem Modell Sachs 50/3 KLH machten die Schweinfurter ab Ende 1959 die Kleinkrafträder diverser Hersteller mobil.*

*> Mit dem Sachs 50 S kam Ende 1962 einer der besten Kleinkraftrad-Motoren der gesamten 1960er Jahre auf den Markt.*

*> Der Sachs 50 S in der verbesserten Version mit Aluminium-Zylinder, Fächerkopf und 6,25 PS.*

*> 1986 befeuerte dieser wassergekühlte Mokick-Motor vom Typ Sachs 50 WKF unter anderem die Hercules ZX 1.*

ratischer Motor. Um den Kunden den Einbau zu erleichtern, war der Kühler direkt am Motor angebracht. Die Leistung blieb unverändert bei 6,25 PS, die Drehzahl konnte auf 7100 U/min heruntergeschraubt werden. Fünf- oder Sechsganggetriebe waren möglich.

**Sachs 506 und 50 WKF**

Für die am Ende der 1970er Jahre aufkommenden Sport- und Enduro-Mofas musste ein entsprechend aussehender neuer Motor mit stehendem Zylinder her. Dafür und für anstehende neue Mokick-Generationen entwickelte F & S den Motor-Typ 506 mit Alu-Breitwandzylinder, Drei- oder Vierganggetriebe, Tretlager oder Kickstarter. In der späteren Weiterentwicklung als Typ 506/38 konnte noch das Drehmoment verbessert werden.

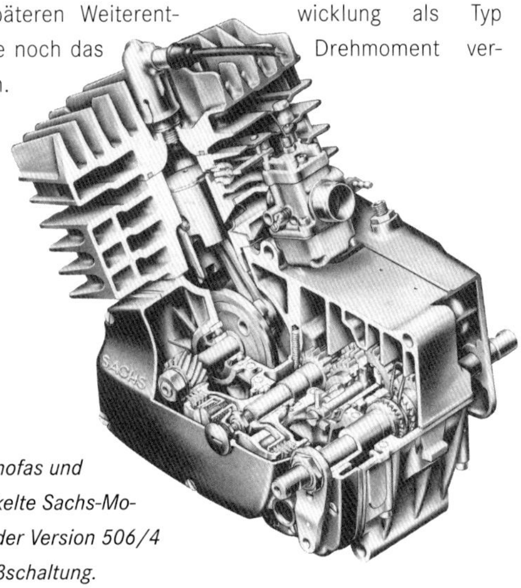

*> Der für Sportmofas und Mokicks entwickelte Sachs-Motor 506, hier in der Version 506/4 mit Viergang-Fußschaltung.*

Und als die Mokicks (die inzwischen auch Kleinkrafträder genannt wurden) ab 1986 dann 50 km/h schnell sein durften, brachte Sachs sogar noch einen wassergekühlten Zweitakter heraus. Der Sachs 50 WKF mobilisierte 4,1 PS bei 6000 U/min, hatte ein Fünfganggetriebe und eine elektrische Zündung.

**Sachs-Bike**

Fichtel & Sachs war 1991 von Mannesmann übernommen worden und musste in der Neuausrichtung des Konzerns 1997 die Motorenproduktion einstellen. Die wurde nun teilweise von der schon 1995 gegründeten Sachs Fahrzeug- und Motorentechnik GmbH weitergeführt, die nach dem Verkauf der Hercules-Markenrechte die Fertigung der 50-cm³-Fahrzeuge unter der Marke »Sachs-Bike«, später nur noch »Sachs« teilweise fortsetzte.

In Sachen Mokicks vertraute Sachs 1995 aber mit dem Modell ZX 50 Enduro auf eine Neuentwicklung. Dabei setzte der einstmals größte Motorenlieferant in dieser Klasse jetzt auf ein italienisches Minarelli-Triebwerk, wassergekühlt, getrenntgeschmiert und mit Fünfganggetriebe, das stattliche 5 PS leistete. Mit Alu-Schwinge, zwei Scheibenbremsen und der Paioli-Telegabel war die ZX 50 eines der besten Mokicks dieser Zeit und wurde bis über das Jahr 2000 hinaus weitergeführt.

Zwei weitere neue Mokicks mit dem gleichen Triebwerk brachte Sachs im Jahr darauf auf den Markt. Dabei unterschieden sich die KX 50 und die KX 50 Classic lediglich durch Lackierung und Lampenverkleidung (KX 50) voneinander. Mangels Nachfrage verschwand die KX 50 schon nach einem Jahr wieder aus dem Sachs-Programm, das Classic-Modell blieb bis 2001.

*> Die ZX 50 von Sachs galt als das beste Enduro-Mokick in der zweiten Hälfte der 90er Jahre.*

*> Nur kurzzeitig als eigenständiges Modell geführt: Die Sachs KX 50 mit Lampenverkleidung.*

*> Dagegen blieb die »nackte« KX 50 bis 2001 im Sachs-Programm.*

| **Übersicht der Sachs-Modelle** | | | | | | | |
|---|---|---|---|---|---|---|---|
| **Modell** | **Art** | **Motor** | **Leistung PS** | **Getriebe** | **Rahmen** | **Federung v/h** | **Bauzeit** |
| Sachs ZX 50 Enduro | Mokick | Minarelli-Zweitakt | 5 | 5-Gang-Fuß | Doppelschleife | Telegabel/ Schwinge | 1995–2001 |
| Sachs KX 50 | Mokick | Minarelli-Zweitakt | 5 | 5-Gang-Fuß | Doppelschleife | Telegabel/ Schwinge | 1996–1997 |
| Sachs KX 50 Classic | Mokick | Minarelli-Zweitakt | 5 | 5-Gang-Fuß | Doppelschleife | Telegabel/ Schwinge | 1996–2001 |

## Simson

Man kann es so sehen: Da die Bundesrepublik Deutschland die DDR nie als eigenständigen Staat anerkannt hat, darf die Marke Simson aus dem thüringischen Suhl durchaus auch im Kapitel der übrigen deutschen Mokicks und Kleinkrafträder stehen. Was heißt der übrigen? Simson produzierte viele Jahre weit mehr motorisierte Zweiräder als alle in diesem Kapitel aufgeführten Firmen zusammen. Selbst die etablierten deutschen Marken erreichten alle zusammengenommen längst nicht diese Produktionszahlen. 1979 hatte Simson mit dem Motor M 541 ein Zweitakttriebwerk mit 49 cm³ auf den Markt gebracht, das im Mokickbereich wahrscheinlich das Beste auf dem Weltmarkt war. Nicht umsonst sind heute noch tausende Simson-Maschinen, von diesem Motor angetrieben, in aller Welt im täglichen Einsatz unterwegs.

### Die »Vogelserie«

Staatlich sanktioniert durften ab 1964 alle Simson-Mokicks 60 km/h schnell sein und ab 15 Jahren nach Erwerb einer Fahrerlaubnis gefahren werden. Der Unterhalt war spottbillig – für 8,50 DDR-Mark waren die Fahrzeuge ein Jahr lang versichert.

Nach der »Schwalbe« war der »Spatz« 1964 das zweite Fahrzeug der so genannten »Vogelserie«. Als Moped mit der Zusatzbezeichnung »P« folgte er direkt dem SR 2 E und als Mokick mit Kickstarter und dem Zusatz »K« rangierte er vor dem später erscheinenden »Star«. Auch in seinen Bauteilen war er noch eine Mischung aus Alt und Neu: Die Vorderradführung, die Lampe, der Lenker und andere nicht so sichtbare Teile stammten von der letzten Ausführung des KR 50 bzw. des SR 2 E, die hintere Partie zeigte die neue Suhler Linie.

Der »Spatz« wurde auch in der Bundesrepublik zum Kampfpreis von DM 548 angeboten – viel Interesse fand er im Westen dennoch nicht.

Beim SR 4-2 »Star« wurde das Baukastenprinzip geschickt in Szene gesetzt: 90 % aller Star-Teile hatte man schon an Spatz und Schwalbe gesehen; neu waren lediglich die Fußschaltung und das markante Lampengehäuse. Im Unterschied zur Schwalbe waren die Soziusfußrasten nicht am Rahmen, sondern an der Schwinge angeschraubt.

Mit einem neuen Vergaser folgte 1968 ein überarbeiteter Motor mit reduzierter Drehzahl zur Erreichung der unverändert gebliebenen Höchstleistung. Mit dem neuen Motor änderte sich die Typenbezeichnung für den Star in SR 4-2/1.

Mit seinen 4,6 PS und werkseitig angegebenen 75 km/h Höchstgeschwindigkeit wurde der SR 4-3 »Sperber« später auch in der DDR als »Kleinkraftrad« geführt. Obwohl erheblich preiswerter als das nächstgrößere 125-ccm-MZ-Motorrad, setzte sich der Sperber nur schwer auf dem Markt durch. Während vor dem Besteigen dieses Suhler Zweirades alle Voraussetzungen zum Fahren eines Motorrades, inklusive Steuer und Versicherung, gegeben sein mussten, saß man dann eben doch irgendwie wieder nur auf einem »Moped«.

Um die enorme Inlandsnachfrage, mit bis zu zwei Jahren Lieferfrist, nach 60-km/h-Zweirädern zu befriedigen, kreierten die Thüringer das Mokick SR 4-4 »Habicht«. Bis auf den Motor (das Vierganggetriebe blieb erhalten) war alles am Habicht unverändert vom Sperber übernommen worden, lediglich dessen Blau musste einer oliv/beige Lackierung weichen.

*> Im Fahrzeugmuseum Suhl ist dieser sehr schön restaurierte Spatz Baujahr 1964 mit dem ersten Sömmerdaer Kickstarter-Motor und der klassischen roten Lackierung zu bewundern.*

*> Das offizielle Simson-Pressefoto für den Spatz mit dem ab 1967 in Suhl gebauten Motor. Ab 1968 gab es den Spatz dann nur noch als Mokick.*

Mit einem überarbeiteten Motor ging der Star ab 1968 als SR 4-2/1 in die zweite Runde. Äußerlich erkennbar am nicht mehr spitz zulaufenden Schalldämpferende.

> Letztes offizielles Simson-Pressefoto für den Typ SR 4-2/1 Star mit jetzt eckigem Rückspiegel.

> Blau lackiert und mit einer einer neuen Sitzbank – so präsentierte sich der Sperber von 1968 an. Das hier gezeigte Modell ist noch mit den ersten Lenkerblinkleuchten mit schmalem Mittelsteg bestückt. (Foto: Herwig Boetticher)

> Der Habicht wurde ausschließlich in Olivgrün/Beige ausgeliefert; wer so einen Vogel fuhr, genoss hohes Ansehen unter den Teenagern.

**Übersicht der Simson-Vogelserie-Modelle**

| Modell | Art | Motor | Leistung PS | Getriebe | Rahmen | Federung v/h | Bauzeit |
|---|---|---|---|---|---|---|---|
| SR 4-1 K Spatz | Mokick | Rheinmetall-Zweitakt | 2 | 2-Gang-Hand | Zentralrohr-Pressstahl | Schwinge/Schwinge | 1964-1966 |
| SR 4-1 SK Spatz | Mokick | Simson-Zweitakt | 2 | 2-Gang-Hand | Zentralrohr-Pressstahl | Schwinge/Schwinge | 1967-1970 |
| SR 4-2 Star | Mokick | Simson-Zweitakt | 3,4 | 3-Gang-Fuß | Zentralrohr-Pressstahl | Schwinge/Schwinge | 1964-1970 |
| SR 4-2/1 Star | Mokick | Simson-Zweitakt | 3,4 | 3-Gang-Fuß | Zentralrohr-Pressstahl | Schwinge/Schwinge | 1968-1975 |
| SR 4-3 Sperber | KKR | Simson-Zweitakt | 4,6 | 4-Gang-Fuß | Zentralrohr-Pressstahl | Schwinge/Schwinge | 1966-1972 |
| SR 4-4 Habicht | Mokick | Simson-Zweitakt | 3,4 | 4-Gang-Fuß | Zentralrohr-Pressstahl | Schwinge/Schwinge | 1971-1975 |

## Die S 50-Modellreihe

Im Februar 1975 schickte Simson mit dem S 50 B zur Nachfolge von Star und Habicht ein vollkommen neues Mokick mit Rohrrahmen ins Rennen. »B« stand für Blinkleuchten und eine gegenüber dem Standardmodell bessere elektrische Anlage. Die Tester vermissten Lichthupe und Parkleuchte, die es zuvor an Simson-Mokicks schon gegeben hatte. Auch der 15/15-Watt-Scheinwerfer war ein Rückschritt.

Im August 1975 reichte Simson das Einstiegsmodell S 50 N nach. Dessen Fahrer musste nicht nur gänzlich auf Blinkleuchten verzichten, auch ein Zündschloss suchte er vergebens und das Signalhorn, von vier Monozellen gespeist, war zur »Schnarre« degradiert worden. Der Motor konnte mittels Kickstarter frei gestartet und mit einem am Gasdrehgriff angebrachten »Kurzschlussknopf« wieder abgestellt werden.

Im Spätherbst 1975 brachte Simson die ersten S 50 B1-Modelle auf den Markt, die ab Januar 1976 die S 50 B vollständig ablösten. Ein Standlicht mit 4 W Scheinwerferleistung und dem 5-W-Rücklicht ersetzte die bei der Vogelserie übliche Parkleuchte. Auch ein Lichthupenknopf fand sich nun wieder an der linken Lenkerseite. Ein neuer Schwunglichtprimärzünder brachte eine 25/25 W Biluxlampe zum Leuchten.

Letztes Modell der S 50-Reihe war ab Spätherbst 1976 das S 50 B2 electronic. Die unterbrecherlose, elektronische Zündanlage steigerte die Lichtausbeute des Scheinwerfers noch einmal auf 35 W.

1978 veränderte ein neuer Kraftstofftank das Aussehen der S 50-Modelle durchaus positiv.

*> Was im Osten eine Design-Goldmedaille erhielt, galt im Westen als altbacken. Im gesamten Ostblock kam das neue Mokick S 50 B jedenfalls gut an.*

*> Das Einstiegsmodell S 50 N, immer gut an der blauen Lackierung zu erkennen, in der es ausschließlich geliefert wurde.*

*> Das Mokick S 50 B1 war nur an der außen liegenden Zündspule vom Vorgängermodell zu unterscheiden.*

*> S 50 B2 – das electronic-Dreieck auf den Seitendeckeln machte den Unterschied.*

> *Ab 1978 kamen die Modelle S 50 B1 und S 50 B2 (Foto) mit einem formveränderten Tank und einigen Detailverbesserungen auf den Markt.*

**Die S 51-Modellreihe**

Die Serienfertigung des neuen Simson-Motors M 531/541 konnte fristgerecht zum 7. Oktober 1979, dem 30. Gründungstag der DDR, vermeldet werden. Was da von den inzwischen erfahrenen Motorkonstrukteuren an technischem Knowhow in eine schöne Form gepackt wurde, gehörte unter den Zweitaktmotoren der Schnapsglasklasse zweifellos zur Weltspitze. Neben zahlreichen kleineren Details und dem sichtbar flacheren, neuen Scheinwerfer trug der neue Motor den Hauptteil zur neuen S 51-Serie bei. Völlig neu an der S 51-Reihe war auch der Kickstarter, der nicht mehr in das jahrzehntelang bekannte Zahnsegment, sondern in eine robuste Stirnverzahnung eingriff.

Das Grundmodell S 51 N mit Dreiganggetriebe fuhr weiterhin ausschließlich in Blau und mit vereinfachter elektrischer Ausrüstung.

Beim Simson S 51 B1-3 stand die 3 für Dreigangmotor und auch sonst hatte sich ausstattungsmäßig gegenüber dem S 50 B1 nichts geändert.

Und endlich gab es mit der S 51 B1-4 ab 1980 wieder ein Zweirad mit Vierganggetriebe. Dieses bildete dann auch die Basis für eine weitere Aufsplittung der Modellreihe. Angefangen mit dem bestausgestatteten S 51 B2-4 bzw. B2-4/1, den Enduro-Typen S 51 E, S 51 /1E1 und S 51 E II bis hin zum S 51 C. Hier stand das C für Comfort, was eine Seitenstütze neben dem Hauptständer, ein Drehzahlmesser neben dem Tacho und neue Reifen bedeutete.

Zum Januar 1989 straffte Simson das Mokick-Programm, das zeitweise 34 Modellvarianten aufwies, mit der Einführung einer 12-V-Elektrik. Für die inzwischen auch in der DDR per Gesetz in Kraft getretene Forderung nach einem bei Tageslicht eingeschalteten Hauptscheinwerfer an motorisierten Zweirädern, setzten die Simson-Techniker einen elektronischen Wechselspannungsregler ein, der zwei Zündlichtschalter-Stellungen zuließ. Die neuen 35/35 W Halogenlampen

> *Basis der neuen S 51-Reihe war wieder das Einstiegsmodell N in blauer Farbe.*

> Das neue Spitzenmodell aus Suhl war das Mokick S 51 B 2-4. Da in der mittleren Ausstattungsvariante zwischen Drei- und Vierganggetriebe gewählt werden konnte, erhöhte sich die Angebotspalette gegenüber dem S 50 auf vier Modelle.

> Lenker und Auspuff hoch, hinten MZ-Federbeine, dazu ein einklappbarer Kickstarter-Hebel und eine silbergraue Lackierung – fertig war das Enduro-Mokick.

> Das S 51 B 2-4, das zunächst nur für den Export mit zwei Spiegeln und Faltenbälgen an der Telegabel ausgerüstet worden war, konnte ab 1983 auch in der DDR als S 51 B 2-4/1 in dieser Ausstattung erworben werden.

> Traditionell hatte Simson schon seit der Schwalbe ein Comfort-Modell im Programm und traditionell war das in Weiß lackiert worden.

wurden am Tag mit 12,2 V gespeist und erhielten bei Fahrten in der Dunkelheit 14 V. Damit sollte die Lebensdauer der Glühlampen verlängert werden. Die Modellbezeichnungen aller S 51-Typen änderte sich wie in der Tabelle wiedergegeben.

*> Erst ab 1987 konnte für das Enduro-Modell ein Kunststoff-Kotflügel geordert werden. (Foto: Fahrzeugmuseum Suhl)*

**Übersicht der Simson S 50 und S 51-Modellreihen**

| Modell | Art | Motor | Leistung PS | Getriebe | Rahmen | Federung v/h | Bauzeit |
|---|---|---|---|---|---|---|---|
| Simson S 50 N | Mokick | Simson-Zweitakt | 3,6 | 3-Gang-Fuß | Zentralrohr | Telegabel/Schwinge | 1975–1980 |
| Simson S 50 B | Mokick | Simson-Zweitakt | 3,6 | 3-Gang-Fuß | Zentralrohr | Telegabel/Schwinge | 1975–1976 |
| Simson S 50 B1 | Mokick | Simson-Zweitakt | 3,6 | 3-Gang-Fuß | Zentralrohr | Telegabel/Schwinge | 1976–1980 |
| Simson S 50 B2 | Mokick | Simson-Zweitakt | 3,6 | 3-Gang-Fuß | Zentralrohr | Telegabel/Schwinge | 1976–1980 |
| Simson S 51 N | Mokick | Simson-Zweitakt | 3,7 | 3-Gang-Fuß | Zentralrohr | Telegabel/Schwinge | 1980–1987 |
| Simson S 51 B1-3 | Mokick | Simson-Zweitakt | 3,7 | 3-Gang-Fuß | Zentralrohr | Telegabel/Schwinge | 1980–1988 |
| Simson S 51 B1-4 | Mokick | Simson-Zweitakt | 3,7 | 4-Gang-Fuß | Zentralrohr | Telegabel/Schwinge | 1980–1989 |
| Simson S 51 B2-4 | Mokick | Simson-Zweitakt | 3,7 | 4-Gang-Fuß | Zentralrohr | Telegabel/Schwinge | 1980–1989 |
| Simson S 51 E | Enduro-Mokick | Simson-Zweitakt | 3,7 | 4-Gang-Fuß | Zentralrohr mit Unterz. | Telegabel/Schwinge | 1982–1988 |
| Simson S 51 E II | Enduro-Mokick | Simson-Zweitakt | 3,7 | 4-Gang-Fuß | Zentralrohr mit Unterz. | Telegabel/Schwinge | 1987–1988 |
| Simson S 51 E/4 | Enduro-Mokick | Simson-Zweitakt | 3,7 | 4-Gang-Fuß | Zentralrohr mit Unterz. | Telegabel/Schwinge | 1984–1988 |
| Simson S 51 C | Mokick | Simson-Zweitakt | 3,7 | 4-Gang-Fuß | Zentralrohr | Telegabel/Schwinge | 1983–1989 |
| Simson S 51 /1B | Mokick | Simson-Zweitakt | 3,7 | 4-Gang-Fuß | Zentralrohr | Telegabel/Schwinge | 1989–1990 |
| Simson S 51 /1C 1 | Mokick | Simson-Zweitakt | 3,7 | 4-Gang-Fuß | Zentralrohr | Telegabel/Schwinge | 1989–1990 |
| Simson S 51 /1 E 1 | Enduro-Mokick | Simson-Zweitakt | 3,7 | 4-Gang-Fuß | Zentralrohr | Telegabel/Schwinge | 1989–1990 |
| Simson S 51 /1 E | Enduro-Mokick | Simson-Zweitakt | 3,7 | 4-Gang-Fuß | Zentralrohr | Telegabel/Schwinge | 1989–1990 |
| Simson S 51 /1C | Mokick | Simson-Zweitakt | 3,7 | 4-Gang-Fuß | Zentralrohr | Telegabel/Schwinge | 1989–1990 |

### 1990–2000

Eigentlich sollte noch zu DDR-Zeiten mit dem S 52 ein völlig neues Mokick mit Zentralfederbein auf den Markt kommen. Da dies nicht genehmigt wurde, musste im Wendeherbst 1989 improvisiert werden, um irgendetwas Neues auf den nun westlichen Markt zu bringen. Dabei galt es lediglich Designänderungen der Anbauteile an das altbewährte Fahr- und Triebwerk anzupassen. Eine angedeutete Kanzel um den Scheinwerfer herum, ein neuer Tank, neue Seitenteile und schließlich ein neuer hinterer Kotflügel aus Kunststoff ließen das neue Mokick tatsächlich nicht schlecht aussehen. Die Sitzbank übernahmen die Konstrukteure vom Roller SR 50/80. Bei den Typenbezeichnungen hielt man am bewährten Muster mit Einstiegsmodell, Enduro und Comfortvarianten fest. Die Verkaufszahlen rauschten mit Macht in den Keller, da halfen auch die ab 1992 eingeführten Druckgussfelgen und Scheibenbremsen nichts.

Ab Januar 1994 konnte die junge »Suhler Fahrzeugwerk GmbH« endlich auch mit einem komplett neuen Typenprogramm aufwarten. Freilich waren die »neuen« Fahrzeuge grundsätzlich noch die alten, aber immerhin konnte man noch einmal mit überarbeiteten Anbauteilen und vor allem knackigen Farben aufwarten. In die Typen »alpha« und »beta« (Enduro) teilten sich nun die Mokicks ein. Endlich war man auch auf dem ab 15 Jahren offenen Mofa-Markt präsent. Die Ausstattungen unterschieden

> Wie bei den vorangegangenen Simson-Mokicks stand das B-Modell für die mittlere Ausstattungsvariante der S 53-Reihe.

> Mit 50 ccm war die S 53 beta von 1994 bis 1996 als Enduro-Mokick unterwegs.

> Ende 1991 noch vorgestellt, konnte das Modell S 53 OR tatsächlich erst ab dem kommenden Frühjahr gebaut werden.

> Die Typen S 53 alpha erhielten noch die Zusatzbuchstaben B oder C, letzterer für Guss-speichenräder und Drehzahlmesser.

> Noch Ende 1991 von der »Fahrzeug GmbH« vorgestellt, produzierte die neue »Suhler Fahrzeugwerk GmbH« ab Mai 1992 die S 53 CX und zumindest auf dem Papier auch das Modell S 83 CX.

> Mit dem Sperber 50 konnte Simson 1997 endlich die Hinterrad-schwinge mit Zentralfederbein einführen. Außerdem gab es ein Fünf-ganggetriebe und auf Wunsch eine Frischöldosierung.

> *Als 50 S war der Habicht 1997/98 nur ein Jahr lang mit verstellbaren Federbeinen, Scheibenbremse und Druckguss-Speichenrädern zu haben.*

> *Habicht 50 Basic nannte sich das Mokick, das bis 2002 den Einstieg bei den luxuriöseren Mokicks markierte.*

sich in »B« und »C«, wobei die C-Varianten über eine Scheibenbremse vorn und Gussspeichenräder verfügten.

Die Absatzsituation bei der nach der Wende mehrfach gehäuteten Firma Simson verschlechterte sich ab Mitte der neunziger Jahre dramatisch. Da half es auch nichts, dass Simson neben dem Star noch weitere altbekannte Vogelnamen wieder auferstehen ließ: Die Mokicks der bisherigen Baureihen erhielten die Bezeichnung »Habicht« und »Sperber«. Der Versuch, mit den altbekannten und 30 Jahre zuvor so beliebten Vogelnamen, wieder Kunden – zumindest in Ostdeutschland – zu gewinnen, bescherte auch dem Sperber als motorisiertem Zweirad ein zweites Leben. Endliche konnte hier eine frühere Suhler Prototypen-Konstruktion (S 52) in die Serienproduktion überführt werden: die Hinterradschwinge mit Zentralfederbein. Außerdem verfügte der Sperber erstmals über ein 5-Gang-Getriebe und ab 1998 wahlweise über eine Frischöldosierung. Sein hoher Preis hielt die Stückzahlen aber in engen Grenzen.

Als neues Funbike präsentierte Simson 1999 wieder einen »Spatz«, eine Mischung aus Roller und Mokick. Ideal für Camping-, Caravan- und Bootstouristik, meinten die Werbestrategen zu dem kleinen Zweirad, das auf 12er Reifen daher rollte. Weitere interessante Zutaten waren ein Automatikgetriebe, ein Katalysator und der Elektrostarter. Der Spatz lief gar nicht so schlecht und durfte bis zum endgültigen Ende der Marke Simson im Jahre 2002 im Programm bleiben.

**Übersicht der Simson-Modelle 1990–2000**

| Modell | Art | Motor | Leistung PS | Getriebe | Rahmen | Federung v/h | Bauzeit |
|---|---|---|---|---|---|---|---|
| Simson S 53 N | Mokick | Simson-Zweitakt | 3,4 | 4-Gang-Fuß | Zentralrohr | Telegabel/Schwinge | 1990–1994 |
| Simson S 53 B | Mokick | Simson-Zweitakt | 3,4 | 4-Gang-Fuß | Zentralrohr | Telegabel/Schwinge | 1990–1994 |
| Simson S 53 C | Mokick | Simson-Zweitakt | 3,4 | 4-Gang-Fuß | Zentralrohr | Telegabel/Schwinge | 1990–1994 |
| Simson S 53 E | Enduro-Mokick | Simson-Zweitakt | 3,4 | 4-Gang-Fuß | Zentralrohr mit Unterz. | Telegabel/Schwinge | 1990–1994 |
| Simson S 53 OR | Enduro-Mokick | Simson-Zweitakt | 3,4 | 4-Gang-Fuß | Zentralrohr mit Unterz. | Telegabel/Schwinge | 1991–1994 |
| Simson S 53 CX | Mokick | Simson-Zweitakt | 3,3 | 4-Gang-Fuß | Zentralrohr mit Unterz. | Telegabel/Schwinge | 1992–1994 |
| Simson S 53 alpha | Mokick | Simson-Zweitakt | 3,3 | 4-Gang-Fuß | Zentralrohr mit Unterz. | Telegabel/Schwinge | 1994–1996 |
| Simson S 53 beta | Enduro-Mokick | Simson-Zweitakt | 3,3 | 4-Gang-Fuß | Zentralrohr mit Unterz. | Telegabel/Schwinge | 1994–1996 |
| Simson Habicht 50 | Mokick | Simson-Zweitakt | 3,3 | 4-Gang-Fuß | Stahlrohr | Telegabel/Schwinge | 1996–2001 |
| Simson Habicht 50 S | Mokick | Simson-Zweitakt | 3,3 | 4-Gang-Fuß | Stahlrohr | Telegabel/Schwinge | 1997–1989 |
| Simson Sperber 50 | Mokick | Simson-Zweitakt | 5,1 | 5-Gang-Fuß | Stahlrohr | Telegabel/Schwinge | 1997–2002 |
| Simson Spatz 50 | Mokick | Simson-Zweitakt | 5 | Automatic | Gitterrohr | Telegabel/Schwinge | 1999–2002 |

## Victoria

1886, dem Jahr der Gründung der Nürnberger Victoria Fahrradwerke, produzierten 100 Arbeiter 280 Fahrräder! Neun Jahre später waren es schon 11 300 Stück und noch vor der Jahrhundertwende begann die »Victoria Werke AG« über motorisierte Fahrräder nachzudenken. Ein erstes Motorrad stellten die Nürnberger dann 1901 vor und gehören somit zu den echten Pionieren des Motorradbaus. Richtig berühmt wurden die Victoria-Motorräder um 1920 herum, als die KR-Reihe, die anfangs von Münchener BMW-Boxer-Motoren angetrieben wurde, für Furore sorgte.
Den Krieg überstanden die Victoria-Werke nur mit erheblichen Schäden. Es hieß, 80 % der Werkanlagen im Stammwerk in der Ludwig-Feuerbach-Straße wären zerstört worden; das neue Werk in der Nopitschstraße, der Bau war schon vor dem Krieg begonnen worden, konnte erst 1953 bezogen werden. Fünf Jahre später wurde dieses neue Werk zur Heimstätte der »Zweirad Union«, denn auch Victoria war in Folge der Motorradkrise ins Trudeln geraten (siehe hier auch die Kapitel »DKW« und »Express«.)

### Victoria in der Zweirad Union

Victoria kam 1958 mit einer eigenen Kleinkraftrad-Konstruktion namens »Avanti K« zur Zweirad Union. 2,55 PS, 60 km/h, Dreigang-Drehgriffschaltung, Pressstahlrahmen, Kurzschwinge vorn, Langschwinge hinten waren einige Kennziffern des bis 1960 gebauten Typs. Auf diesem Modell aufbauend waren ab 1960 die ersten gemeinsamen Mokicks und Kleinkrafträder für die drei Marken Victoria, DKW und Express entstanden.
Für 1960 hieß das dann bei Mokick und Kleinkraftrad Avanti und Avanti Sport. Dafür waren Fußrasten obligatorisch und der Motor leistete mit Gebläse 2 bzw. ohne Gebläse 3,8 PS. Bei dieser Leistung machte eine Doppelsitzbank Sinn, die Höchstgeschwindigkeit lag bei 70 km/h. Das Maschinchen hatte zwar auch einen Pressstahlrahmen, der klassische Tropfentank (verchromt) war hier jedoch aufgesetzt. Der Motor war mit einem Schutzgitter umgeben, das bei der Gebläsekühlung (Mokick) entfiel.
Die Zweirad Union ließ zwar die Namen der in ihr vereinten Marken weiter existieren, sie hatten aber jegliche Eigenständigkeit spätestens seit 1960 verloren. Alle neu oder weiter entwickelten Fahrzeugtypen konnten als DKW, Victoria oder Express mit speziellen Bezeichnungen geliefert werden. So war eine Avanti das sportliche Mokick oder das Kleinkraftrad im italienischen Design. Mit der halblangen Schwinge am Vorderrad, den offen liegenden Federbeinen der Hinterradschwinge und den Weißwandreifen sah das Ganze recht nett aus.
Die Victoria-Ausführungen der »Blechbananen« kamen ohne Zusatzbezeichnung aus, je nachdem – ob Mokick oder Kleinkraftrad – kam die Typenbezeichnung 115 oder 155 dazu. Das Fahrwerk war komplett überarbeitet und mit 16-Zoll-Rädern ausgestattet. Zusätzlich zu den Typen 115 und 155 erschien 1962 noch das Modell »Kavalier« in einer luxuriösen Ausstattung und perlweißer Lackierung.
Im Programm von 1962 steuerte die Marke Victoria die Modelle Vicky 136 bzw. 166 bei. Erstmals seit der Gründung der Zweirad Union hatte man sich wieder an die Bezeichnung »Vicky« erinnert. Der aus dem DKW-Erbe heraus neu konstruierte Motor erhielt seinerzeit Bestnoten von den Kritikern. Er leistete für das Mokick (Modell 136) 2,6 PS und beschleunigte das Kleinkraftrad (Modell 166) mit 4,6 PS (später 5,3 PS) auf 80 km/h. Ungewöhnlich war das Fünfganggetriebe (Mokick mit vier Gängen), das seiner Zeit weit vorauseilte. Neu war auch das Fahrwerk, zwar immer noch mit dem ausladenden Schalenrahmen, aber jetzt mit ungedämpfter Telegabel und 21-Zoll-Rädern.

*> Mit dem Kleinkraftrad »Avanti K« zog Victoria 1958 in die Zweirad Union ein.*

*> Die Avanti in der weiterentwickelten Version von 1963 war als Mokick oder Kleinkraftrad zu haben.*

> Neben den bekannten »Blechbananen« 115 und 155 stellte die Zweirad Union 1962 noch das Luxusmodell »Kavalier« in perlweißer Lackierung vor, das es wieder als Mokick oder Kleinkraftrad gab.

> Die Vicky 166 der neuen Kleinkraftradreihe der Zweirad Union mit 4,5 PS und Fünfganggetriebe. In der gleichen Optik gab es zeitgleich das Mokick Vicky 136.

> Titelbild des Vicky-Prospekts von 1963. Auf dem Tank steht »Aero«, was für das Sondermodell in Perlweiß stand.

**Fichtel & Sachs**

1966 übernahm Fichtel & Sachs die finanziell schwer angeschlagene Zweirad Union. Das sicherte den Beschäftigten zwar ihre Jobs, bedeutete aber das Ende einer bis dahin durchaus noch individuellen Fahrzeugentwicklung. Die noch von den ZU-Ingenieuren entwickelte neue 50-ccm-Reihe, die 1965 in Serie ging, erhielt nach dem Einstieg von Fichtel & Sachs – mit der Marke Hercules – neben neuen Motoren auch ein neues Fahrwerk mit Zentralrohrrahmen. Der Typ 139 war wieder die Mokick-Version und das Modell 159 TS das mit Fahrtwindkühlung, freiliegenden Federn hinten und sportlicherem vorderem Kotflügel besser ausgestattete Kleinkraftrad. Mit hochgezogenem Auspuff erhielt die Maschine später noch den Zusatz »Super«. Für den Markennamen Victoria waren das die letzten motorisierten Fahrzeuge, nach 1968 blieb aus der alten Zweirad Union nur noch der Name DKW übrig.

*> Das Mokick 139 S wurde noch für alle drei Marken der Zweirad Union gelabeld, nur der Schriftzug am Tank machte den Unterschied.*

**Die Victoria-Modelle in der Übersicht**

| Modell | Art | Motor | Leistung PS | Getriebe | Rahmen | Federung v/h | Bauzeit |
|---|---|---|---|---|---|---|---|
| Victoria Avanti K | KKR | Victoria-Zweitakt | 2,55 | 3-Gang-Hand | Pressstahl-Schalen | Schwinge/ Schwinge | 1958–1960 |
| Victoria Avanti | Mokick | ZU-Zweitakt | 2 | 3-Gang-Hand | Pressstahl-Schalen | Schwinge/ Schwinge | 1960–1962 |
| Victoria Avanti Sport | KKR | ZU-Zweitakt | 3,8 | 3-Gang-Fuß | Pressstahl-Schalen | Schwinge/ Schwinge | 1960–1963 |
| Victoria Avanti MK | Mokick | ZU-Zweitakt | 2 | 3-Gang-Fuß | Pressstahl-Schalen | Schwinge/ Schwinge | 1963–1965 |
| Victoria Avanti KR | KKR | ZU-Zweitakt | 4,2 | 3-Gang-Fuß | Pressstahl-Schalen | Schwinge/ Schwinge | 1963–1965 |
| Victoria 115 | Mokick | ZU-Zweitakt | 2 | 3-Gang-Fuß | Pressstahl-Schalen | Schwinge/ Schwinge | 1960–1965 |
| Victoria 155 | KKR | ZU-Zweitakt | 3,8 / 4,2 | 3-Gang-Fuß | Pressstahl-Schalen | Schwinge/ Schwinge | 1960–1965 |
| Vicky 136 | Mokick | ZU-Zweitakt | 2,6 | 4-Gang-Fuß | Pressstahl-Schalen | Telegabel/ Schwinge | 1962–1965 |
| Vicky 166 | KKR | ZU-Zweitakt | 4,6 | 5-Gang-Fuß | Pressstahl-Schalen | Telegabel/ Schwinge | 1962–1965 |
| Victoria 139 S | Mokick | Sachs-Zweitakt | 2,6 | 4-Gang-Fuß | Rohrrahmen | Telegabel/ Schwinge | 1965–1968 |
| Victoria 159 TS | KKR | Sachs-Zweitakt | 5,3 | 5-Gang-Fuß | Rohrrahmen | Telegabel/ Schwinge | 1965–1968 |
| Victoria 159 TS Super | KKR | Sachs-Zweitakt | 5,3 | 5-Gang-Fuß | Rohrrahmen | Telegabel/ Schwinge | 1966–1968 |

> *Einer der letzten Prospekte der Zweirad Union von 1968, der noch die Marke Victoria mitführt.*

## Zündapp

Die große deutsche Motorradmarke Zündapp aus Nürnberg hatte sich in München ein Zweigwerk aufgebaut, in dem ab 1950 die auch zum Markenimage gehörende Nähmaschinenproduktion wieder aufgenommen wurde. Hier entstand 1952 auch der Fahrrad-Anbaumotor »Zündapp-Combimot« und ein Jahr später das erste Moped mit der Bezeichnung »Combinette«. In den darauffolgenden Jahren entwickelte sich Zündapp zu einem der führenden Hersteller von Zweiradfahrzeugen mit 50 ccm Hubraum.

### 1960–1970

Wie bei anderen Herstellern auch, bildeten die Mopedentwicklungen vom Ende der 1950er Jahre die Basis für die ersten Mokicks und Kleinkrafträder.

Bei Zündapp konnte die Super-Combinette 433 ab 1960 als Moped und ein Jahr später auch als Mokick geordert werden. 2,6 PS ließen das Dreiganggetriebe jetzt als sinnvoll erscheinen. Ob man das vom wahlweise für beide Modelle lieferbaren Kühlgebläse sagen konnte, sei dahingestellt. Zündapp warb mit der Zwangskühlung vor allem beim Publikum in den Bergen. Optisch waren die neuen Super-Combinette-Typen am größeren Tank (7,7 Liter) und den geänderten Abdeckungen der Vorderradschwinge zu unterscheiden. Bis 1968 blieben die 433er Modelle, von denen insgesamt rund 68 000 Exemplare gefertigt worden, mit wechselnden Ausstattungen und Farben im Programm.

Mitte 1958 war der Verkauf der Nürnberger Werksanlagen an Bosch abgeschlossen und der Firmensitz komplett nach München verlagert worden. Ein neues Fahrzeugprogramm wurde konzipiert und im

*> Aus dem Moped-Typ 433 entstand 1961 auch eine Mokick-Version, die fahrtwindgekühlt...*

*> ...oder zwangsgekühlt erhältlich war. Bis 1968 wurde diese Super-Combinette gebaut, ab 1963 mit nur noch je einem Federbein.*

*> Die Falconette Typ 510–270 besaß eine Gebläsekühlung. Alle 510er Falconette-Modelle waren 75 km/h schnell und hatten dafür einen Viergangmotor, der 4,2 PS leistete.*

*> Zündapp war in den kleinen Geländesport-Klassen äußerst erfolgreich. Grund genug für die Münchner, auch eine käufliche Version der GS 50 anzubieten.*

> *Die Super Falconette, die bald nur noch KS 50 hieß, war ab Ende 1960 das Nonplusultra im deutschen Kleinkraftradbau.*

> *Die Super-Sport-Combinette Typ 510-171 mit Gebläsemotor. Die gleiche Maschine gab es auch wieder mit Fahrtwindkühlung. 938 und 978 Mark kosteten die 510er Mokicks.*

Herbst 1960 auf der IFMA präsentiert. Zu diesem neuen Programm gehörte allen voran die neue Falconette Typ 510, die ihre Optik durch einen neuen Rohr-Druckgussrahmen mit geschlossenem Mittelteil noch weiter in Richtung Motorrad vorantrieb. Und auch das Leistungswettrüsten trieb die neue Münchnerin voran: 4,2 PS, Viergang-Ziehkeilgetriebe und 75 km/h Höchstgeschwindigkeit – das war Ende 1960 Spitze in Deutschland. Der Motor konnte vom Fahrtwind gekühlt werden oder wahlweise mit einem Kühlgebläse ausgerüstet sein. Bei Letzterem musste er 300 U/min schneller drehen, um die Höchstleistung von 4,2 PS zu erreichen.
Parallel mit den beiden neuen Falconette-Typen erschien ebenfalls 1960 die ausschließlich gebläsegekühlte Super-Falconette KS 50 Typ 510-275. Ein serienmäßiger Gepäckträger, das Kniekissen am Tank, die Weißwandreifen, eine 25-Watt-Lichtanlage (statt 15 Watt) und ein etwas größerer Scheinwerfer unterschieden das Luxus-Modell für 1.095 Mark von den anderen beiden 510er Typen, die 978 bzw. 1.035 Mark kosteten und die im Nachhinein ebenfalls die Zusatzbezeichnung KS 50 erhielten.
Von der Falconette 510 abgeleitet gab es auch in der Schnapsglasklasse eine GS-Version. Während der Motor nahezu unverändert aus der Großserie entnommen worden war, wies das Fahrwerk doch einige Änderungen auf. Neben den Rädern in Geländegröße und mit Stollenreifen bestückt, stachen die ölgedämpfte Teleskopgabel und die Hinterradschwinge mit je einem hydraulisch gedämpften Federbein heraus. Eine 45-Watt-Lichtanlage sorgte für sehr stabile Verhältnisse bei der Stromversorgung. Wettbewerbstauglich war die Maschine trotzdem nur bedingt, aber für Tuningexperten war da noch viel Luft nach oben.
Analog zur Falconette 510 brachte Zündapp zum Jahresende 1960 das Mokick Sport-Combinette 510 mit dem neuen, geschlossenen Rahmen und der Zusatzbezeichnung »Super« heraus. Wieder gab es Fahrtwind- oder Gebläsekühlung. Das Dreiganggetriebe konnte jetzt auch am Mokick mit dem Fuß geschaltet werden.
Während Zündapp den Namen Falconette für seine Kleinkrafträder nach 1962 fallen ließ und die Maschinen nur noch schlicht KS 50 nannte, blieb es bei den Mokicks noch bis 1965 bei der Sport-Combinette. Diese lehnte sich ab Ende 1962 an die KS 50 an, was im Wesentlichen die Umstellung von der antiquierten Kurzschwinge auf eine Telegabel bedeutete. Damit war der Motorrad-Look nun vollkommen und Zündapp steuerte auf neue Absatzrekorde zu. Die neue Sport-Combinette 515 gab es auch weiterhin nur mit einem fußgeschalteten Dreiganggetriebe in Verbindung mit dem 2,6-PS-Motor. Parallel wurden wieder ein fahrtwindgekühlter und ein gebläsegekühlter Motor angeboten. Ersterer nur bis 1963; der Typ 515-004 blieb bis 1965 im Programm. Wie auch eine Vielzahl von Varianten, die den verschiedensten Exportmärkten Rechnung trugen.
Für das Modelljahr 1963, wie immer im Herbst 1962 beginnend, hat-

> *Kühlgebläse waren bei den 50ern groß in Mode, wollten aber nicht so recht zum übrigen Motorrad-Look der Zündapp-Mokick-Reihe 515 passen.*

> *Am Ende ihrer Fertigungszeit kam die Sport-Combinette 515 mit je einem hydraulisch gedämpften Federbein für die Hinterradschwinge aus.*

> *Ab Juli 1964 hatten die Ingenieure die Leistung des kleinen Zweitakters auf 4,8 PS erhöht. Eine größere Lampe und das einzelne Federbein auf jeder Seite kennzeichneten den Typ 515-061.*

> *Bei den 516er KS-Typen teilte Zündapp die Modelle in Super SL, eine Art Luxus-Tourenmaschine...*

> *...und Sport ein. Letztere vor allem am schmalen Schutzblech und den offenen Federbeinen erkennbar.*

te man der letzten Super-Falconette eine Telegabel verpasst und nannte die Maschine nun nur noch KS 50 Super. Den Motor mit 4,2 PS behielten die Konstrukteure ebenso bei wie das Vierganggetriebe und die Doppelanordnung von Dämpfer und Feder am Hinterrad. Auch die Wahlmöglichkeit von Fahrtwindkühlung und Gebläsekühlung blieb erhalten. Letztere hatte den deutlich höheren Marktanteil.

Im ständigen Konkurrenzkampf mit Kreidler und Hercules erhöhte Zündapp die Leistung der KS 50 Super 1964 auf 4,8 PS. Die interne Typenbezeichnung wechselte zu 515-061. Eine fahrtwindgekühlte Variante gab es hiervon nun nicht mehr, Dämpfer und Federn für das Hinterrad waren jetzt in je einer Hülse vereint. Der Durchmesser des Scheinwerfers wuchs auf 130 mm.

Und weiter ging es im »Wettrüsten«. Auf der IFMA 1964 präsentierte Zündapp die neue KS 50 Super SL, deren Motor jetzt 5,2 PS leistete.

> *Zumindest 1966/67 galt die gleiche Einteilung der neuen Typenreihe 517 wie bei den Vorgängermodellen. Dabei war die KS 50 Super SL das letzte Zündapp-Kleinkraftrad mit einem gebläsegekühlten Motor.*

> *Das Modelljahr 1968 war bei den Zündapp Kleinkrafträdern durch den neuen »Büffeltank« gekennzeichnet. Die KS 50 war das Basismodell.*

> *Wie gehabt: Die KS 50 Sport 517-06 L5 mit freiliegenden Federn der hinteren Federbeine und dem flachen Lenker.*

> *Das Spitzenmodell der KS 50-Modellreihe war ab 1968 die Super-Sport-Ausführung, die es mit hochgezogenem oder normal verlegtem Auspuff gab.*

> Die KS 50 Super Sport erhielt 1969 einen neuen Tank, der sich wunderbar in das Gesamtdesign der Maschine einpasste.

> Aus der Sport-Combinette wurde für das Modelljahr 1968 die einfache Bezeichnung C 50 Sport. Das Mokick gab es zunächst nur mit Gebläsekühlung,...

> ....ab 1969 wahlweise mit Fahrtwindkühlung. 1970 wurde auf schnittigere Tanks umgestellt.

An das Hinterrad wurde diese Leistung nun mit einem Fünfganggetriebe weitergegeben. Parallel entstand die KS 50 Sport, interne Typenbezeichnung 516-03 L0. Im Gegensatz zur SL wurde hier der sportliche Charakter betont, indem der Gepäckträger verschwunden war, die Federn der hinteren Federbeine offen lagen, die Lenkerenden sportlich nach unten gebogen waren und das vordere Schutzblech knapp geschnitten war. Die Leistungsangabe wurde leicht auf 5,3 PS erhöht. Beide 516er Typen wurden nur 1965/66 produziert.
In neuem Look erschienen 1966 die beiden oben genannten Maschinen als KS 50 Super SL Typ 517-01 L0 und KS 50 Sport Typ 517-06 L0. Die Maschinen hatten ein neues Seitendesign, eine schnittige, hinten etwas hochgezogene Sitzbank und ein gefälligeres hinteres Schutzblech. Die Super SL wies nun auch das knappe Vorderradschutzblech auf. Im Unterschied zur Sport gab es hier wieder einen Tourenlenker, einen Gepäckträger und geschlossene Federbeine. Außerdem hielt man bei der Super SL noch am Kühlgebläse fest, die Vergaserabdeckung war dem sportlicheren Aussehen angepasst worden. Bei der KS 50 Sport warb Zündapp mit dem neuen Fächerzylinderkopf, der im Motoradbau gerade mal wieder en vogue war.
Rechtzeitig zum fünfzigjährigen Firmenjubiläum stellte Zündapp 1967 neue Modelle der Typenreihe 517 vor. Allen gemein war der große, verchromte 13,5-Liter-Tank, in der Motorradszene »Büffeltank« genannt, wie man ihn ähnlich zuvor schon bei Hercules und der Zweirad Union gesehen hatte und 150-mm-Trommelbremsen vorn und hinten. Die Standardversion hieß jetzt einfach KS 50, wurde intern 517-06 L7 genannt und hatte den Tourenlenker und die geschlossenen Federbeine. Der Heckbürzel der Sitzbank war nicht ganz so markant ausgebildet wie bei der neuen KS 50 Sport, die außerdem wieder mit offenen Federbeinen und flachem Lenker auf sich aufmerksam machte. Die Typenbezeichnung war hier 517-20 L5. Bei der neuen KS 50 Super Sport gab es nun noch eine rote Sitzbank, verchromte Kotflügel und ein neues Rücklicht. Aber der absolute Clou der intern 517-20 genannten Maschine war der hochgezogene Auspuff, der für 10 D-Mark weniger auch normal verlegt werden konnte. Bis 1970 blieben die 517er Typen so im Programm und wurden in 55 000 Exemplaren produziert.
Die in der Unterhaltung günstigen 40-km/h-Mokicks erfreuten sich in Deutschland auch in den späten sechziger Jahren noch großer Beliebtheit. Schon ab Ende der 1960er Jahre waren die Zündapp-Mokicks dann ausschließlich Ableger der verschiedenen KS 50-Kleinkrafträder. So wie etwa die von 1967 bis 1976 gebaute C 50 Sport, die im Design der KS 50 Sport glich. Anfangs nur mit Gebläsekühlung lieferbar, war ab Ende 1968 auch ein nackter Zylinder im Angebot. Zunächst mit 2,6 PS unterwegs, leisteten die Motoren ab 1969 2,9 PS. Gegenüber den Kleinkrafträdern gab es bei den Mokicks un-

> Sah altbacken aus, fand aber viele Jahre lang seine Käufer (zu der die hier abgebildeten Personen eher nicht gehörten): Zündapp C 50 Super.

ter anderem keine Fächerzylinderköpfe, keine offenen Federbeine und keine »Rennlenker«. Das Tankdesign änderte sich entsprechend der Kleinkrafträder.
Eine Ausnahme im Zündapp-Mokick-Programm bildete das Modell C 50 Super, das noch dem alten Mopeddesign mit Pressstahl-Schalenrahmen und Durchstieg verhaftet war. Aber Angler und Schrebergärtner wollten ja auch irgendwie an ihr Ziel kommen und dafür war dieses preiswertere Fahrzeug bestens geeignet.

Die Jahrzehnte anhaltende Dominanz von Zündapp in der kleinsten Geländesport-Klasse ließ es sinnvoll erscheinen, auch eine käufliche 50er GS anzubieten. Die ab 1966 gebauten Maschinen lehnten sich an die Werksrenner an, was unter anderem einen Rohrrahmen und eine Telegabel mit 160 mm Federweg bedeutete. Der Motor mit Leichtmetall-Breitwandzylinder und Fächerkopf leistete hier bereits 6,25 PS bei 7500 U/min.

**Übersicht der Zündapp-Modelle 1960–1970**

| Modell | Art | Motor | Leistung PS | Getriebe | Rahmen | Federung v/h | Bauzeit |
|---|---|---|---|---|---|---|---|
| Super-Combinette 433 | Mokick | Zündapp-Zweitakt | 2,6 | 3-Gang-Hand | Pressstahl | Schwinge/Schwinge | 1960–1968 |
| Falconette 510 | KKR | Zündapp-Zweitakt | 4,2 | 4-Gang-Fuß | Rohr-Druckguss | Schwinge/Schwinge | 1960–1962 |
| GS 50 Typ 510-224 | Enduro-KKR | Zündapp-Zweitakt | 4,2 | 4-Gang-Fuß | Rohr-Druckguss | Telegabel/Schwinge | 1960–1962 |
| Super-Sport-Combinette 510 | Mokick | Zündapp-Zweitakt | 2,6 | 3-Gang-Fuß | Rohr-Druckguss | Schwinge/Schwinge | 1960–1962 |
| Sport-Combinette 515 | Mokick | Zündapp-Zweitakt | 2,6 | 3-Gang-Fuß | Rohr-Druckguss | Telegabel/Schwinge | 1962–1965 |
| KS 50 Super 515 | KKR | Zündapp-Zweitakt | 4,2 | 4-Gang-Fuß | Rohr-Druckguss | Telegabel/Schwinge | 1962–1964 |
| KS 50 Super 515-061 | KKR | Zündapp-Zweitakt | 4,8 | 4-Gang-Fuß | Rohr-Druckguss | Telegabel/Schwinge | 1964–1965 |
| KS 50 Super SL 516 | KKR | Zündapp-Zweitakt | 5,2 | 5-Gang-Fuß | Rohr-Druckguss | Telegabel/Schwinge | 1965–1966 |
| KS 50 Sport 516 | KKR | Zündapp-Zweitakt | 5,3 | 5-Gang-Fuß | Rohr-Druckguss | Telegabel/Schwinge | 1965–1966 |
| KS 50 Super SL 517 | KKR | Zündapp-Zweitakt | 5,3 | 5-Gang-Fuß | Rohr-Druckguss | Telegabel/Schwinge | 1966–1967 |
| KS 50 Sport 517 | KKR | Zündapp-Zweitakt | 5,3 | 5-Gang-Fuß | Rohr-Druckguss | Telegabel/Schwinge | 1966–1967 |
| KS 50 517-06 L7 | KKR | Zündapp-Zweitakt | 5,3 | 5-Gang-Fuß | Rohr-Druckguss | Telegabel/Schwinge | 1967–1970 |
| KS 50 Sport 517-06 L5 | KKR | Zündapp-Zweitakt | 5,3 | 5-Gang-Fuß | Rohr-Druckguss | Telegabel/Schwinge | 1967–1970 |
| KS 50 Super Sport 517-20 | KKR | Zündapp-Zweitakt | 5,3 | 5-Gang-Fuß | Rohr-Druckguss | Telegabel/Schwinge | 1967–1970 |
| C 50 Sport 517-02 L5 | Mokick | Zündapp-Zweitakt | 2,6 / 2,9 | 3-Gang-Fuß | Rohr-Druckguss | Telegabel/Schwinge | 1967–1976 |
| C 50 Sport 517-21 | Mokick | Zündapp-Zweitakt | 2,9 | 3-Gang-Fuß | Rohr-Druckguss | Telegabel/Schwinge | 1969–1972 |
| C 50 Super | Mokick | Zündapp-Zweitakt | 2,9 | 3-Gang-Hand | Pressstahl | Schwinge/Schwinge | 1969–1976 |
| GS 50 510-40 L0 | KKR | Zündapp-Zweitakt | 6,25 | 5-Gang-Fuß | Rohrrahmen | Telegabel/Schwinge | 1966–1970 |

**1970–1976**

1971/72 blieb die K 50 Super Sport das einzige Kleinkraftrad im Zündapp-Programm. Als Typ 517-20 LS oder LR mit tiefem oder hohem Auspuff und jetzt 6,25 PS. Dafür hatte man sich vom Fächerzylinderkopf verabschiedet und warb jetzt mit dem Supertherm Zylinder, der für eine optimale Kühlung des bis über 8000 U/min drehenden Motors sorgen sollte.

Geräuschminderung war die offizielle Begründung von Zündapp, im Herbst 1972 die KS 50 mit Wasserkühlung vorzustellen. Die Thermosiphon-Umlaufkühlung kam ohne Wasserpumpe aus und wurde 1973 serienmäßig in der KS 50 water-cooled verbaut. Die interne Typenbezeichnung 517-50 verwies auf das immer noch grundlegend gleiche Fahrgestell von 1967, das jetzt aber einen doppelten Unterzug erhalten hatte. Außerdem war die Maschine mit einer Elektronikzündung und einem »Cockpit« mit Tacho und Drehzahlmesser ausgestattet. Die KS 50 water-cooled erlebte einige Modellpflegemaßnahmen; so verlieh man dem Zylinderkopf 1974 kleine Kühlrippen und machte die Cockpitarmaturen etwas ansprechender. Für 1975 - jetzt als Typ 517-52 - erhielt auch der Zylinder feine Kühlrippen, die Telegabel Faltenbälge und die Anbauteile ein neues Design.

Für weniger betuchte Kunden entstand ab 1973 die KS 50 Cross mit der Typenbezeichnung 517-51 LO. Mit 1.938 D-Mark blieb die Maschine mit hohem Lenker und hochgezogenem Auspuff knapp unter der Schallmauer von 2.000 D-Mark. Für das Modelljahr 1975 unter anderem mit Rahmenunterzügen, neuem Seitendesign und neuem Cockpit ausgestattet, überschritt die Maschine diese Grenze dann aber deutlich.

Ebenso wie die für 1973 wieder eingeführte KS 50 Super Sport. Eine schöne Maschine, allerdings ohne große Auffälligkeiten, sieht man von der neben Grün ab 1975 auch noch lieferbaren Farbe »Syringarot-metallic« ab. Die Maschine durchlebte die gleichen Änderungen, wie die Cross- und water-cooled-Modelle, das hieß für 1975 Änderungen am Design und an der technischen Ausstattung.

1973 war das neue Mokick GTS 50 kaum noch vom Kleinkraftrad KS 50 Super Sport zu unterscheiden. Das war von Anfang an durch die hinten hochgezogene Sitzbank, die offenen Federn der hinteren Federbeine und die Faltenbälge an der Telegabel gekennzeichnet. Dazu kam in der ersten Ausführung von 1973 noch ein Highriser Lenker, der wahlweise neben normalem und tiefem Lenker gewählt werden konnte. Das blieb auch im Folgejahr mit dem Modell 517-40 so; die Maschine war jetzt aber wieder dem aktuellen Design der Kleinkrafträder angepasst. Dazu kam das berühmte »Cockpit« mit Tacho und Drehzahlmesser. Alle GTS-Mokicks hatten ein fußgeschaltetes Vierganggetriebe.

*> Mit der ab 1973 in Serie produzierten KS 50 water-cooled war Zündapp Vorreiter im Segment der wassergekühlten Fünfziger.*

*> Beim Typ 517-50 LO blieben Zylinder und Zylinderkopf nur im ersten Jahr glatt. Der Wasserkühler war klassisch zwischen den neuen Unterzügen angebracht.*

> Für das Modelljahr 1974 erhielten der Zylinderdeckel angedeutete Kühlrippen und der Lenker neue Armaturen. Die Bezeichnung war jetzt 517-50 LA.

> Neue Farben, ein neues Design der seitlichen Anbauteile, Kühlrippen am Zylinder und die Faltenbälge an der Telegabel führten für die KS 50 water-cooled 1975 zur Typenbezeichnung 517-52.

> Die KS 50 Cross, 1973 als Typ 517-51 L0 eingeführt, konnte die Erwartungen des Vertriebs in München nicht erfüllen

> Für das Modelljahr 1975 wurde die KS 50 Cross noch einmal optisch wie technisch aufgewertet.

> So sah die letzte Zündapp KS 50 Super Sport der Typenreihe 517 im Jahre 1975 aus.

> Zündapp Mockick GTS 50 in der Ausführung von 1973 mit Highriser Lenker.

> Das Mokick GTS 50 von 1975 mit Cockpit und neuem Design. Die Maschinen durften mit Führerschein 5 ab 16 Jahren gefahren werden.

**Übersicht der Zündapp-Modelle 1970–1976**

| Modell | Art | Motor | Leistung PS | Getriebe | Rahmen | Federung v/h | Bauzeit |
|---|---|---|---|---|---|---|---|
| KS 50 Super Sport 517-20 LS / LR | KKR | Zündapp-Zweitakt | 6,25 | 5-Gang-Fuß | Rohr-Druckguss | Telegabel/ Schwinge | 1971–1972 |
| KS 50 water-cooled 517 | KKR | Zündapp-Zweitakt | 6,25 | 5-Gang-Fuß | Rohr-Druckguss | Telegabel/ Schwinge | 1973–1975 |
| KS 50 water-cooled 517-52 | KKR | Zündapp-Zweitakt | 6,25 | 5-Gang-Fuß | Rohr-Druckguss | Telegabel/ Schwinge | 1975–1976 |
| KS 50 Cross 517-51 | KKR | Zündapp-Zweitakt | 6,25 | 5-Gang-Fuß | Rohr-Druckguss | Telegabel/ Schwinge | 1973–1976 |
| KS 50 Super Sport 517 | KKR | Zündapp-Zweitakt | 6,25 | 5-Gang-Fuß | Rohr-Druckguss | Telegabel/ Schwinge | 1973–1976 |
| GTS 50 517-39 | Mokick | Zündapp-Zweitakt | 2,9 | 4-Gang-Fuß | Rohr-Druckguss | Telegabel/ Schwinge | 1973 |
| GTS 50 517-40 | Mokick | Zündapp-Zweitakt | 2,9 | 4-Gang-Fuß | Rohr-Druckguss | Telegabel/ Schwinge | 1974–1976 |

**1977–1984**

Bei den Mokicks wurde 1977 die C 50 Sport nach einer Überarbeitung in neuem Design angeboten, das sich wieder am aktuellen Stand der KS-Typen orientierte. Also Tank, Seitendeckel, Sitzbank, Rücklicht, Faltenbälge an der Telegabel usw. waren überarbeitet worden. Der Tacho war nicht mehr im Lampentopf integriert. Eine weitere Aufwertung erfuhr die Maschine durch Gussfelgen und verchromte Schutzbleche für das Modelljahr 1978. Im Jahr darauf endete die Fertigung der C-Reihe.

Anders die sportlichen GTS-Mokicks. Hier kam ein komplett überarbeitetes Modell GTS 50, ab 1977 mit Gussfelgen und der gestreckten Linie der KS-Typen. Bis 1980 änderten sich nun jährlich die Typennummern und die optischen Retuschen. Besonders auffällig war das 1978, als das Mokick mit Rechteckscheinwerfer und Sitzbankspoiler auftauchte.

1980 setzte Zündapp mit dem Modell GTS 50/5, Typ 529-029 noch eins drauf. Eine Cockpitverkleidung musste her, um den Fahrer vor dem enormen Fahrtwind bei 40 km/h zu schützen und fünf Getriebegänge mussten bei 2,9 PS auch sein!

3 PS gab Zündapp dann für die letzte Mokick-Creation, die GTS 50 WK, an. WK stand für Wasserkühlung, was natürlich völlig unnötig für

*> 1977 kam das Mokick C 50 Sport grundlegend überarbeitet zu den Händlern. Die Motorleistung blieb unverändert, wie ja auch die gesetzlich vorgeschriebene Höchstgeschwindigkeit von 40 km/h.*

*> GTS 50 von 1977 mit neuer, gestreckter Linie und Gussfelgen.*

*> Mit Gussfelgen und verchromten Schutzblechen erhielt die C 50 Sport für 1978 noch eine letzte Aufwertung.*

*> 1978 trumpfte das GTS-Mokick unter anderem mit Rechteckscheinwerfer und Heckspoiler auf.*

**GTS 50 · 5-speed**

In der Modellversion '80 ist das Bestseller-Mokick GTS 50 noch attraktiver, noch motorradähnlicher. Die aerodynamische Cockpitverkleidung in Verbindung mit dem eleganten Heckspoiler und der schnittigen Sportsitzbank macht die Maschine schon vom Äußeren zu einem Mokick der Spitzenklasse. Dazu kommt der leistungsstarke 5-Gang-Motor mit dem bulligen Zylinder. Das Fahrwerk ist im wesentlichen vom bisherigen Kleinkraftrad übernommen. Die Leichtmetallräder sind wartungsfrei und weit höheren Beanspruchungen gewachsen. Die Bremsnaben mit 150 mm Ø meistern spielend jede Situation. Der rechteckige Breitband-Scheinwerfer leuchtet die Fahrbahn optimal aus. Die große Sicherheits-Schlußleuchte mit integriertem Bremslicht reagiert auf Hand- und Fußbremse. Das Doppel-Cockpit ist mit großem Tachometer und Drehzahlmesser ausgerüstet, die Armaturen sind anzeigegenau und gut ablesbar. Die Blinker haben Sicherheits-Seitenstrahler. Die hinteren Federbeine lassen sich dreifach, je nach Belastung, verstellen. Sehr praktisch ist das Ein-Schlüssel-System für Sicherheits-Zündschloß und Lenkschloß. Großer 13,5-Liter-Chromtank in moderner Stilistik. Sie werden begeistert sein.

**Technik in Kürze Sozius-Mokick GTS 50:** fahrtwindgekühlter 50-cm³-Motor (Gemisch 50:1); 2,1 kW bei 5000 min⁻¹; einsatzgehärtete Kurbelwelle; Stahlpleuel; hartverchromte Zylinderlauffläche; Mehrscheiben-Ölbadkupplung; 5-Gang-Fußschaltung; Kickstarter; elektrische Anlage 6 Volt, 19–5/10 Watt; elektronischer Ladesatz mit integrierter 1-Ah-NC-Batterie; Rechteck-Scheinwerfer 15 Watt, Rücklicht 4 Watt, Bremslicht 5 Watt, 4fach-Blinkanlage 10 Watt; Leichtmetall-Druckgußrahmen mit Unterzügen; 13,5-Liter-Tank; Teleskopgabel vorn, dreifach verstellbare Federbeine hinten; Alu-Druckguß-Laufräder; Trommelbremsen 150 mm Ø; sportliche 2-Mann-Stufen-Sitzbank mit elegantem Heckspoiler; Steckachsen; Doppel-Cockpit mit Tachometer und elektronischem Drehzahlmesser; Cockpit-Verkleidung; Sicherheits-Zündschloß und Lenkschloß; Blinkanlage mit Sicherheits-Seitenstrahlern; Sicherheits-Bremslicht; Kettenschutz; nichtrostendes Edelstahl-Schutzblech vorn, Kunststoff-Kotflügel hinten; verchromter Gepäckträger mit Trägerband; Bereifung 2¼–17" reinforced; Rückblick-Stangenspiegel mit Kunststoffeinfassung. **Sonderzubehör:** Packtaschen, Packtaschenträger. **Farben:** goldorange-lasur, strato-silber. Gesetzlich zulässige Höchstgeschwindigkeit 40 km/h. Bergsteigefähigkeit ca. 44%. Steuerfrei, ab 16 Jahren.
**Führerschein:** Näheres letzte Seite

*> Mokicks waren schwer angesagt zu Beginn der 80er Jahre, vor allem je mehr sie vortäuschten, mehr als ein 40-km/h-Gefährt zu sein. Fünf Gänge waren da gerade richtig.*

*> Als Parallelmodell zum Mofa ZD 20 lief das Mokick ZD 40 vom Münchner Montageband. Ein Spiegel, Fußrasten und die Doppelsitzbank waren die sichtbaren Unterschiede.*

dieses Fahrzeug war, das aber mit offenem 6,8-PS-Motor als KS 50 WK exportiert wurde. Dazu gab es eine Scheibenbremse am Vorderrad, so dass diese Maschine optisch kaum von den aktuellen Leichtkrafträdern zu unterscheiden war. Das galt inzwischen leider auch für den Preis. Ein Zündapp-Mokick kostete jetzt so viel wie eine schöne 80er aus Japan, lediglich die Versicherungsprämien blieben weiterhin günstiger.

*> Zu guter Letzt kam mit dem Modell GTS 50 WK auch noch eine Wasserkühlung zum Einsatz, ein reines Showprogramm, das die Maschinen noch schwerer und teurer werden ließ. (Foto: Jonny GTS)*

Im Herbst 1976 präsentierte Zündapp eine weiterentwickelte Kleinkraftrad-Generation, die zunächst aus vier Modellen bestand. Allen gemein war ein neuer Rahmen, der aber immer noch eine Kombination aus Rohr und Druckgussteilen darstellte, ein neuer, verchromter Tank, neue Seitendeckel, das Cockpit mit Tacho und Drehzahlmesser und schließlich noch die Gussfelgen. Motor- und Getriebedaten blieben gegenüber dem Typ 517 unverändert. Als Einstiegsmodell fungierte die KS 50 Sport, Typ 530-510, mit fahrtwindgekühltem Motor, einfacher Ausstattung, ohne Blinkanlage und ohne Schnörkel. Trotzdem 2.600 D-Mark teuer, blieb die Sport ein Ladenhüter und wurde 1978 wieder aus dem Programm genommen.
Die 3000-D-Mark-Schallmauer wurde 1977 knapp von der neuen KS 50 Super Sport, Typ 530-50, durchbrochen. Dafür gab es unter anderem zwei Spiegel, einen Gepäckträger, eine Vierleuchten-Blinkanlage und eine 220 mm Scheibenbremse am Vorderrad.
Natürlich musste es auch in der neuen Typenreihe wieder eine Version mit Wasserkühlung geben. Genauer gesagt gab es zwei Versionen. Die KS 50 watercooled 530-010, sozusagen als »Naked Bike« in der Ausführung des Super-Sport-Modells, nur eben mit einer Wasserkühlung. und die KS 50 watercooled tt, Typenbezeichnung 530-11. Hier gehörten eine Cockpitverkleidung und eine Sitzbank

> *Im Kleinkraftrad-Programm von Zündapp war die KS 50 ab 1977 das Einstiegsmodell der 530er Typenreihe.*

mit Heckspoiler zur Serienausstattung. Obwohl am teuersten, avancierte diese Maschine zum meistverkauften Zündapp Kleinkraftrad der Jahre 1977/78.

Eine Cockpitverkleidung und der Heckspoiler an der Sitzbank waren inzwischen Pflicht, wollte man noch irgendwie im schrumpfenden Kleinkraftrad-Markt bestehen. So nahm Zündapp die unverkleideten Maschinen aus dem Programm und brachte noch 1978 die Super Sport tt mit unveränderter Typennummer. Das blieb auch so, als man im verzweifelten Kampf um den Absatz der Kleinkrafträder deren Leistung auf 6,8 PS erhöhte.

Für 1979 wurde die die KS 50 watercooled tt noch einmal optisch und technisch aufgewertet. Da sich inzwischen niemand mehr um die 6,25-PS-Formel scherte, wurde auch hier der optisch und technisch überarbeitete und schwarz lackierte Motor auf 6,8 PS gebracht; für das letzte Jahr 1980 sogar auf 7,5 PS. Neben den neuen Farben Stratosilber und Goldorange war diese letzte KS 50 am wuchtigen Zylinder und dem viereckigen Scheinwerfer vom Vorgängermodell zu unterscheiden.

Für den Mokickmarkt steuerte Zündapp ab 1980 eine weitere Baureihe bei. Das Ende 1979 eingeführte Mokick CS 50 hatte einen einfachen Zentralrohrrahmen mit angeschraubten Unterzügen, preiswerteren Gussfelgen, weniger Chrom und keinen Drehzahlmesser. Im ersten Modelljahr nackt, erhielt das Mokick Ende 1980

> *Mit Scheibenbremse, Druckgussfelgen und Vierleuchten-Blinkanlage: Die KS 50 Super Sport der Jahre 1977/78.*

> *Die nackte, wassergekühlte KS 50 der Typenreihe 530 blieb nur 1977 im Zündapp-Programm.*

> *Die KS 50 watercooled tt war die bisher teuerste 50er im Zündapp-Programm. Für 3.300 Mark bekam man 1977 auch ein richtiges Motorrad.*

auch eine Cockpitverkleidung. Und das Enduro-Mokick hai 50 war praktisch ein Schwestermodell der CS 50, mit dem gleichen Rahmen, hier aber mit den üblichen Enduro-Attributen wie 19er Vorderrad, hochgesetztem Kunststoffkotflügel, Geländelenker, kürzerer Sitzbank oder hoch verlegtem Auspuff. Die Maschine war von erstklassiger Qualität – wie bei Zündapp üblich – verkaufte sich aber nur

> *1978 wertete Zündapp die Super Sport als tt-Variante noch mit Cockpitverkleidung und Heckbürzel auf.*

> *Die letzte Kleinkraftrad-Schöpfung von Zündapp mit Rechteckscheinwerfer und geschwärztem Motor: KS 50 watercooled tt von 1979/80.*

> *Mit dem Modell CS 50 begründete Zündapp 1979 eine dritte Mokick-Reihe im eher preiswerteren Segment.*

> *Für das zweite Produktionsjahr der CS 50 meinte Zündapp wohl nicht an einer Lampenverkleidung vorbeizukommen.*

> *Das Enduro-Mokick hai 50 war in seiner Klasse zweifellos ein Spitzenprodukt, fand aber kaum Interessenten.*

> *2,7 PS reichten für 40 km/h aus, mit denen aus dem Mofa ZS 25 das Mokick ZE 40 wurde.*

schlecht und wurde deshalb ohne Nachfolger 1982 vom Markt genommen.
Für das Modell CS 50 gab es hingegen 1983/84 noch einen Nachfolger. Als Typ 448-310 war die Maschine optisch wie technisch an die zu dieser Zeit aktuellen K 80 angelehnt. Optisch waren vor allem die jährlich wechselnden Dekors gemeint, technisch hatte die Maschine jetzt auch ein klauengeschaltetes Vierganggetriebe. Die Maschinen konnten mit oder ohne Lampenverkleidung geordert werden. Was alles nichts mehr half – Zündapp war am Ende.

| Übersicht der Zündapp-Modelle 1977–1984 | | | | | | | |
|---|---|---|---|---|---|---|---|
| **Modell** | **Art** | **Motor** | **Leistung PS** | **Getriebe** | **Rahmen** | **Federung v/h** | **Bauzeit** |
| C 50 Sport 529-010 | Mokick | Zündapp-Zweitakt | 2,9 | 4-Gang-Fuß | Rohr-Druckguss | Telegabel/ Schwinge | 1977–1979 |
| GTS 50 529-22 | Mokick | Zündapp-Zweitakt | 2,9 | 4-Gang-Fuß | Rohr-Druckguss | Telegabel/ Schwinge | 1977 |
| GTS 50 529-23 | Mokick | Zündapp-Zweitakt | 2,9 | 4-Gang-Fuß | Rohr-Druckguss | Telegabel/ Schwinge | 1978 |
| Mokick ZD 40 | Mokick | Zündapp-Zweitakt | 2,9 | 3-Gang-Fuß | Rohr-Druckguss | Telegabel/ Schwinge | 1977–1981 |
| GTS 50 529-24 | Mokick | Zündapp-Zweitakt | 2,9 | 4-Gang-Fuß | Rohr-Druckguss | Telegabel/ Schwinge | 1978–1979 |
| GTS 50 529-26 | Mokick | Zündapp-Zweitakt | 2,9 | 4-Gang-Fuß | Rohr-Druckguss | Telegabel/ Schwinge | 1979–1980 |
| GTS 50 529-29 | Mokick | Zündapp-Zweitakt | 2,9 | 5-Gang-Fuß | Rohr-Druckguss | Telegabel/ Schwinge | 1980–1983 |
| GTS 50 WK 540-180 | Mokick | Zündapp-Zweitakt | 3 | 5-Gang-Fuß | Rohr-Druckguss | Telegabel/ Schwinge | 1983–1984 |
| KS 50 Sport 530-510 | KKR | Zündapp-Zweitakt | 6,25 | 5-Gang-Fuß | Rohr-Druckguss | Telegabel/ Schwinge | 1977–1978 |
| KS 50 Super Sport 530-50 | KKR | Zündapp-Zweitakt | 6,25 | 5-Gang-Fuß | Rohr-Druckguss | Telegabel/ Schwinge | 1977–1978 |
| KS 50 water-cooled 530-10 | KKR | Zündapp-Zweitakt | 6,25 | 5-Gang-Fuß | Rohr-Druckguss | Telegabel/ Schwinge | 1977 |
| KS 50 watercooled tt 530-11 | KKR | Zündapp-Zweitakt | 6,25 | 5-Gang-Fuß | Rohr-Druckguss | Telegabel/ Schwinge | 1977–1978 |
| KS 50 Super Sport tt 530-50 | KKR | Zündapp-Zweitakt | 6,25 / 6,8 | 5-Gang-Fuß | Rohr-Druckguss | Telegabel/ Schwinge | 1978–1980 |
| KS 50 watercooled tt 530-12/14 | KKR | Zündapp-Zweitakt | 6,8 / 7,5 | 5-Gang-Fuß | Rohr-Druckguss | Telegabel/ Schwinge | 1979–1980 |
| CS 50 448-01 | Mokick | Zündapp-Zweitakt | 2,9 | 4-Gang-Fuß | Zentralrohr | Telegabel/ Schwinge | 1979–1983 |
| Mokick ZE 40 | Mokick | Zündapp-Zweitakt | 2,9 | 3-Gang-Fuß | Rohr-Druckguss | Telegabel/ Schwinge | 1982–1984 |
| hai 50 448-11 | Mokick | Zündapp-Zweitakt | 2,9 | 4-Gang-Fuß | Zentralrohr | Telegabel/ Schwinge | 1979–1983 |
| CS 50 448-310 | Mokick | Zündapp-Zweitakt | 2,9 | 4-Gang-Fuß | Zentralrohr | Telegabel/ Schwinge | 1983–1984 |

## Was sonst noch gebaut wurde

### Amelung

Seit 1923 baute die Firma Amelung Wittig & Co. in Duisburg in bescheidenem Umfang Fahrräder. Das blieb auch nach dem Krieg so, als die jetzt in Carl Amelung Fahrzeugfabrik umbenannte Firma anfing, eigene Rahmen zu bauen. In der Folge belieferte man etliche Firmen mit Fahrradrahmen und vertrieb eigene Räder unter dem Markennamen »Standard«. Mit dem Aufkommen der Mopeds leistete Amelung mit dem Modell »Hexe« einen eigenen bescheidenen Beitrag. Trotz stetiger Weiterentwicklung hielten sich die Verkaufszahlen in engen Grenzen, nicht zuletzt, weil sich die stets nur regional agierende Händlerschaft mit der übermächtigen Konkurrenz schwertat. Im 1961er Prospekt tauchten dann in Sport und Touren aufgeteilte Mokicks und Kleinkrafträder mit Pressstahlrahmen unter der Bezeichnung HSL 50 mit Triebwerken von Fichtel & Sachs auf. 1,8 PS schlugen für die Mokicks, 3,8 und später 4,3 PS für die Kleinkrafträder zu Buche. 1963 endete diese Phase zunächst und Amelung versuchte sich ab 1965 auf dem Mofamarkt zu etablieren. 1967 dann noch einmal der Versuch mit einem Kleinkraftrad, dem »Alexander 50 AS mit Rohrrahmen, dem zu dieser Zeit schon üblichen Motorraddesign und dem aktuellen Sachs-Triebwerk mit fünf Gängen und 5, 2 PS. 1968 endete die bescheidene Fertigung von Kickstarter-Modellen bei Amelung, 1972 war dann ganz Schluss.

*> Viel Patina aber voll funktionsmäßig: Das von 1961 bis 1963 gebaute Kleinkraftrad HSL 50 DK Sport von Amelung. (Foto: Farben Schießl)*

*> Der letzte Versuch von Amelung: Das Kleinkraftrad Alexander 50 AS, das 1967/68 in homöopathischen Dosen verabreicht wurde.*

### Miele

Kurzfristig und kurzzeitig beteiligte sich Miele noch am Wettrüsten auf dem in Deutschland neu entstandenen Kleinkraftrad-Markt. Aus dem weiterentwickelten Moped-Modell K 52/2 entstand 1960 die K 53 mit dem 3,2 PS leistenden Kickstarter-Motor von Fichtel & Sachs, der von einem Gebläse zwangsgekühlt wurde. Wegen des höheren Spritverbrauchs wurde der Tank auf 8,5 Liter vergrößert. Aufgrund der kurzen Bauzeit und den wenigen ausgelieferten Exemplaren gehört die K 53 heute zu den gesuchtesten Miele-Fahrzeugen. Hinzu kommt, dass es sich überhaupt um das letzte Fahrzeug der inzwischen längst nach Gütersloh umgezogenen Firma handelte. Miele wollte sich nicht länger am »Wettrüsten« bei den Fünfzigern beteiligen und konzentrierte sich nach 1961 auf die Fertigung von Küchengeräten - mit großem Erfolg, wie wir heute wissen.

*> Miele, der einst größte deutsche Hersteller von Motorfahrrädern beendete 1960/61 mit dem Kleinkraftrad K 53 seine Aktivitäten auf dem Zweiradsektor.*

### Panther

Die Panther-Werke AG, 1886 als »Braunschweiger Fahrradwerke« gegründet, startete 1948 im Geschäftsbereich motorisierter Zweiräder wieder dort, wo sie 1942 kriegsbedingt aufgehört hatte: mit der Montage von Motorfahrrädern, die in der Masse des Angebotes jener Jahre erstaunlich lange angeboten wurden; bis 1957 blieb das TS 98 im

Programm. In den Folgejahren entwickelte sich Panther zum klassischen Motorrad-Konfektionär, der sich ab Mitte der 1950er Jahre auch auf dem Moped-Markt tummelte. Und auch hier erschienen dann 1960 die ersten Kleinkrafträder und Mokicks. Allesamt mit Rohrrahmen, Langschwinge vorn und hinten, 21-Zoll-Bereifung und angetrieben von Motoren der Marke Fichtel & Sachs. Das Mokick nannte sich einfach M 60, die Kleinkrafträder K 9 (Gebläsemotor) und K 10 (Fahrtwindkühlung). Für das Mokick reichten 1,8 PS, beide Kleinkrafträder waren mit 3,6 PS unterwegs. 1962 endete die eigenständige Fertigung bei Panther. Der Fahrradfabrikant Richard Schminke aus Bad Wildungen übernahm die Firma 1962 und klebte bis Ende der 1960er Jahre das Panther-Logo auf einige Göricke-Fahrzeuge (auch Göricke gehörte da schon zum Schminke-Imperium) aus Bielefeld.

> Das Mokick M 60 der Braunschweiger Firma Panther war 1960 voll auf der Höhe der Zeit.

> Das Kleinkraftrad Panther K 9 unterschied sich durch das Kühlgebläse vom Sport-Modell K 10. (Foto: Farben-Schießl)

**Solo**

Die SOLO Kleinmotoren GmbH aus dem schwäbischen Maichingen bei Sindelfingen war in den 1970er Jahren für seine soliden Mofas bekannt, die sowohl unter der Eigenmarke, als auch unter der Marke »Mars« vom Versandhändler Quelle vertrieben wurden.

Ende der 1970er Jahre kooperierte SOLO mit dem portugiesischen Hersteller Casal. Die Maichinger ließen zum einen Komponenten in Portugal montieren, um Kapazitätsengpässe zu beseitigen, aber auch um die von Quelle geforderten Einkaufspreise der Mars-Typen realisieren zu können. Und: Mit dem seit 1978 im Wesentlichen in Portugal gefertigten Mokick-Modell SOLO MK 40 sicherte sich die Firma Marktanteile für die weiteren Jahre in diesem Segment. Die SOLO MK 40 war zu dieser Zeit das einzige Mokick mit Duplexbremse und Aluminium-Hochschulterfelgen auf dem deutschen Markt.

> Die schwäbische Firma SOLO Kleinmotoren ließ sich ab 1978 von der portugiesischen Firma Casal das Mokick MK 40 bauen.

### Torpedo

Beinahe ebenso alt wie die Adler-Werke war die 1896 gegründete Torpedo Werke AG, die gleichfalls in Frankfurt am Main mit Fahrrädern und Schreibmaschinen eine ähnliche Produktpalette anbot wie Adler. Und wie viele andere Fahrradhersteller auch, begann Torpedo zu Beginn der dreißiger Jahre damit, kleine Einbaumotoren in verbesserte Fahrradrahmen zu setzen. Nach dem Krieg entwickelte sich Torpedo zum klassischen Konfektionär, der ab 1953 auch Mopeds anbot. 1956 übernahm Rixe aus Bielefeld die angeschlagenen Torpedo-Werke. Oder besser gesagt das Torpedo-Logo. Denn die Fahrzeuge waren fortan Rixe-Modelle, die man weiter aus Frankfurt an die Kunden lieferte. Ende der 1960er Jahre ließ Rixe die Marke sterben.

*> Die Torpedo RS 50 war 1960/61 eigentlich eine Rixe RS 50 mit Torpedo-Logo.*

**Übersicht weiterer Modelle**

| Modell | Art | Motor | Leistung PS | Getriebe | Rahmen | Federung v/h | Bauzeit |
|---|---|---|---|---|---|---|---|
| Amelung HSL 50 MK Sport | Mokick | Sachs-Zweitakt | 1,8 | 3-Gang-Hand | Pressstahl | Telegabel/ Schwinge | 1961-1963 |
| Amelung HSL 50 DK Sport | KKR | Sachs-Zweitakt | 3,8 / 4,2 | 3-Gang-Hand | Pressstahl | Telegabel/ Schwinge | 1961-1963 |
| Amelung HSL 50 DK Touren | KKR | Sachs-Zweitakt | 3,8 / 4,2 | 3-Gang-Hand | Pressstahl | Telegabel/ Schwinge | 1961-1963 |
| Amelung HSL 50 MK Touren | Mokick | Sachs-Zweitakt | 1,8 | 3-Gang-Hand | Pressstahl | Telegabel/ Schwinge | 1961-1963 |
| Amelung Alexander 50 AS | KKR | Sachs-Zweitakt | 5,2 | 5-Gang-Fuß | Zentralrohr | Telegabel/ Schwinge | 1967-1968 |
| Miele K 53 | KKR | Sachs-Zweitakt | 3,2 | 3-Gang-Hand | Presss-Schalen | Schwinge/ Schwinge | 1960-1961 |
| Panther M 60 | Mokick | Sachs-Zweitakt | 1,8 | 3-Gang-Hand | Rohrrahmen | Schwinge/ Schwinge | 1960-1962 |
| Panther K 9 | KKR | Sachs-Zweitakt | 3,6 | 3-Gang-Hand | Rohrrahmen | Schwinge/ Schwinge | 1960-1962 |
| Panther K 10 Sport | KKR | Sachs-Zweitakt | 3,6 | 3-Gang-Hand | Rohrrahmen | Schwinge/ Schwinge | 1960-1961 |
| SOLO MK 40 | Mokick | Solo-Zweitakt | 2,7 | 4-Gang-Fuß | Rohrrahmen | Telegabel/ Schwinge | 1978-1986 |

# Die schnellen Österreicher:

## KTM und Puch

## KTM

### Die Comet-Modelle 1964–1970

In Österreich war alles bis 40 km/h und 50 ccm ein Moped; die offenen 50er galten hier also als erwachsene Motorräder mit den entsprechenden Steuer- und Führerscheinregelungen. Und waren damit eher ungeliebt - die »Mopeds«, die in Deutschland mit Fußrasten und Kickstarter als Mokicks galten, dominierten das 50er-Geschäft in der Alpenrepublik. Und ab 1964 mussten die Fahrzeuge auch nicht mehr zwingend mit Pedalen ausgerüstet sein, um als Moped eingestuft zu werden.

KTM hatte sich den Namen »Comet« für seine neue Fahrzeugreihe mit Fußrasten und Kickstarter ausgedacht und der schlug dann nicht nur in Österreich kräftig ein. Selbst die deutschen Hersteller hatten zu dieser Zeit (1964) noch nicht alle eine so perfekte Linienführung bei ihren 50ern vorzuweisen und auch der inländische Konkurrent Puch hinkte da noch weit hinterher.

Getragen wurden die neuen Comet-Modelle von einem einfachen, vorne offenen Zentralrohrrahmen mit angeschweißtem Rahmenrückgrat. Aluminiumdruckguss-Schalen mit eingebautem Werkzeugfach deckten den Rahmen seitlich ab. Die Telegabel war hydraulisch gedämpft, die beiden Federbeine der Hinterradschwinge nur mechanisch. Für den Export kam der aktuellste, fahrtwindgekühlte Sachs-Motor zum Einsatz, der zu dieser Zeit schon ein Fünfganggetriebe aufwies und offen bis 5,2 PS leisten konnte. Mit der Bezeichnung »Gazelle« wurden solche Maschinen auch für die Gazelle GmbH in Mönchengladbach, in erster Linie Fahrradhändler, der auch mit KTM-Fahrrädern handelte, geliefcrt.

Etwa 130 motorisierte Fahrzeuge betrug die Tagesproduktion bei KTM Mitte der 1960er Jahre. Die Zahl der Mitarbeiter war auf 300 angestiegen. Aber die Comet-Reihe war derart beliebt, dass dennoch Lieferzeiten von mehreren Wochen bestanden.

Ab September 1967 waren die Comet-Modelle als »Super 4« optisch aufgefrischt worden. Die Tanks waren jetzt alle mit einem Gummikniekissen versehen, die Seitenabdeckungen waren neu, die Sitzbank zweifarbig (schwarz/grau) gestaltet und ein neues Rücklicht fiel ins Auge. Die Federbeine der Hinterradschwinge waren nun wieder geschlossen, aber hydraulisch gedämpft.

Neben der Super 4 wurde auch die Variante »Mustang« angeboten, die sich durch einen hochgezogenen und mit einem Wärmeschutzgitter versehenen Auspuff sowie einer schwarz/roten Sitzbank von der »normalen« Comet abhob.

Für einige Exportländer kamen wieder Motoren von Fichtel & Sachs zum Einsatz, in Deutschland mit 5,2 PS und Fünfgamg-Fußschaltung.

Im Spätherbst 1968 stellte KTM eine neue Comet mit Doppelschleifenrahmen, dem neuen »Büffeltank«, den nagelneuen, bei KTM entwickelten und gebauten, hydraulisch gedämpften Teleskopfedergabeln und der goldenen Lackierung vor.

Die Büffeltank-Cometen für den Export, wurden wie immer von Motoren von Fichtel & Sachs aus Schweinfurt angetrieben. Analog zum Einstiegsmodell Comet 500 für den Inlandsmarkt bot KTM die Comet 4 LKH (oder Comet Super 4) an. Auch hier in einfacherer Farbgestaltung mit wenig Chrom und ebenfalls mit einem gebläsegekühlten Motor. Der leistete 4,3 PS, die über ein Viergang-getriebe an das Hinterrad weitergeleitet wurden. Beim Spitzenmodell Comet 50 S leistete der Sachs-Motor bis 1970 noch 5,3 PS, danach die inoffiziell in Deutschland als Obergrenze für Kleinkrafträder festgelegten 6,25 PS. Ansonsten entsprach die in Gold und Chrom gekleidete Maschine dem Inlandsmodell 504 S.

*> Für einige Exportländer wie Deutschland oder Portugal wurde die Comet mit dem gut 5 PS leistenden Fünfgang-Triebwerk von Fichtel & Sachs bestückt.*

> Die ab Herbst 1967 produzierten Comet-Modelle fielen durch ein neu durchgestyltes Motorraddesign auf. Mit Sachs-Motor gingen die Maschinen als »Super Comet« in den Export.

> »Comet Mustang« taufte KTM die Maschinen mit hochgezogenem Auspuff. Der war bei den Modellen mit dem Schweinfurter Motor nach links gelegt.

> Auch für den Export gab es eine Büffeltank-Comet mit gebläsegekühltem Motor, der hier aber von Fichtel & Sachs kam. Als Comet Super 4 oder Comet 4 LKH wurde die Maschine in verschiedenen Ländern angeboten.

> Die Comet 50 S war das Topmodell der Baureihe mit goldener Lackierung, viel Chrom und dem 6,25 PS leistenden Sachs-Motor mit Fünfganggetriebe.

> Mit dem Fünfgang-Sachs-Motor bestückt wurde aus der österreichischen Comet Super Cross die internationale Cross 50 S.

## Wirtschaftspolitik

Bis zu Beginn der 1970er Jahre verirrten sich eher wenige KTM-Fahrzeuge auf den deutschen Markt. Das war vor allem mit der europäischen Zollpolitik begründet.

Im März 1957 gründeten einige westeuropäische Länder, darunter auch die Bundesrepublik Deutschland, die EWG (Europäische Wirtschaftsgemeinschaft), den Vorläufer der Europäischen Union. Österreich wurde kein Mitglied dieser Gemeinschaft und profitierte damit auch nicht von den niedrigen Einfuhrzöllen innerhalb der Mitgliedsländer. Das erschwerte österreichische Exporte in die EWG und KTM litt darunter, insbesondere den für 50-Kubik-Fahrzeuge attraktiven deutschen Markt nur bedingt (über 20 % Einfuhrzoll) beliefern zu können. Das änderte sich mit dem Freihandelsabkommen, das Österreich mit der EWG abschloss und das ab 1. Januar 1973 wirksam wurde. Nun begann KTM, sich auch auf dem deutschen Markt einen guten Namen zu machen. Zunächst über den Importeur Stöcklmeier, ab 1975 dann mit der eigenen Vertriebsgesellschaft in Simbach. Innerhalb von zwei Jahren entwickelte sich KTM jetzt zu einem der führenden Importeure von Mofas, Mopeds, Mokicks und Kleinkrafträdern auf dem deutschen Markt.

## 1971–1978

KTM verfolgte auch bei der ab 1971/72 erschienenen Comet-Generation weiterhin eine Trennung bei der Motorenauswahl. Exportmodelle

*> Die erste Comet Grand Prix mit dem Fünfgang-Sachs-Motor und der weiteren Typenbezeichnung 50 S, kam noch mit dem Zentralrohrahmen und Drahtspeichenräder aus.*

*> Eine Comet GT 50 von 1974. Dieses Modell gab es vermutlich nur in der 40-km/h-Version.*

*> 1975 erhielt das 50er Comet-Spitzenmodell Magnesium-Druckguss-Fünfspeichenräder und analog zur 125er die Bezeichnung RS.*

*> Kurios: Schon 1976 wollte sich KTM bei seinen Export-Fünfzigern langsam vom Namen »Comet« verabschieden. Bei diesem Werksfoto der ab diesem Jahr gebauten 50 MS Cross mit 2,9-PS-Motor und Doppelschleifenrahmen wurde der Schriftzug von Hand übermalt.*

> Auch bei diesem Werksfoto wurde der Comet-Schriftzug entfernt. Außerdem trägt diese MS 50 von 1977 auf dem Seitendeckel und dem Heckspoiler noch die Dekorstreifen der 76er Modelle.

> 1978 tauchte das Mokick MSS 50 mit dem Sachs-Breitwandzylinder mit Fächerkopf und Fünfganggetriebe auf.

> Das Mokick-Spitzenmodell MSS 50 mit 250-mm-Scheibenbremse und Vierleuchten-Blinkanlage war mit oder ohne Cockpitverkleidung zu haben.

> Das Mokick MS 50 oder 50 MS Jahrgang 1978.

> Beim Kleinkraftrad 50 RSL stand der letzte Buchstabe für den fahrtwindgekühlten Sachs-Motor.

> Das KTM-Spitzenmodell der Jahre 1977/78 war der Typ 50 RSW mit Wasserkühlung und neu konstruiertem Sachs-Motor.

wurden wie bisher mit Motoren von Fichtel & Sachs ausgestattet. Die exakte Typisierung dieser Maschinen fällt allerdings schwer, da die Modelle teilweise sowohl als 40-km/h-Mokicks als auch in der Kategorie Kleinkrafträder mit 6,25 PS angeboten wurden. Dabei waren die klassisch verrippten Graugussmotoren mit Vierganggetriebe zwar immer für die Mokicks vorgesehen, aber auch die Fünfgangmotoren mit Fächerzylinderkopf, die eigentlich für die leistungsstärkeren Maschinen standen, konnten auf Wunsch auf 40 km/h gedrosselt werden. Ab 1975 kamen auch wieder Doppelschleifen-Rohrrahmen mit angeschraubten Unterzügen, zumindest bei den Kleinkrafträdern, zum Einsatz. Im Jahr darauf waren sie auch bei den Mokicks zu sehen, ehe ab 1977 eine erneut überarbeitete Comet-Reihe auf die internationalen Märkte kam. Und noch erwähnenswert: Aus der Comet Grand Prix 50 S wurde ab 1975 durch den Einsatz von Magnesium Druckgussfelgen das Modell 50 RS. Zunächst noch mit Trommelbremsen ausgerüstet, erschien diese Maschine im Jahr darauf mit Scheibenbremsen vorn und hinten.

KTM ging bei den »Sportmopeds«, wie die 50er in Österreich immer noch hießen, bereits 1977 in eine neue Modelloffensive. Während im Inland noch die Maschinen mit Puch-Motor liefen, wurden die Maschinen mit Sachs-Triebwerken neu aufgestellt. Allen Typen gemein waren jetzt Druckgussfelgen (außer Cross), Doppelschleifenrahmen, gesteppte Sitzbank und Heckspoiler. Das Einstiegsmodell bei den Mokicks war der Typ 50 MS (oder MS 50). Im Unterschied zum Top-Mokick MSS 50 verzichtete das einfache Modell auf die Scheibenbremse am Vorderrad, die Vierleuchten-Blinkanlage und die Faltenbälge an der Telegabel. Optional gab es für das Modell MSS 50 auch noch eine Cockpit-Verkleidung. 1978 erhielt die MSS 50 ebenfalls den Breitwandzylinder mit Fächerkopf, blieb aber trotzdem ein leistungsreduziertes Mokick.

Auch die Kleinkrafträder starteten 1977 mit zwei neuen Typen. Im Laufe der 70er Jahre wurden die flüssigkeitsgekühlten Zweitakter zu einer Modeerscheinung, der sich KTM 1977 mit dem Modell 50 RSW anschloss. Natürlich mit dem zu dieser Zeit aktuellen Sachs-Motor, der im Gegensatz zum luftgekühlten Modell 50 RSL (38/44 mm) ein anderes Bohrung/Hub-Verhältnis (40/39,7 mm) aufwies. Die beiden Kleinkrafträder waren serienmäßig mit Fünfganggetriebe, Scheibenbremsen vorn und hinten, Cockpitverkleidungen und (wieder!) geschlossenen Kettenkästen ausgestattet.

**Übersicht der KTM-Modelle der 60er und 70er Jahre**

| Modell | Art | Motor | Leistung PS | Getriebe | Rahmen | Federung v/h | Angebot in D |
|---|---|---|---|---|---|---|---|
| KTM Comet | KKR | Sachs-Zweitakt | 5,2 | 5-Gang-Fuß | Zentralrohr | Telegabel/ Schwinge | 1964–1967 |
| KTM Comet Super | KKR | Sachs-Zweitakt | 5,2 | 5-Gang-Fuß | Zentralrohr | Telegabel/ Schwinge | 1967–1969 |
| KTM Comet Mustang | KKR | Sachs-Zweitakt | 5,2 | 5-Gang-Fuß | Zentralrohr | Telegabel/ Schwinge | 1967–1969 |
| KTM Comet Super 4 | KKR | Sachs-Zweitakt | 4,3 | 4-Gang-Fuß | Doppelschleife | Telegabel/ Schwinge | 1969–1972 |
| KTM Comet 50 S | KKR | Sachs-Zweitakt | 5,3 / 6,25 | 5-Gang-Fuß | Doppelschleife | Telegabel/ Schwinge | 1969–1972 |
| KTM Comet Cross 50 S | Mokick | Sachs-Zweitakt | 2,6 | 4-Gang-Fuß | Zentralrohr | Telegabel/ Schwinge | 1973–1977 |
| KTM Comet Cross 50 S | KKR | Sachs-Zweitakt | 6,25 | 5-Gang-Fuß | Zentralrohr | Telegabel/ Schwinge | 1973–1975 |
| KTM Comet Cross 50 S | KKR | Sachs-Zweitakt | 6,25 | 5-Gang-Fuß | Doppelschleife | Telegabel/ Schwinge | 1975–1977 |
| KTM Comet Grand Prix 50 S | Mokick | Sachs-Zweitakt | 2,6 | 4-Gang-Fuß | Zentralrohr | Telegabel/ Schwinge | 1973–1975 |
| KTM Comet Grand Prix 50 S | KKR | Sachs-Zweitakt | 6,25 | 5-Gang-Fuß | Doppelschleife | Telegabel/ Schwinge | 1973–1975 |
| KTM Comet GT 50 | Mokick | Sachs-Zweitakt | 2,6 | 4-Gang-Fuß | Zentralrohr | Telegabel/ Schwinge | 1974–1977 |
| KTM Comet Grand Prix 50 RS | Mokick | Sachs-Zweitakt | 2,6 | 4-Gang-Fuß | Zentralrohr | Telegabel/ Schwinge | 1975–1976 |
| KTM Comet Grand Prix 50 RS | KKR | Sachs-Zweitakt | 6,25 | 5-Gang-Fuß | Doppelschleife | Telegabel/ Schwinge | 1975–1976 |
| KTM Comet MS 50 Cross | Mokick | Sachs-Zweitakt | 2,9 | 4-Gang-Fuß | Zentralrohr | Telegabel/ Schwinge | 1976–1979 |
| KTM MS 50 | Mokick | Sachs-Zweitakt | 2,9 | 4-Gang-Fuß | Doppelschleife | Telegabel/ Schwinge | 1977–1983 |
| KTM MSS 50 | Mokick | Sachs-Zweitakt | 2,9 | 4-Gang-Fuß | Doppelschleife | Telegabel/ Schwinge | 1977–1980 |
| KTM 50 RSW | KKR | Sachs-Zweitakt | 6,5 | 5-Gang-Fuß | Doppelschleife | Telegabel/ Schwinge | 1977–1979 |
| KTM 50 RSL | KKR | Sachs-Zweitakt | 6,5 | 5-Gang-Fuß | Doppelschleife | Telegabel/ Schwinge | 1977–1982 |

**1979–1990**

1979 gab es bei Mokicks und Kleinkrafträdern schon die nächsten Änderungen und Neueinführungen. Aus dem Topmodell 50 RSW wurde die neue 50 RLW. Optisch stach die Maschine mit neuen Farben, neuem Dekor, integrierten Blinkleuchten und profilierter Sitzbank heraus. Die Scheiben der Bremsen waren gelocht und die Telegabel arbeitete mit Luftunterstützung. Der auf dem neusten Stand gehaltene Sachs-Motor mit Flüssigkeitskühlung hatte zunächst noch das bekannte Fünfganggetriebe, konnte im Jahr darauf aber wahlweise auch mit sechs Gängen geliefert werden. Die 50 RLW setzte sich an die Spitze der in Europa gefertigten Kleinkrafträder, was sich natürlich auch im Preis niederschlug.

KTM verkaufte schon seit Jahren sehr erfolgreich Enduro- und Moto Cross-Maschinen, bot aber erst 1979 eine 50er Enduro an. Fahrwerkseitig hatte die Comet 50 E alles, was eine wettbewerbsfähige

*> Mit neuer Optik und echter Motorradtechnik war die 50 RLW ab 1979 die Nr. 1 auf dem stark schrumpfenden Kleinkraftradmarkt.*

*> Das Enduro-Mokick Bora 50 folgte 1981 auf den erfolglosen Typ 50 ME.*

*> Stand nur eine Saison lang im KTM-Programm: Die Comet 50 E, in der Exportausführung auch als 50 ME bekannt, war etwas für Individualisten und verkaufte sich nur schleppend. (Foto: Jonas Walter + Robert Reisenbüchler)*

*> PL stand bei KTM für das Pro-Lever-System mit Zentralfederbein. Die 40 galt für die Mokick-Variante mit italienischer Antriebstechnik, die 50 für das Kleinkraftrad mit Sachs-Motor.*

> Die Comet 50 T war die preiswertere Version der 50 PL, mit sechs Volt, fünf Gängen und herkömmlicher Hinterradschwinge.

> Bei Mokick und Kleinkrafträdern standen die Buchstaben TS für die Maschinen ohne Verkleidungsteile.

> Mit der Startnummer 1 des Weltmeisters: Die KTM 50 GXE war mit vielen Zutaten echter Enduros gespickt, blieb aber trotzdem nur ein »Moped«.

> Eine der heute rarsten KTM-Fünfziger ist die nur 180 Mal gebaute 50 RSV, die es in Österreich als offenes Kleinmotorrad oder als Moped gab.*

*> Als GXR hatte die 50er Enduro unter anderem einen größeren Tank.*

Enduro brauchte, von der 150-mm-Paioli-Teleskopgabel angefangen über das 21-Zoll-Vorderrad bis zur Stahlrohrschwinge mit dreifach verstellbaren Federbeinen. Aber der Motor der in Deutschland nur 50 ME genannten Maschine war alles andere als wettbewerbstauglich. 2,9 PS in der Mokick-Version und 6,25 PS als Kleinkraftrad, dazu ein Vierganggetriebe – das reichte nur für die Fahrt zur Eisdiele.

Eine völlige Neuentwicklung war dann das 1980 vorgestellte Modell Bora 50, das es nur als Mokick gab, angetrieben vom Sachs-Viergangmotor Typ 506. Ein gelungenes Styling in Verbindung mit dem neu konstruierten Fahrwerk (Soziusfußrasten jetzt am Rahmen angeschraubt) änderten nichts daran, dass der einzige Wettbewerb, den diese Maschine gewinnen konnte, der für das beste Enduro-Mokick war.

Pro-Lever nannte KTM seine für die Offroad-Maschinen eingeführte Hinterradfederung mit Zentralfederbein und Umlenksystem, die ab 1983 auch bei einigen Fünfzigern zur Anwendung kam. Das Spitzenprodukt war hier die Comet 50 PL (PL für Pro-Lever), ein Kleinkraftrad mit Sechsgang-Sachs-Motor, der 6,8 PS leistete. Die Maschine kam ausgerechnet in dem Jahr auf den Markt, in dem in Deutschland die

Gesetzgebung für Kleinkrafträder auslief. Bemerkenswert waren an der 50 PL die 12-V-Lichtanlage, die immerhin 80 W leistete und das nach BMW R 65 LS aussehende Design. Parallel mit der PL kamen die Modelle Comet 50 T (mit Lampenverkleidung) und Comet 50 TS (ohne Verkleidung) als preiswertere Alternativen auf den Markt. Beide hatten den Sachs-Motor mit fünf Gängen, mussten außerdem mit einer 6-Volt-Anlage und klassischer Hinterradschwinge mit zwei Federbeinen auskommen und auf die Scheibenbremse am Vorderrad sowie den geschlossenen Kettenkasten verzichten. Diese Maschinen gab es auch als 40-km/h-Mokicks mit dem auf 3,5 PS gedrosselten Sachs-Motor.

Ähnlich in den Ausstattungsdetails, aber jetzt nur als Mokicks mit Trommelbremsen, baute KTM ab 1983 die preiswerten Comet-Modelle 40 PL und 40 TS. Als Antrieb kam hier der italienische Minarelli-Zweitakter mit Vierganggetriebe zum Einsatz.

Zwei sehr sportliche Fünfziger schlossen ab 1986 die KTM-Produktion auf diesem Sektor bis zur Insolvenz ab. Für eine Hochleistungs-Geländesportmaschine hätte man die 50 GXE oder GXR halten können, die mit wettbewerbstauglichen Attributen auftrumpfte. Eine Telegabel mit 200 mm Federweg und 35 mm Holmdurchmesser, die Pro-Lever-Federung hinten, das 21-Zoll-Vorderrad und das Design der Werksmaschinen in Weiß-Blau-Rot. Der membrangesteuerte Zweitakter mit Wasserkühlung und Fünfganggetriebe war ein Ableger der 80er Wettbewerbsmaschine. Aber: Wettbewerbe konnte damit niemand wirklich gewinnen, die GXE blieb mit 2,7 PS und 40 km/h in der Mokick-Klasse verhaftet. Und das letzte Mokick von KTM überhaupt.

**Übersicht der KTM-Modelle 1979–1990**

| Modell | Art | Motor | Leistung PS | Getriebe | Rahmen | Federung v/h | Angebot in D |
|---|---|---|---|---|---|---|---|
| KTM 50 RLW | KKR | Sachs-Zweitakt | 6,5 / 6,8 | 5-Gang-Fuß | Doppelschleife | Telegabel/ Schwinge | 1979–1983 |
| KTM 50 ME | KKR | Sachs-Zweitakt | 6,25 | 4-Gang-Fuß | Doppelschleife | Telegabel/ Schwinge | 1979–1980 |
| KTM 50 ME | Mokick | Sachs-Zweitakt | 2,9 | 4-Gang-Fuß | Doppelschleife | Telegabel/ Schwinge | 1979–1980 |
| KTM Bora 50 | Mokick | Sachs-Zweitakt | 3 | 4-Gang-Fuß | Doppelschleife | Telegabel/ Schwinge | 1981–1985 |
| KTM Comet 50 PL | KKR | Sachs-Zweitakt | 6,8 | 6-Gang-Fuß | Doppelschleife | Telegabel/ Schwinge | 1983 |
| KTM 50 T | Mokick | Sachs-Zweitakt | 3,5 | 5-Gang-Fuß | Doppelschleife | Telegabel/ Schwinge | 1983–1987 |
| KTM 50 TS | Mokick | Sachs-Zweitakt | 3,5 | 5-Gang-Fuß | Doppelschleife | Telegabel/ Schwinge | 1983–1987 |
| KTM Comet 40 PL | Mokick | Minarelli-Zweitakt | 2,7 | 4-Gang-Fuß | Doppelschleife | Telegabel/ Schwinge | 1983–1985 |
| KTM Comet 40 TS | Mokick | Minarelli-Zweitakt | 2,7 | 4-Gang-Fuß | Doppelschleife | Telegabel/ Schwinge | 1983–1985 |
| KTM 50 GXE | Mokick | KTM-Zweitakt | 2,7 | 5-Gang-Fuß | Doppelschleife | Telegabel/ Schwinge | 1986–1990 |
| KTM 50 GXE | Mokick | KTM-Zweitakt | 2,7 | 5-Gang-Fuß | Doppelschleife | Telegabel/ Schwinge | 1986–1990 |
| KTM 50 RSV | Mokick | Sachs-Zweitakt | 2,7 | 5-Gang-Fuß | Doppelschleife | Telegabel/ Schwinge | 1986–1990 |

## Puch

Den deutschen Markt betreffend, war der Grazer Hersteller Puch – im Gegensatz zu seinem inländischen Konkurrenten KTM – schon seit den 1950er Jahren bestrebt, seine 50-ccm-Fahrzeuge hier erfolgreich anzubieten. Mit Hilfe der in Freilassing ansässigen Niederlassung von Steyr-Daimler-Puch waren die Grazer in Deutschland also auch bei Mokicks und Kleinkrafträdern von Anfang an dabei.

### 1960–1971

1959 war Puch mit einer neuen Modellgeneration von Mopeds, Mokicks und Kleinkrafträdern auf den internationalen Märkten erschienen. Aus der Basis des Mopeds VS 50 DZ heraus entwickelte Puch 1959/60 die Varianten VS 50 DZ S (das S stand für Sport) mit sportlichem 8,5-Liter-Tank und DZ 50 SK 2, ebenfalls mit dem Sporttank und dem jetzt aber ungedrosselten Kickstarter-Motor, der 2,7 PS leistete und das Kleinkraftrad bis auf 65 km/h beschleunigte. In Deutschland war dieses Modell für 886 Mark (1960) der Einstieg ins Puch-Motorradleben. Ab 1963 als VSR im Puch-Programm, war die Maschine inzwischen mit dem neuen Motor R 50 P 1 ausgerüstet worden, der hier schon 3,5 PS leistete und das »Moped« bis auf 70 km/h beschleunigte.

Die Vorherrschaft im Puch-Zweisitzer-Programm hatte zu dieser Zeit aber längst die 1963 eingeführte dritte Modellreihe VZ übernommen. Basis auch dieser Serie war weiterhin der alte MS-Grundtyp, der jetzt ein mehr sportliches Design bekommen hatte. Außerdem einen verstärkten Rahmen, eine aus dem Motorradbau kommende Telegabel, kräftige hintere Federbeine zur Stabilisierung und ein großer, horizontal in einer Linie mit der Sitzbank montierter Tank. Hieraus entwickelt, gab es – speziell in Deutschland ab 1966 angeboten – das Mokick VZ 50 V mit Viergang-Getriebe (dafür das V) und 2,6 PS. Ab 1968 lief das Viergang-Modell in Deutschland unter der Bezeichnung VZ 50 Mokick.

Und in die Motorradklasse stieg man ab 1966 mit dem Modell VZ 50 M ein, sofern man bereit war, 1295 Mark auszugeben. Dafür hatte die kleine Maschine einen neuen, hoch verdichteten Motor mit Leichtmetallzylinder und verchromter Kolbenlaufbahn der jetzt 5 PS leistete. Damit waren problemlos 80 km/h erreichbar, was die Konkurrenz von Kreidler, Zündapp und Co durchaus auch schaffte. Die hatten sogar noch ein wenig mehr Dampf und kosteten weniger – die VZ 50 M hatte es auf dem deutschen Markt also nicht leicht.

Die Puch-Konstrukteure hatten schon sehr bald nach Einführung der M 125 an einem aus diesem Motorrad heraus entwickelten Kleinkraftrad mit 50 ccm Hubraum zu tüfteln begonnen. So wurde das Mokick M 50 mit einem etwas einfacheren Fahrwerk und dem gebläsegekühlten Mopedmotor mit 2,6 PS und vier Gängen ab 1967 zu einem echten Renner in der Szene. Anders als bei dem M 125-Rahmen, der einen bis unter den Motor gerade verlaufenden Unterzug aufwies, musste der doppelte Unterzug an der M 50 wegen des weit

> Die DZ 50 SK 2 war 1960 das erste von Puch auf dem deutschen Markt angebotene Kleinkraftrad.

> Die importierten Zahlen hielten sich in engen Grenzen, auch als ab 1963 die Leistung des jetzt VSR genannten Fahrzeugs auf 3,5 PS gestiegen war.

> *Im sportlichen Puch-Rot waren 1965/66 die VZN-Modelle und ihre Ableger lackiert. Im Bild das Mokick VZ 50 V, wie es auf dem deutschen Markt als Mokick angeboten wurde.*

> *1967 erschienen die sportlichen VZ-Ableger, wie die VZ 50 M, in überarbeiteter Ausführung mit einem noch mehr auf schlanke Linie ausgelegtem Design.*

> *Sah aus wie ein echtes Motorrad und war doch nur ein Mokick: Der M 125-Ableger M 50 SE mit großem Zylinder und Doppelport-Auspuff ging ab 1969 als Nachfolger des etwas biederen M 50 ins Rennen.*

> *Wer es ein wenig preiswerter wollte, konnte das M 50 S mit kleinerem Motor und einfachem Auspuff ordern. Allerdings nur 1971 – dem letzten Produktionsjahr dieser Modelle.*

nach vorn geneigten Mopedzylinders ein wenig oberhalb des Zylinderkopfes abgeknickt werden. Dieses geknickte Rahmenteil wurde bei späteren Modellreihen beibehalten und gab den kleinen Puch-Motorrädern ihr markantes Erscheinungsbild.
In einer Kooperation mit dem einheimischen Wettbewerber KTM wurde für den bestehenden 50-ccm-Puch-Motor ein neuer, fahrtwindgekühlter Zylinder mit Graugusslaufbuchse und angegossenen Spülkanälen entwickelt. Die Leistung für die Mokicks blieb bei 2,6 PS. Mit einem Doppelportauspuff bestückt kam der neue Motor ab 1969 in der M 50 SE zum Einsatz; ein wenig preiswerter und mit nur einem Auspuff konnte der junge Interessent ab 1971 auch das Modell M 50 S erwerben. Zudem war der Zylinder hier ein wenig kleiner und die Tankseiten mattschwarz lackiert statt verchromt. 1971 war auch gleichzeitig das letzte Jahr, in dem die M 50-Modelle im Look der M 125 gebaut wurden, ab 1972 erschienen überarbeitete M-Modelle mit neuen Bezeichnungen.

| Übersicht der Puch-Modelle 1960–1971 | | | | | | | |
|---|---|---|---|---|---|---|---|
| **Modell** | **Art** | **Motor** | **Leistung PS** | **Getriebe** | **Rahmen** | **Federung v/h** | **Angebot in D** |
| Puch DZ 50 SK 2 | KKR | Puch-Zweitakt | 2,7 | 3-Gang-Hand | Pressstahl-Schale | Telegabel/ Schwinge | 1960–1962 |
| Puch VSR | KKR | Puch-Zweitakt | 3,5 | 3-Gang-Fuß | Pressstahl-Schale | Telegabel/ Schwinge | 1963–1967 |
| Puch VZ 50 V | Mokick | Puch-Zweitakt | 2,6 | 4-Gang-Fuß | Pressstahl-Schale | Telegabel/ Schwinge | 1966–1967 |
| Puch VZ 50 Mokick | Mokick | Puch-Zweitakt | 2,6 | 4-Gang-Fuß | Pressstahl-Schale | Telegabel/ Schwinge | 1968–1970 |
| Puch VZ 50 M | KKR | Puch-Zweitakt | 5 | 4-Gang-Fuß | Pressstahl-Schale | Telegabel/ Schwinge | 1966–1970 |
| Puch M 50 | Mokick | Puch-Zweitakt | 2,6 | 4-Gang-Fuß | Rohrrahmen m. Unterz. | Telegabel/ Schwinge | 1967–1969 |
| Puch M 50 SE | Mokick | Puch-Zweitakt | 2,6 | 4-Gang-Fuß | Rohrrahmen m. Unterz. | Telegabel/ Schwinge | 1969–1971 |

### 1972–1977

Im Mittelpunkt stand hier klar das Spitzenmodell M 50 Jet, das es – vor allem für den Export nach Deutschland – ab 1973 als Kleinkraftrad mit 6,25 PS gab. Damit fuhren die offenen 50er nicht selten 90 und mehr km/h. Und Puchs M 50 Jet war die Schnellste von allen und fuhr Zündapp, Kreidler und Co auf und davon. Der große Zylinder mit Hartchromlauffläche und das klauengeschaltete Sechsgang Getriebe sorgten für einen überlegenen Vortrieb der Motoren, die manchmal bis zu 7 PS abgaben. Und eine kontaktlose elektronische Zündung von Bosch, verstellbare Federbeine und Faltenbälge an der Telegabel hatten auch noch längst nicht alle Wettbewerber zu bieten. Dennoch tat sich die Maschine auf dem deutschen Markt schwer – am angeblich biederen Erscheinungsbild, wie einige Kollegen meinten, lag das aber sicher nicht; eine Hercules K 50 oder eine Kreidler Florett RS sahen keinesfalls schöner aus. Und der Preis lag auch nicht über dem deutschen Angebot. Das Händlernetz war allerdings erheblich dünner.

Für die Führerschein-Klasse-5-Fahrer (bis 40 km/h) hatte Puch andere Modelle vorgesehen. Schon vor der Jet baute Puch mit der M 50 Racing einen direkten Nachfolger der M 50 SE mit dem neuen Design

*> Ab 1973 in Deutschland ausgeliefert, fuhr die M 50 Jet von Puch den deutschen Kleinkrafträdern auf und davon.*

*> Mit einer Vierleuchten-Blinkanlage, den offenen Federbeinen und den Faltenbälgen an der Telegabel war die blau lackierte Jet des Jahrgangs 1975/76 besser ausgestattet als mancher Wettbewerber.*

> Mit den im Zubehörhandel oder ab Werk erhältlichen Extras wie Halbverkleidung und Gepäckträger mit Seitenhalterungen (alles Serie ab 1979) sah die 90 km/h schnelle Puch doch fast wie ein erwachsenes Motorrad aus.

> Man nehme den guten alten Schalenrahmen, den Hochleistungs-Jet-Motor, montiere ein paar schlanke Anbauteile – fertig ist ein Kleinkraftrad, das sich mit seinesgleichen messen kann. Als M 50 Monza Super stand diese Maschine so im Motorrad Katalog 1976/77.

> Das Modell M 50 Racing war ab 1972 der Mokick-Ableger des Kleinkraftrads Jet.

> Die Initialen von »John Player Special« standen Mitte der siebziger Jahre für Hochleistungs-Motorsport auf der (Monza)Rennstrecke. Puch verwandelte das Signet in »Steyr Daimler Puch« und klebte es an die Top-Versionen der neuen Mokick/Kleinkraftrad-Reihe. Im Bild die M 50 SDP von 1975.

> Im Startjahr war das Modell 4 S mit einfacherer Ausstattung, ohne Blinkleuchten und mit einer Trommelbremse statt der Scheibe am Vorderrad der preiswerteste Einstieg in die Monza-Klasse.

> 1976 bekamen die Monzas Motorunterzüge, die sich, wieder der Neigung des Zylinders anpassten. Für das Topmodel 6 SL im JPS-Design musste der Käufer in Deutschland 3159 Mark hinblättern.

in das Fahrzeugprogramm ein. Das bedeutete übrigens auch hier zwei Auspuffabgänge aus dem 2,6 PS leistenden Viergang-Motor mit Grauguss-Laufbuchse und eine insgesamt recht luxuriöse Ausstattung.
1974 erschien noch ein Modell M 50 Grand Prix, das einer Mischung aus dem Racing-Modell und der M 50 Jet entsprach, also auch mit Blinkleuchten ausgestattet war. Und mit dem großen Zylinder der Jet, in dem hier aber nur eine Graugusslaufbuchse steckte und nur ein Viergang-Getriebe die Kraftweiterleitung übernahm.

1975 führte Puch die nächste Mokick/Kleinkraftrad-Generation ein. Änderungen, vor allem beim Design, waren nun doch dringend erforderlich, denn mehr noch als auf die inneren Werte eines Bikes, schaute die jugendliche Zielgruppe vor allem aufs Aussehen und da war man nun allmählich ins Hintertreffen geraten. Die Puch-Ingenieure und Designer ließen sich nicht lumpen. Mit der 1975 präsentierten Modellreihe »Monza« ließen sie den guten alten Pressstahl-Schalenrahmen in etwas schlankerer Form wieder aufleben und hängten neben dem bekannt guten Jet-Fahrwerk (jetzt mit Scheibenbremse vorn) ein paar schön gestaltete Anbauteile daran. Auch das Cockpit mit Instrumenten und Kontrollleuchten trug zum guten Erscheinungsbild bei.
Top-Modell war natürlich wieder das Kleinkraftrad mit 6,25 PS, das in Deutschland zunächst als Monza Super in schwarz-roter Lackierung und mit Speichenfelgen angeboten wurde. Wem das nicht reichte, der konnte die Maschine auch in der Sonderversion SDP (Steyr Daimler Puch) in dunkler Lack-Kombination mit schwarz lackierten Federelementen und Gussrädern ordern. Dieses Design war dem Lotus-Formel-1-Rennwagen mit JPS- (John Player Special) Design nachempfunden. Ab 1976 war das Top-Modell die Monza 6 SL (Sechsgang-Luxus), während der Typ 6 S weiterhin mit Drahtspeichenrädern und jetzt ohne Blinkanlage auskommen musste. Eine SDP-Variante gab es sowohl für die Kleinkrafträder als auch für die Viergang-Mokicks.
Im Bereich der Mokicks mit anfangs 2,6, später 2,9 PS, gab es ebenfalls die Unterteilung in 4 S und 4 SL. Dabei musste das preiswertere S-Modell nicht nur auf die Vierleuchten-Blinkanlage verzichten, sondern sich auch mit einer Trommelbremse anstatt der Scheibe am Vorderrad begnügen.

> *Die Monza-Version 4 S im Modelljahr 76/77, wieder mit Trommelbremse und ohne Blinkleuchten.*

Bei der Puch-Tochter Avello in Gijon ließen die Grazer ab 1976 Mokicks und Kleinkrafträder bauen. Cobra 4 T hieß das erste Mokick, wobei das T für Trial stand. Dabei war der Name nicht unbedingt Programm, denn mit 2,7 PS und zu schwach gedämpften Federelementen ging es nicht besonders gut über Stock und Stein. Aber mit dem stabilen Doppelschleifen-Rohrrahmen, den konischen Leichtmetallnaben, den Kunststoffkotflügeln und den sonstigen Attributen, die ein Gelände-Motorrad eben so brauchte, war die Cobra T ein gutes Einstiegsmodell für pfiffige Jungs. Je nach Einsatzzweck konnte die Cobra T mit einem Einzelsitz oder einer Doppelsitzbank geordert werden.

Für die Größeren, genauer gesagt für die Jugendlichen ab 16 Jahren, die einen Führerschein Klasse 4 oder 5 vorweisen konnten, gab es, ebenfalls ab 1977 und ebenfalls aus dem spanischen Avello, die Cobra 6 C. Wie die meisten Avello-Maschinen hatte sie einen leichten Offroad-Touch, war aber doch eher ein biederes Leichtmotorrad (oder Mokick) für die Straße. Die 6 stand für sechs Gänge und den großen 50er Jet-Motor, der hier in das typische Avello-Doppelschleifenfahrwerk gehängt wurde. In Deutschland wurde dieses Modell nur 1977/78 als Kleinkraftrad angeboten.

*> Die Cobra T aus dem ersten Modelljahr 1977 in der einsitzigen Variante. Die Kotflügel waren anfangs noch aus Leichtmetall.*

*> Das Zweisitzer-Modell Cobra T von 1979/80. Während sich die Cobras in ihrer spanischen Heimat großer Beliebtheit erfreuten, fristeten sie sowohl in Österreich wie auch in Deutschland nur ein Schattendasein.*

*> Das Fahrwerk der Cobra 6 C basierte zum großen Teil auf dem der Cobra T, die hinteren Federwege waren jedoch länger. Und als Antrieb diente das kräftige Sechsgang-Triebwerk aus der in Graz gebauten Jet.*

*> 1977 setzte die Puch Cobra GT neue Maßstäbe im Kleinkraftradbau, ihr hoher Preis hielt die Kundschaft allerdings zurück.*

Einen wirklich großen Wurf landete Puch noch einmal mit der Entwicklung und Fertigung der Cobra GT. Ab 1977 revolutionierte dieses Kleinkraftrad beinahe die 50-ccm-Klasse. Und das nicht zuletzt wegen der superschicken Linienführung von der Halbschalen-Verkleidung über die Tank-Sitzbank-Kombination bis zum Heckteil. Diese Linie, zu der sich die Kotflügel und die Seitendeckel gesellten, war nicht von ungefähr eine der ungewöhnlichsten ihrer Zeit, stammte sie doch aus dem Porsche-Design-Büro. Dieses Design war um einen Doppelschleifen-Rohrrahmen gestrickt, der Elemente der Jet mit dem Avello-Rahmen verband. Feine Zutaten wie hydraulisch gedämpfte Marzocchi-Telegabel, fünffach verstellbare Sebac-Federbeine und Leichtmetall-Gussräder, die vorn von einer Scheibenbremse verzögert wurden, schmückten das Fahrwerk. Im Mittelpunkt stand einmal mehr das Sechsgang-Triebwerk der Jet, das in seinem Anzugsvermögen, seiner Elastizität und den butterweichen Schaltübergängen nach wie vor der Konkurrenz überlegen war.

**Übersicht der Puch-Modelle 1972–1977**

| Modell | Art | Motor | Leistung PS | Getriebe | Rahmen | Federung v/h | Angebot in D |
|---|---|---|---|---|---|---|---|
| Puch M 50 Jet | KKR | Puch-Zweitakt | 6,25 | 6-Gang-Fuß | Doppelschleife | Telegabel/ Schwinge | 1973–1980 |
| Puch M 50 Racing | Mokick | Puch-Zweitakt | 2,6 | 4-Gang-Fuß | Doppelschleife | Telegabel/ Schwinge | 1972–1978 |
| Puch M 50 Grand Prix | Mokick | Puch-Zweitakt | 2,6 | 4-Gang-Fuß | Doppelschleife | Telegabel/ Schwinge | 1974–1976 |
| Puch Monza 6 SL | KKR | Puch-Zweitakt | 6,25 | 6-Gang-Fuß | Pressstahl | Telegabel/ Schwinge | 1975–1977 |
| Puch Monza 6 S | KKR | Puch-Zweitakt | 6,25 | 6-Gang-Fuß | Pressstahl | Telegabel/ Schwinge | 1975–1977 |
| Puch Monza 4 SL | Mokick | Puch-Zweitakt | 2,6 / 2,9 | 4-Gang-Fuß | Pressstahl | Telegabel/ Schwinge | 1975–1977 |
| Puch Monza 4 S | Mokick | Puch-Zweitakt | 2,6 / 2,9 | 4-Gang-Fuß | Pressstahl | Telegabel/ Schwinge | 1975–1977 |
| Puch Cobra T | Mokick | Puch-Zweitakt | 2,7 | 4-Gang-Fuß | Doppelschleife | Telegabel/ Schwinge | 1977–1980 |
| Puch Cobra 6 C | KKR | Puch-Zweitakt | 6,25 / 6,5 | 6-Gang-Fuß | Doppelschleife | Telegabel/ Schwinge | 1977–1978 |
| Puch Cobra GT | KKR | Puch-Zweitakt | 6,25 / 6,5 | 6-Gang-Fuß | Doppelschleife | Telegabel/ Schwinge | 1977–1980 |

**1978–1987**

Ab 1978 gab es die Monzas in einem völlig neu überarbeiteten Design. Herausragendes Merkmal dabei war die geschlossene Tank-Sitzbank-Linie mit wellenförmiger Sitzfläche. Bei den SL-Varianten kamen eine schwarze Sebring-Sportauspuffanlage, Magnesiumräder, eine Cockpit-Verkleidung mit Windschutz und ein umfangreiches Gepäckträger-System hinzu. Die Maschine mit dem großen Motor und dem Sechsgang-Getriebe war im neuen Design nur noch 1978 zu haben und wurde dann vom Markt genommen.

Die Monza-Mokicks hingegen gab es noch bis 1984 in einer Vielzahl von Variationen mit den Bezeichnungen GP (Grand Prix), SL, S oder XL. Der Motorrad Katalog von 1980 listet allein acht Monza-Modelle von 2.219 bis 3.075 Mark auf Neben der silbernen Lackierung, kamen blaue und rote Töne hinzu.

Bei den Cobra-Modellen zielte die Cobra GT voll auf die Kleinkraftrad-Klasse, wie auch die im Jahr darauf präsentierte Cobra GTL. Das L stand hier für Liquid, also Flüssigkeitskühlung; ein fragwürdiger und teurer Trend für 50er Motoren mit höchstens 6,5 PS! Wie auch immer, Puch musste da mitmachen und spendierte dem neuen Spitzenmodell zudem eine leise Sebring-Auspuffanlage und eine gelochte Bremsscheibe am Vorderrad.

Bis auf die zuletzt vorgestellten Cobra-Modelle versuchte Puch tapfer

weiter attraktive Nachfolger der aus den sechziger und siebziger Jahren stammenden 50er-Mokick-Reihen auf dem internationalen Markt zu etablieren.
Aus der spanischen Puch-Produktion lösten die Ranger-Modelle die Cobra T ab. Dabei war die Ranger TT als Enduro-Mokick durchaus für ernsthafte Geländeeinsätze geeignet, vor allem, wenn man den angebotenen Trial-Kit gleich dazu orderte. Für den Ableger Ranger 4 TL mit Blinkanlage, zweitem Spiegel, Drehzahlmesser und einer langen Zweipersonen-Sitzbank war das enduromäßige Aussehen nur schicke Optik, diese Maschine wollte auf der Straße bewegt werden.
In der Nachfolge der Monza-Mokicks erschien 1984 ein Mokick mit dem Namen einer anderen berühmten Rennstrecke: Imola GX. Ein überarbeitetes Design, frische Farben und eine etwas veränderte Leistungscharakteristik des Motors waren fast schon alles, was neu war an der Imola. Die Grundkonzeption blieb ebenso unverändert wie die gelochte Scheibenbremse, der Sebring-Auspuff und die verstellbaren Federbeine. Infolge des Preisdrucks auf dem deutschen Markt gab es eine deutlich abgespeckte Version mit der Bezeichnung Imola X.
1987 endete die Fertigung motorisierter Zweiräder bei Puch in Österreich. Unter der Regie des Piaggio-Konzerns wurden noch einige Jahre lang lediglich Mofas mit dem Puch-Logo angeboten.

*> Das war das neue Monza-Top-Modell des Jahres 1978. Die Monzas hatte man gründlich überarbeitet, die Grand Prix 6 SL jedoch bald wieder aus dem Programm genommen.*

*> Die Viergang-Mokicks dominierten die neue Monza-Palette. Eine Cockpitverkleidung oder die Magnesium-Druckguss-Speichenräder gehörten je nach Modell-Variante zur Serienausstattung.*

*> Eine zu jener Zeit trendige Wasserkühlung trieb die Kosten der Cobra GTL noch weiter in die Höhe. Am höchsten Ausstoß motorisierter Zweiräder in einem Jahr bei Puch hatte das Kleinkraftrad 1978 einen äußerst geringen Anteil.*

*> Ranger 4 TL oder später nur Ranger TL war einer der Nachfolger der Cobra-Modelle aus dem spanischen Puch-Werk in Avello. Zwar als Geländemaschine hergerichtet, machte sie auf der Straße die wesentlich bessere Figur.*

> *In der Nachfolge der Monza-Mokicks erschien 1984 die Imola GX. Außer dem leicht überarbeiteten Design und den frischen Farben gab es kaum Neues zu berichten.*

**Übersicht der Puch-Modelle 1978–1987**

| Modell | Art | Motor | Leistung PS | Getriebe | Rahmen | Federung v/h | Angebot in D |
|---|---|---|---|---|---|---|---|
| Puch Monza 6 SL | KKR | Puch-Zweitakt | 6,25 | 6-Gang-Fuß | Pressstahl m. Unterz. | Telegabel/ Schwinge | 1978 |
| Puch Monza 4 SL | Mokick | Puch-Zweitakt | 2,6 / 2,9 | 4-Gang-Fuß | Pressstahl m. Unterz. | Telegabel/ Schwinge | 1978–1984 |
| Puch Monza 4 S | Mokick | Puch-Zweitakt | 2,6 / 2,9 | 4-Gang-Fuß | Pressstahl m. Unterz. | Telegabel/ Schwinge | 1978–1984 |
| Puch Cobra GTL | KKR | Puch-Zweitakt | 6,5 | 6-Gang-Fuß | Doppelschleife | Telegabel/ Schwinge | 1978–1982 |
| Puch Ranger TT | Enduro-Mokick | Puch-Zweitakt | 2,7 | 4-Gang-Fuß | Doppelschleife | Telegabel/ Schwinge | 1980–1984 |
| Puch Ranger TL | Enduro-Mokick | Puch-Zweitakt | 2,7 | 4-Gang-Fuß | Doppelschleife | Telegabel/ Schwinge | 1980–1987 |
| Puch Imola GX | Mokick | Puch-Zweitakt | 2,7 / 2,9 | 4-Gang-Fuß | Pressstahl m. Unterz. | Telegabel/ Schwinge | 1984–1987 |
| Puch Imola X | Mokick | Puch-Zweitakt | 2,7 / 2,9 | 4-Gang-Fuß | Pressstahl m. Unterz. | Telegabel/ Schwinge | 1984–1987 |

# Die sportlichen Italiener:

Teil 1

## Von Ancilotti bis Garelli

## Ancillotti

Ein altes Florentiner Familienunternehmen gründete 1967 die Firma Costruzioni Moto G. Ancillotti und produzierte in den Jahren bis 1985 anfangs in Florenz, seit 1973 in Sambuca Val di Pesa, leichte Zweitakt-Motorräder für die Geländedisziplinen Enduro, Moto Cross und Trial.

In die selbst entwickelten Fahrwerke wurden anfangs Zweitaktmotoren von Beta Motor, später von Fichtel & Sachs, Hiro Motori, Minarelli und Morini eingesetzt.

Etwa ab 1969 versuchte die Firma ihre Maschinen mit Sachs-Motoren auch in Deutschland anzubieten. Darunter auch die in Italien sehr beliebten Fünfziger. Da war zunächst die Enduro »Regolarita 50« mit Doppelschleifenrahmen, ölgedämpften Federelementen und Sechsganggetriebe, deren Motor 7 PS leistete. Im Nachwuchsbereich mochte diese Maschine vielleicht für Wettbewerbe taugen. Wie auch die 1972 präsentierte »Scarab 50 Cross« mit 10 PS und Fünfganggetriebe. Bei der inzwischen auf 8,6 PS hoch gesetzten Regolarita blieb es bei sechs Gängen.

Mit der Bezeichnung »Scarab«, sowohl für die Motocross-Maschinen wie für die Enduros setzte Ancillotti in den Folgejahren mit wechselnden Designs und zusätzlichen Typenkennziffern die Parallelfertigung

*> Die Regolarita 50 war um 1970 herum die erste Fünfziger, die Ancillotti auch auf dem deutschen Markt anbot.*

*> Die weiterentwickelte Enduro von 1972, die es als Scarab Cross auch in einer Motocross-Ausführung gab.*

*> Die 50er Enduro von 1973/74, jetzt mit der Bezeichnung Scarab A 50.*

*> Scarab 50 Cross nannte Ancillotti die Cross-Version von 1975, deren Sachs-Motor inzwischen 11 PS leistete.*

> Die beiden Ancillotti-Maschinen Scarab CR 50 Cross und Scarab A 50 des Jahrgangs 1976.

> 50 SM 50 nannte Ancillotti sein Enduro-Mokick, das 1981 als einziges Angebot bei den Maschinen bis 50 ccm im Katalog stand.

> Der Ancillotti-Einstieg auf dem deutschen Markt ab 1979: Das Enduro-Mokick SM / 6 mit dem Zweitakter von Franco-Morini.

> Die Enduro A 50 und die aufgewertete Cross-Maschine CR 50 des Jahrgangs 1978. Die Bezeichnung »Scarab« war inzwischen entfallen.

> *Mit der Scarab CT 50 Trial stieg Ancillotti 1977 auch bei der kleinsten Klasse in die Fertigung von Trial-Maschinen ein.*

der beiden Fünfziger mit Sachs-Motoren fort. So hießen die Maschinen ab 1973 Scarab CR 50 (Motocross) und Scarab A 50, wobei das A für die Enduros mit Sachs-Motor stand. Für andere Märkte konnten die Enduros auch mit Motoren von Franco Morini bestückt werden.

Ab 1977 bot Ancillotti auf internationalen Märkten auch Trial-Zweitakter an, hier allerdings ausschließlich mit Motoren von Franco Morini. In der Scarab CT 50 Trial leistete der 5 PS, die mittels Fünfganggetriebe an das Hinterrad weitergeleitet wurden.

Während man die Regolarita (Enduro) bis auf optische Detailänderungen durch das Jahrzehnt laufen ließ, versuchte Ancillotti die 50er Cross-Maschine professioneller aufzustellen. So leistete der F & S-Motor ab 1978 schon 12 PS und das Fahrwerk war mit hochwertigen Komponenten, wie der Marcocchi-Telegabel mit 190 mm Federweg, ausgestattet. Die Bezeichnung »Scarab« war ab diesem Jahr entfallen. 1979 stellte sich Ancillotti in Deutschland mit dem Importeur Schülbe Motorsport aus Bad Soden-Allensdorf neu auf. Jetzt bot man die Enduro und die Trial-Maschine sogar als Mokick mit dem hier 2,8 PS leistenden Franco-Morini-Zweitakter an. Das Sechsganggetriebe der Wettbewerbsmaschinen blieb den Mokicks absurderweise erhalten. Erhalten blieb auch die Wettbewerbsenduro mit 10-PS-Sachs-Motor, die jetzt A 50 CS hieß. Ihr zur Seite stand das nach deutschen Bestimmungen (6,5 PS) angebotene Kleinkraftrad AC 50 Enduro mit dem Motor von Franco Morini.

1981 wechselte schon wieder der Importeur und nun versuchte die Firma Dauser Zweirad-Import aus Vaihingen an der Enz mit wenig Erfolg, die Ancillotti-Maschinen in Deutschland an den Mann oder die Frau zu bringen. Von den 50ern übrig geblieben war nun nur noch ein Enduro-Mokick mit der Bezeichnung 50 SM 50, jetzt von einem Minarelli-Zweitakter, der 4,2 PS leistete, angetrieben. Ende 1983 tauchten dann noch kurz vor Toresschluss zumindest zwei neue Namen auf: 50 PS und 50 PS Aqua. Beide Mokicks wieder mit dem 4,1 PS leistenden Minarelli-Motor, letzterer mit wassergekühltem Zylinderkopf. Die Hinterradfederung war jetzt auf ein Zentralfederbein umgestellt. Dass die kleinen Crosser viele Käufer fanden, darf bezweifelt werden, zumal Ancillotti 1985 die Produktion einstellte.

**Übersicht der Ancillotti-Modelle**

| Modell | Art | Motor | Leistung PS | Getriebe | Rahmen | Federung v/h | Angebot in D |
|---|---|---|---|---|---|---|---|
| Ancilotti Regolarita 50 | Enduro | Sachs-Zweitakt | 7 | 6-Gang-Fuß | Doppelschleife | Telegabel/ Schwinge | 1970-1971 |
| Ancilotti Scarab 50 Cross | Moto Cross | Sachs-Zweitakt | 10 | 5-Gang-Fuß | Doppelschleife | Telegabel/ Schwinge | 1972-1973 |
| Ancilotti Regolarita 50 | Enduro | Sachs-Zweitakt | 8,5 | 6-Gang-Fuß | Doppelschleife | Telegabel/ Schwinge | 1972-1973 |
| Ancilotti Scarab CR 50 | Moto Cross | Sachs-Zweitakt | 10 | 6-Gang-Fuß | Doppelschleife | Telegabel/ Schwinge | 1973-1975 |
| Ancilotti Scarab A 50 | Enduro | Sachs-Zweitakt | 10 | 6-Gang-Fuß | Doppelschleife | Telegabel/ Schwinge | 1973-1979 |
| Ancilotti Scarab CR 50 Cross | Moto Cross | Sachs-Zweitakt | 11 | 6-Gang-Fuß | Doppelschleife | Telegabel/ Schwinge | 1975-1978 |
| Ancilotti Scarab CT 50 Trial | Trial | Morini-Zweitakt | 5 | 5-Gang-Fuß | Doppelschleife | Telegabel/ Schwinge | 1977-1980 |
| Ancilotti Scarab CR 50 | Moto Cross | Sachs-Zweitakt | 12 | 6-Gang-Fuß | Doppelschleife | Telegabel/ Schwinge | 1978-1979 |
| Ancilotti SM / 6 Enduro | Enduro-Mokick | Morini-Zweitakt | 2,6 | 6-Gang-Fuß | Doppelschleife | Telegabel/ Schwinge | 1979-1980 |
| Ancilotti SMT 50 | Trial-Mokick | Morini-Zweitakt | 2,6 | 6-Gang-Fuß | Doppelschleife | Telegabel/ Schwinge | 1979-1980 |
| Ancilotti AC 50 Enduro | Enduro-KKR | Morini-Zweitakt | 6,5 | 5-Gang-Fuß | Doppelschleife | Telegabel/ Schwinge | 1979-1980 |
| Ancilotti A 50 GS | Enduro | Sachs-Zweitakt | 10 | 6-Gang-Fuß | Doppelschleife | Telegabel/ Schwinge | 1979-1980 |
| Ancilotti 50 SM 50 | Enduro-Mokick | Minarelli-Zweitakt | 4,1 | 6-Gang-Fuß | Doppelschleife | Telegabel/ Schwinge | 1981-1983 |
| Ancilotti 50 PS | Enduro-Mokick | Minarelli-Zweitakt | 4,1 | 6-Gang-Fuß | Doppelschleife | Telegabel/ Schwinge | 1983-1984 |
| Ancilotti 50 PS Aqua | Enduro-Mokick | Minarelli-Zweitakt | 4,1 | 6-Gang-Fuß | Doppelschleife | Telegabel/ Schwinge | 1983-1985 |

## Aprilia

Das Unternehmen wurde kurz nach dem Zweiten Weltkrieg von Alberto Beggio als Fahrradfabrik gegründet. Beggio, ein Fan des Lancia Aprilia, den er für das beste Auto der Welt hielt, nannte seine Firma kurzerhand genauso, weil er die besten Fahrräder der Welt bauen wollte. Ivano Beggio übernahm die Firma 1968 von seinem Vater und begann parallel zum Fahrradgeschäft mit 18 Mitarbeitern kleine Geländemotorräder mit 50 cm³ zu produzieren. 1975 startete Ivano Beggio auch mit der Fertigung von Mopeds und Mokicks, die aber noch nicht nach Deutschland exportiert wurden.

### 1978–1989

Mit der wettbewerbstauglichen Cross-Maschine MX 50 tauchte dann 1978 erstmals eine Aprilia in dieser Hubraumgröße in Deutschland auf. Mit dem 12 PS leistenden Sachs-Motor und feinen Fahrwerkszutaten war die Maschine durchaus sportlich konkurrenzfähig, fand hierzulande jedoch kaum Abnehmer. Das galt auch für die abgeleitete Mokickversion RC 50 mit einem Motor von Minarelli, der nur 1,3 PS leistete.

Mitten in die Mofakrise hinein kam dann 1981 das Mofa »Filo« in Deutschland auf den Markt, das auch als Kleinkraftrad zu haben war. Letztere 50er wurde von einem Minarelli-Viergangmotor mit 8 PS angetrieben, der an einem dicken Rohrrahmen hing, welcher wiederum als Tank diente. Plastikkotflügel und Druckgussfelgen passten in die Zeit. Wegen Erfolglosigkeit wurde das Fahrzeug nur bis 1983 angeboten.

Als Weiterentwicklung der RC 50 kam 1980 die RC 50 Spezial, wieder als Enduro-Mokick, auf den deutschen Markt. Mit Marzocchi-Feder-

*> Mit dem Cross-Modell MX 50 stieg Aprilia 1978 in den deutschen 50er Markt ein.*

> *Die Filo von Aprilia gab es als Mofa oder wie im Bild als Kleinkraftrad mit 8 PS und Vierganggetriebe.*

> *Zu Beginn der 80er Jahre war die Mokick-Enduro RC 50 Spezial von Aprilia ein durchaus attraktives Angebot.*

> *Bei der ET 50 Tuareg von Aprilia stach der große 18-Liter-Tank hervor.*

> *Die AF 1 50, ab 1987 auf dem deutschen Markt, war ein extrem sportlich getrimmtes Mokick, mit einer Ausstattung auf Motorradniveau.*

elementen und Aluminium-Kastenschwinge bestach die Maschine mit einem hochwertigen Fahrwerk, der Minarelli-Zweitakter mit Sechsgang-Getriebe leistete 3 PS.

Ab 1984 hielt Aprilia dann zwei weitere Enduro-Mokicks bereit, die aber mit ihren 1,4 PS-Minarelli-Zweitaktern fernab von jedem sportlichen Wettbewerb waren. ET 50 und ET 50 Tuareg nannten sich die Maschinen, wobei sich Letztere durch einen großen 18-Liter-Tank von der ET 50 unterschied. Die beiden Enduros waren eine Ableitung der 80-ccm-Leichtkrafträder, die Aprilia für sich und Zündapp in München baute.

Mit der ab 1986 in Deutschland neu festgesetzten Obergrenze von 50 km/h für Mokicks stieg Aprilia 1987 mit einem Paukenschlag in

> *Ein wunderschöner Chopper im Mokick-Format war der Red Rose 50 von Aprilia.*

den internationalen Markt ein. Die AF 1 50 war ein in der Verpackung einer großen Rennmaschine auftretendes Mokick, wie man es bis dahin noch nicht gesehen hatte. Die Ausstattung entsprach echtem Motorradniveau, wenngleich der flüssigkeitsgekühlte Viergangmotor nur 4,5 PS leistete. Wie übrigens ab 1986 auch die Triebwerke der Enduro-Mokicks.

Eine völlig andere Klientel sollte die 1988 in Deutschland eingeführte »Red Rose 50« bedienen. Es war zu dieser Zeit der einzige Chopper im Mokick-Format auf dem deutschen Markt, noch dazu in einem äußerst gelungenen Design. Wie alle Aprilia-Mokicks wurde auch der Chopper von dem bekannten, wassergekühlten Minarelli-Zweitakter mit Vierganggetriebe und jetzt (speziell für den deutschen Markt) angegebenen 4,2 PS angetrieben.

**1990–2000**

Für die Saison 1990 hatte sich Aprilia mit den in Deutschland angebotenen Mokicks neu aufgestellt. Dabei wurden die beiden ET 50-Maschinen jetzt durch die Modelle RX 50 und Rally 50 ersetzt. Beide Enduro-Mokicks waren fast gleich ausgestattet, die Rally 50 hatte jedoch wieder den größeren Tank, der jetzt 15 Liter fasste. Neben dem wassergekühlten 4,2-PS-Zweitakter mit Membraneinlass stachen die Upside-down-Gabel, das Zentralfederbein und der Hauptständer bei der Rally heraus. Preislich bestimmten die Maschinen mit knapp 5000 D-Mark allerdings auch die Obergrenze auf dem deutschen Markt. Um hier im Markt noch mitmischen zu können, erhielten die Enduro-Mokicks ab 1991 einen einfachen, schlitzgesteuerten Zweitakter, der jetzt nur noch 2,7 PS leistete. Gleiches galt für den Chopper Red Rose 50.

> Die Enduro-Modelle RX 50 und Rally 50 ersetzten 1990 die Vorgängertypen ET 50 und T 50 Tuareg.

> Aus der AF 1 50 und der zwischenzeitlichen »Replica« wurde 1991 die AF 1 Futura 50 – das teuerste Mokick auf dem deutschen Markt.

> Ab 1991 konnte die AF 1 auch unverkleidet unter der Bezeichnung »Europa 50« in Deutschland angeboten werden.

> Die AF 1 Futura 50 durchlebte in den 90er Jahren einige Metamorphosen und blieb schließlich bis zur Jahrtausendwende im Aprilia-Angebot.

Die AF 1 mit Rennverkleidung nannte Aprilia ab 1990 AF 1 50 Replica, ohne nennenswerte Änderungen vorgenommen zu haben. Mit 5290 D-Mark war es die teuerste 50er auf dem deutschen Markt.
Im Jahr darauf durfte ein möglicher Interessent noch einmal 600 D-Mark mehr für die jetzt Aprilia AF 1 Futura 50 genannte Maschine hinlegen. Somit fast 6000 D-Mark für ein Mokick!
Mit den Fahrwerkselementen der Futura, also zum Beispiel Einarmschwinge und 290 Millimeter-Scheibenbremse, erschien 1991 das unverkleidete Modell »Europa 50« in Deutschland. Der Motor mit Wasserkühlung und Membraneinlass war weiterhin der Klassenprimus bei den Mokicks und die Viergangschaltung war perfekt auf die 4,1 PS abgestimmt. Im Jahr darauf wurde die Maschine allerdings schon wieder vom Markt genommen. Dafür erschien die Renn-Fünfziger 1993 noch einmal gewandelt jetzt als RS 50 Extrema, erstmals mit Fünfganggetriebe. Die Maschine sah aus wie eine 125er und hatte viele feine Zutaten einer größeren Maschine, motorseitig mussten jetzt aber 2,7 PS genügen. Wie auch bei der Red Rose Classic, die optisch inzwischen an Harley und Intruder erinnerte. Während diese Maschine den Jahrtausendwechsel nicht mehr erlebte, blieb die RS 50 Extrema bis über das Jahr 2000 hinaus im Aprilia-Angebot.

**Übersicht der Aprilia-Modelle**

| Modell | Art | Motor | Leistung PS | Getriebe | Rahmen | Federung v/h | Angebot in D |
|---|---|---|---|---|---|---|---|
| Aprilia MX 50 | Moto Cross | Sachs-Zweitakt | 12 | 6-Gang-Fuß | Zentralrohr | Telegabel/ Schwinge | 1978–1979 |
| Aprilia RC 50 | Enduro-Mokick | Minarelli-Zweitakt | 1,3 | 4-Gang-Fuß | Zentralrohr | Telegabel/ Schwinge | 1978–1979 |
| Aprilia Filo | KKR | Minarelli-Zweitakt | 8 | 4-Gang-Fuß | Zentralrohr | Telegabel/ Schwinge | 1981–1983 |
| Aprilia RC 50 Special | Enduro-Mokick | Minarelli-Zweitakt | 3 | 6-Gang-Fuß | Doppelschleife | Telegabel/ Schwinge | 1980–1983 |
| Aprilia ET 50 | Enduro-Mokick | Minarelli-Zweitakt | 1,4 / 4,5 | 4-Gang-Fuß | Doppelschleife | Telegabel/ Schwinge | 1984–1989 |
| Aprilia ET 50 Tuareg | Enduro-Mokick | Minarelli-Zweitakt | 1,4 / 4,5 | 4-Gang-Fuß | Doppelschleife | Telegabel/ Schwinge | 1984–1989 |
| Aprilia AF 1 50 | Mokick | Minarelli-Zweitakt | 4,5 | 4-Gang-Fuß | Brückenrahmen | Telegabel/ Schwinge | 1987–1989 |
| Aprilia Red Rose 50 | Mokick | Minarelli-Zweitakt | 4,2 / 2,7 | 4-Gang-Fuß | Zentralrohr | Telegabel/ Schwinge | 1988–1992 |
| Aprilia RX 50 | Enduro-Mokick | Minarelli-Zweitakt | 4,2 / 2,7 | 4-Gang-Fuß | Doppelschleife | Telegabel/ Schwinge | 1990–1992 |
| Aprilia Rally 50 | Enduro-Mokick | Minarelli-Zweitakt | 4,2 / 2,7 | 4-Gang-Fuß | Doppelschleife | Telegabel/ Schwinge | 1990–1992 |
| Aprilia AF 1 50 Replica | Mokick | Minarelli-Zweitakt | 4,2 | 4-Gang-Fuß | Brückenrahmen | Telegabel/ Schwinge | 1990–1991 |
| Aprilia AF 1 Futura 50 | Mokick | Minarelli-Zweitakt | 4,1 | 4-Gang-Fuß | Brückenrahmen | Telegabel/ Schwinge | 1991–1992 |
| Aprilia Europa 50 | Mokick | Minarelli-Zweitakt | 4,1 | 4-Gang-Fuß | Brückenrahmen | Telegabel/ Schwinge | 1991–1992 |
| Aprilia RS 50 Extrema | Mokick | Minarelli-Zweitakt | 2,7 | 5-Gang-Fuß | Brückenrahmen | Telegabel/ Schwinge | 1993-2000 |
| Aprilia Red Rose Classic | Mokick | Minarelli-Zweitakt | 2,7 | 4-Gang-Fuß | Zentralrohr | Telegabel/ Schwinge | 1993–1999 |

## Aspes

1967 gegründet, baute Aspes bis Mitte der 1980er Jahre in Gallarate bei Mailand Enduros, Motocross-Motorräder und Straßenmotorräder bis 125 ccm Hubraum. Auch im Straßenrennsport versuchte man sich. Einen großen Erfolg feierte Aspes 1977, als die Marke italienischer Motocross-Meister in der 125-ccm-Klasse wurde. Die Modellpalette umfasste Zweitaktmaschinen mit eigenen Motoren, aber auch Triebwerken von Minarelli und Morini.

In der 50er Kategorie tauchte hierzulande erstmals 1972 eine Geländesport-Maschine mit der Bezeichnung Fox 50 RG auf. Die Enduro galt mit ihrem 8,5-PS-Sechsgangmotor als wettbewerbstauglich und wurde in der italienischen Meisterschaft von Felice Agostini gefahren, dem jüngeren Bruder von Giacomo Agostini.

Erst 1977 wurde die Fox in Deutschland von der neuen »Navaho 50 RC« abgelöst, die, wie bei italienischen Wettbewerbsmaschinen üblich, mit feinen Zutaten gespickt war, wie zum Beispiel der ölgedämpften Magnesium-Teleskopgabel von Ceriani mit 200 mm Federweg. Ohne Geländesportausstattung (Beleuchtung, Auspuff), geänderter Getriebeübersetzung und 12,2 PS war die Maschine auch in der Motocross-Ausführung (Navaho 50 Cross) zu haben. 1978 änderten sich Design und Bezeichnung (Navaho CRC).

Importeur Barthold aus Ulm führte 1978 auch erstmals ein Enduro-Mokick von Aspes nach Deutschland ein. Von Wettbewerb konnte bei dieser Navaho 50 RC mit ihrem 2,8-PS-Motor allerdings keine Rede mehr sein. Und weil es nur für eine Person zugelassen war,

*> »Fox 50 RG« nannte Aspes seine erste in Deutschland erhältlich Fünfziger, eine voll wettbewerbstaugliche Geländesportmaschine.*

*> Die Navaho 50 RC des Jahrgangs 1977/78 mit leistungsreduziertem Motor. Dennoch stand das RC für Regolarita Competizione.*

*> Mit ihrem tollen Fahrwerk und dem starken 12-PS-Zweitakter war die Aspes Navaho 50 Cross in der kleinsten Klasse durchaus konkurrenzfähig.*

*> Geändertes Design, aber gleiche Leistungsdaten: Die Aspes Navaho 50 CRC von 1978/79.*

> »Cross-Mokick« nannte Importeur Barthold die Navaho 50 RC, die erste Aspes-Maschine in dieser Klasse auf dem deutschen Markt.

> RCS in Italien, RCR in Deutschland – die Bezeichnungen des Enduro-Mokicks von Aspes, hier in der Version von 1986.

führte das Mokick ein absolutes Schattendasein auf dem deutschen Markt. Mit wechselnden Bezeichnungen blieb es dennoch im Angebot und konnte durch Umrüstsätze der Firma Barthold auch wettbewerbstauglich gemacht werden. Für 1983 unterteilte Aspes die Mokicks in Standard und Spezial, was lediglich kleine Ausstattungsdetails und den Preis betraf. Optisch immer wieder überarbeitet, blieb ab 1987 nur noch das Standard-Modell übrig, jetzt mit neuem Minarelli-Motor, der zwar immer noch sechs Gänge, aber nur noch 1,5 PS aufwies. Im Jahr darauf wurde letztmalig eine Aspes-Maschine in Deutschland angeboten.

**Übersicht der Aspes-Modelle**

| Modell | Art | Motor | Leistung PS | Getriebe | Rahmen | Federung v/h | Angebot in D |
|---|---|---|---|---|---|---|---|
| Aspes Fox 50 RG | Enduro | Aspes-Zweitakt | 8,5 | 6-Gang-Fuß | Doppelschleife | Telegabel/Schwinge | 1972–1977 |
| Aspes Navaho 50 Cross | Moto Cross | Aspes-Zweitakt | 12,2 | 6-Gang-Fuß | Doppelschleife | Telegabel/Schwinge | 1977–1978 |
| Aspes Navaho 50 RC | Enduro | Aspes-Zweitakt | 8,2 | 6-Gang-Fuß | Doppelschleife | Telegabel/Schwinge | 1977–1979 |
| Aspes Navaho 50 CRC | Moto Cross | Aspes-Zweitakt | 12 | 6-Gang-Fuß | Doppelschleife | Telegabel/Schwinge | 1978–1979 |
| Aspes Navaho 50 RC | Enduro-Mokick | Minarelli-Zweitakt | 2,8 | 6-Gang-Fuß | Doppelschleife | Telegabel/Schwinge | 1978–1980 |
| Aspes Navaho RCR 50 | Enduro-Mokick | Minarelli-Zweitakt | 3 | 6-Gang-Fuß | Doppelschleife | Telegabel/Schwinge | 1981–1982 |
| Aspes Navaho RCR 50 Standard | Enduro-Mokick | Minarelli-Zweitakt | 3 | 6-Gang-Fuß | Doppelschleife | Telegabel/Schwinge | 1983–1986 |
| Aspes Navaho RCR 50 Spezial | Enduro-Mokick | Minarelli-Zweitakt | 3 | 6-Gang-Fuß | Doppelschleife | Telegabel/Schwinge | 1983–1986 |
| Aspes Navaho RCR 50 Standard | Enduro-Mokick | Minarelli-Zweitakt | 1,5 | 6-Gang-Fuß | Doppelschleife | Telegabel/Schwinge | 1987–1988 |

## Benelli

Die Firma Benelli wurde 1911 in Pesaro bei Rimini als »Garage Benelli« von sechs Brüdern gegründet. Die Serienfertigung von Motorrädern durch Benelli begann 1921.

1950 startete Luigi Benelli, einer der sechs Benelli-Brüder, der sich im Streit vom Stammhaus getrennt hatte, unter der Marke »Moto B« eine eigene Motorradproduktion in Pesaro. 1962 kehrte Motobi ins Benelli-Stammhaus zurück. 1971 übernahm der argentinische Unternehmer Alejandro de Tomaso die Firma.

Seit Ende der 1960er Jahre kamen auch einige Mofas, Mokicks und Kleinkrafträder in das Benelli-Motobi-Programm, die anfangs über Michael Mayr in München und ab 1974 von der WESDA-Handelsgesellschaft in Lintorf mit durchwachsenem Erfolg vertrieben wurden.

### 1968–1972

Der Münchner Händler Mayr machte den Anfang und versuchte ab 1969 mit dem aufkommenden Trend der City- und Minibikes mitzuschwimmen. Und genauso nannten sich die Benelli-Fahrzeuge auch, die es anfangs offiziell als Kleinkrafträder (mit mageren 2,3 PS eigentlich Mokicks) mit Dreigang-Handschaltung (Mini-Bike II) oder Viergang-Fußschaltung (Mini-Bike III) gab. 1970 gesellte sich dann das ähnlich aufgebaute Kleinkraftrad Mini-Cross dazu. Hier jetzt schon mit 3,5 PS zur Viergang-Fußschaltung. Stollenreifen, ein kurzes, hochgesetztes Schutzblech, eine Motorschutzplatte und viel Bodenfreiheit waren die Cross-Attribute.

1970 bot Mayr in Deutschland zusätzlich zwei Kleinkrafträder an, die auch nach solchen aussahen und sich schon seit einigen Jahren auf dem italienischen Markt tummelten. Das waren die Modelle »America« und »Trial«, erstere sozusagen die Tourenmaschine, letztere in der zu dieser Zeit so beliebten Scrambler-Ausführung, also unter anderem mit hochgezogenem Auspuff und ebensolchem Schutzblech. In beiden Maschinen werkelte ein 4,2-PS-Motor mit integriertem Viergangschaltwerk. Optisch wie technisch hatten diese Maschinen keine Chance im deutschen Wettbewerb, weshalb das Modell America nur eine Saison überlebte und die Trial immerhin bis 1972 im Angebot blieb.

> *Die ab 1968 angebotenen Mini-Bikes von Benelli waren in Deutschland zunächst als Kleinkrafträder eingestuft worden.*

> *Sah nach Spaß am Strand aus: Die Benelli Mini-Cross aus dem Jahr 1970.*

*> Mit großem Tank und üppigem Gepäckträger sollte der Typ America die Tourenmaschine unter den Benelli-Fünfzigern sein, mit einem Einzelsitz war das in Deutschland allerdings fragwürdig. (Foto: Classic-Garage it.)*

*> Die Benelli Trial schien attraktiver für den deutschen Markt und blieb deshalb bis 1972 im Programm.*

**1972–1995-fe<**

Ab 1972 wurde das Benelli-Programm für Deutschland komplett neu aufgestellt, so dass es nur noch Mokicks und Mofas gab. Mit der »Motorella«, die schon seit 1968 hierzulande angeboten wurde, zielte man weiterhin auf die erfolgreichen Minibikes diverser Hersteller ab. Wie auch mit dem schon bekannten Mini-Bike (jetzt nur noch 1,15 PS) und dem neu hinzugekommenen City-Bike. Diese Fahrzeuge hätten auch Mofas sein können, wären da nicht Kickstarter und Fußrasten gewesen und schneller als 25 km/h fuhren sie auch noch. Für 1974, die Motorella war inzwischen das letzte Mokick im Benelli-Programm, wurde deren Leistung noch auf 1,8 PS angehoben. 1976 war aber auch hier erst mal Schluss, ehe 1989 das City-Bike dann wieder in den deutschen Katalogen auftauchte. Optisch nahezu unverändert, also weiterhin ohne Hinterradfederung, war lediglich die Motorleistung auf 2,4 PS angehoben worden, die aber für die inzwischen erlaubten 50 km/h nicht ganz ausreichten. Ganz anders dagegen bei den beiden Sportmokicks Spring 50 und Devil 50, die ab 1994 in Deutschland auftauchten - und alte Bekannte waren. Denn die beiden Benellis waren nichts anderes als Aprilia-Ableger der nackten »Europa 50« und der vollverkleideten AF 1, die zuletzt als Aprilia RS 50 Extrema angeboten worden war. Der Unterschied war aber der, dass die Aprilia-Modelle mit stark gedrosselten Motoren unterwegs waren, während die Benelli-Ableger mit jeweils 7,5 PS für die Mokick-Klasse völlig überdimensioniert schienen. Nach nur einem Jahr nahm Benelli die Maschinen schon wieder vom deutschen Markt und bot fortan keine 50er mehr an.

*> Die Motorella war schon seit 1968 hierzulande angeboten worden. Mit Fußrasten und Kickstarter einerseits, 1,15 PS und Fliehkraftautomatik andererseits, tat man sich in der Zuordnung schwer.*

*> Das Mini-Bike lief ab 1972 mit reduzierter Leistung in Deutschland als Mokick.*

> City-Bike, trotz nur 1,15 PS und Eingang-Automatik, lief in Deutschland in der Kategorie Mokick.

> Ab 1989 wurde das City-Bike wieder in Deutschland angeboten. Optisch nur wenig verändert leistete der Motor jetzt 2,4 PS.

> Mit der »Devil 50« (Foto) und ihrem nackten Ableger »Spring 50« versuchte sich Benelli 1995 ein letztes Mal auf dem deutschen Mokick-Markt.

**Übersicht der Benelli-Modelle**

| Modell | Art | Motor | Leistung PS | Getriebe | Rahmen | Federung v/h | Angebot in D |
|---|---|---|---|---|---|---|---|
| Benelli Mini-Bike II | KKR | Benelli-Zweitakt | 2,3 | 3-Gang-Hand | Rohrrahmen | Telegabel/Schwinge | 1968–1972 |
| Benelli Mini-Bike III | KKR | Benelli-Zweitakt | 2,3 | 4-Gang-Fuß | Rohrrahmen | Telegabel/Schwinge | 1968–1972 |
| Benelli Mini-Cross | KKR | Benelli-Zweitakt | 3,5 | 4-Gang-Fuß | Rohrrahmen | Telegabel/Schwinge | 1970–1972 |
| Benelli America | KKR | Benelli-Zweitakt | 4,2 | 4-Gang-Fuß | Rohrrahmen | Telegabel/Schwinge | 1970 |
| Benelli Trial | KKR | Benelli-Zweitakt | 4,2 | 4-Gang-Fuß | Rohrrahmen | Telegabel/Schwinge | 1970–1972 |
| BenelliMotorella | Mokick | Benelli-Zweitakt | 1,15 / 1,8 | 1-Gang-Aut. | Rohrrahmen | Telegabel/keine | 1968–1976 |
| Benelli Minibike I | Mokick | Benelli-Zweitakt | 1,15 | 3-Gang-Hand | Rohrrahmen | Telegabel/Schwinge | 1972–1974 |
| Benelli City-Bike | Mokick | Benelli-Zweitakt | 1,15 | 1-Gang-Aut. | Rohrrahmen | Telegabel/keine | 1972–1974 |
| Benelli City-Bike 90 | Mokick | Benelli-Zweitakt | 2,4 | 1-Gang-Aut. | Rohrrahmen | Telegabel/keine | 1989–1994 |
| Benelli City-Bike 90 | Mokick | Benelli-Zweitakt | 2,4 | 1-Gang-Aut. | Rohrrahmen | Telegabel/keine | 1989–1994 |
| Benelli Spring 50 | Mokick | Zweitakt | 7,5 | 4-Gang-Fuß | Brückenrahmen | Telegabel/Schwinge | 1994–1995 |
| Benelli Devil 50 | Mokick | Zweitakt | 7,5 | 5-Gang-Fuß | Brückenrahmen | Telegabel/Schwinge | 1994–1995 |

## Beta

Die Firma wurde 1904 unter dem Namen Società Giuseppe Bianchi in Florenz gegründet und produzierte damals Fahrräder in Handarbeit.

Im Zuge der Modernisierung des Unternehmens im Jahre 1940 wurde der Firmenname in BETA – aus den Initialen der beiden Gründer Enzo Bianchi und Arrigo Tosi – umbenannt. Nach 1945 begannen die beiden kleine Zweitaktmotoren in die hauseigenen Fahrradrahmen zu montieren. In den 1960er Jahren folgte bei Beta die Entwicklung und Produktion eigener Motoren, die in wettbewerbsfähige Motocross- und Enduro-Fahrgestelle gesetzt wurden. Im Jahre 1972 verlagerte Beta seinen Hauptsitz nach Rignano sull'Arno, wo seitdem hauptsächlich Kleinkrafträder, Leichtkrafträder, Hard-Enduros und Trial-Motorräder entstanden.

In den deutschen Kategorien Mokicks und Kleinkrafträder tauchte der Name Beta erstmals 1979 (durch den Importeur Hansen in Baden Baden) auf. MX 6 E hieß das erste Mokick mit 2,5 PS, bei dem die Bezeichnung gleichzeitig Programm war, handelte es sich doch um eine Geländesportmaschine mit feinsten Zutaten (aus den größeren Wettbewerbsmaschinen) und Sechsgangmotor aus eigenem Hause.

Mit dem Importeurswechsel 1984 zu Frank Schroeder aus Heidelberg kam jetzt das Mokick RX 50 D nach Deutschland. Wieder ein Enduro-Modell mit einem zu dieser Zeit für Mokicks sehr modernen Fahrgestell, unter anderem mit hydraulisch betätigter Scheibenbremse im Vorderrad und einem Zentralfederbein mit Kastenschwinge. Ein Vierganggetriebe musste jetzt allerdings reichen. Das galt auch für die zwei Jahre später angebotene KR 50 mit wassergekühltem Zweitaktmotor von Beta. Für die jetzt erlaubten 50 km/h reichten die 3 PS allemal noch aus und weiterhin galt die italienische Enduro als eine der besten ihrer Klasse. Mit der Konzentration auf echte Wettbewerbsmaschinen in den größeren Klassen beendete Beta 1991 sein 50er-Engagement – zumindest in Deutschland.

*> Der Name war Programm: Die Beta MX 6 E, um 1980 herum in Deutschland eingeführt.*

*> Wer ein bestens ausgestattetes Enduro Mokick suchte, wurde 1985 mit der Beta RX 50 D gut bedient.*

**Übersicht der Beta-Modelle**

| Modell | Art | Motor | Leistung PS | Getriebe | Rahmen | Federung v/h | Angebot in D |
|---|---|---|---|---|---|---|---|
| Beta MX 6 E | Enduro-Mokick | Beta-Zweitakt | 2,5 | 6-Gang-Fuß | Doppelschleife | Telegabel/ Schwinge | 1979–1983 |
| Beta RX 50 D | Enduro-Mokick | Beta-Zweitakt | 3 | 4-Gang-Fuß | Doppelschleife | Telegabel/ Schwinge | 1984–1986 |
| Beta KR 50 | Enduro-Mokick | Beta-Zweitakt | 3 | 4-Gang-Fuß | Doppelschleife | Telegabel/ Schwinge | 1986–1991 |

## Chiorda

Die kleine italienische Fahrradschmiede Chiorda hatte 1954 in Bergamo mit dem Bau kleiner Motorräder mit Viertakt-, später mit Zweitaktmotoren begonnen. Dabei blieb man klassischer Konfektionär, bezog die Motoren von Morini oder Minarelli. Zu Beginn der 70er Jahre versuchte die Firma mit Mofas und Kleinkrafträder in den deutschen Markt einzudringen. Die Firma Standex aus Alzenau tat sich jedoch recht schwer mit dem Import der Maschinen, die – bis auf die Mofas – so gar nicht nach Kreidler oder Zündapp aussahen.

Zwei Kleinkrafträder waren ab 1970 in Deutschland im Angebot. Die Chiorda Super Sprint »Mirage« sollte dabei ein wenig das Flair einer Straßenrennmaschine verbreiten, wozu unter anderem die knappe Sitzbank, die belüftete Bremstrommel im Vorderrad oder der Schnellverschluss des Tanks beitragen sollten. Die andere sportliche Linie in Richtung Enduro und Motocross vertrat das Modell Cross Special »Tigre«. Hochgezogen waren hier Schutzbleche, Auspuff und Lenker, ein Schutzgitter kam vor die Lampe und Stollenreifen waren auf die Felgen montiert. Beide Maschinen wurden von einem 5,2 PS leistenden Morini-Motor mit Viergang-getriebe angetrieben und blieben bis 1974 im Angebot. Danach gab es von Chiorda lediglich noch einige Mofas im deutschen Vertrieb.

*> Die Chiorda Super Sprint »Mirage« sah zwar sehr sportlich aus, war aber für den Geschmack deutscher Jugendlicher nicht sonderlich attraktiv.*

*> In erster Linie für den US-Markt baute Chiorda diese Enduro mit dem Namen Cross Special »Tigre«*

**Die Chiorda-Modelle in der Übersicht**

| Modell | Art | Motor | Leistung PS | Getriebe | Rahmen | Federung v/h | Angebot in D |
|---|---|---|---|---|---|---|---|
| Chiorda Super Sprint Mirage | KKR | Morini-Zweitakt | 5,2 | 4-Gang-Fuß | Doppelschleife | Telegabel/ Schwinge | 1970–1974 |
| Chiorda Cross Special Tigre | KKR | Morini-Zweitakt | 5,2 | 4-Gang-Fuß | Doppelschleife | Telegabel/ Schwinge | 1970–1974 |

## Cimatti

Zunächst nur für die Produktion von Fahrrädern wurde das Unternehmen 1937 vom Radrennfahrer und Olympiateilnehmer Marco Cimatti in Bologna gegründet. Ab 1950 kamen Mopeds hinzu, später auch Mofas und auch sonst alles an Zweiradtypen, was mit 50-cm³-Zweitaktmotoren bestückt werden konnte.

In den 70er und 80er Jahren produzierte das Unternehmen kleine Modellreihen, wie die »Kaiman«, das »City-Bike« oder das größere »Town-Bike«. Verwendet wurden stets Zweitaktmotoren von Morini oder Minarelli. Unter der späteren Leitung von Enrico Cimatti, dem Sohn des Firmengründers, belieferte die Firma auch die Märkte in Frankreich, Norwegen, Tunesien und den USA.

**1969–1975**

Auf den deutschen Markt kam die Marke ab 1969, wieder durch die Standex GmbH in Alzenau und genau wie bei Chiorda wieder mit zwei Kleinkrafträdern im sportlichen Look von Straßenrennmaschinen einerseits und Enduros andererseits. Die eine nannte sich Kaiman 4/M 48cc und die andere Kaiman Cross 49. Letztere war mit ihren 7,5 PS durchaus wettbewerbstauglich und konnte wahlweise mit einem Sechsganggetriebe geliefert werden.

In der Fortführung der beiden Modellreihen erschienen 1972 die Typen Sagittario 6 M 50 als sportliche Straßenmaschine mit 6 PS und Sechsganggetriebe und Competizione 6 M 50 als Enduro oder als reine Motocross-Maschine mit inzwischen 9-PS-Minarelli-Motor.

*> Kaiman 4/M 48cc hieß die erste 50er von Cimatti in der deutschen Kleinkraftradklasse.*

*> Mit 7,5 PS und Sechsganggetriebe galt die Cimatti Kaiman Cross 49 in der kleinsten Klasse durchaus als wettbewerbstauglich.*

*> Das Modell Kaiman 4/M 48cc in der Ausführung von 1971. Für den deutschen Markt war diese Maschine kaum interessant.*

*> Die Cross Spezial war auch als echte Motocross-Maschine ohne Straßenzulassung lieferbar.*

*> Und so sah der 50er Crosser von Cimatti im Jahre 1972 aus. Der Minarelli-Zweitakter leistete jetzt schon 9 PS.*

Mit der deutschen Kleinkraftradklasse hatte diese Maschine nichts mehr zu tun. Aus diesem Grunde verschwand sie schnell wieder und wurde durch das Modell Special 5 M 50 ersetzt. Jetzt nur noch in der Enduro-Version war dieser Typ mit 6 PS und Fünfganggetriebe für den deutschen Kleinkraftrad-Markt wieder etwas interessanter, blieb aber weiterhin eine Randnotiz. Wie auch die Cimatti 6 M 50 Trial, ebenfalls eine Enduro, jetzt aber wettbewerbsmäßig aufgerüstet und wieder mit Minarelli-Sechsgangmotor.

*> Die Kaiman 50 des Modelljahrgangs 1977/78.*

*> Zum Ende 1975 hin war die Kaiman 50 noch die einzige Fünfziger von Cimatti auf dem deutschen Markt.*

**1976–1984**

Ab 1976 hielt der deutsche Motorradkatalog dann nur noch eine 50er von Cimatti bereit, importiert inzwischen von der Firma Moto Krauter in Schorndorf. Die Kaiman 50 genannte Maschine war wieder eine Enduro mit einem Sechsgangmotor von Franco Morini, der vermutlich 6,5 PS leistete. Abgelöst wurde diese Maschine 1978/79 schließlich von der Kaiman Super 50, die als Nachwuchs-Trainingsmaschine für den Geländesport eingestuft wurde. Dies war gleichzeitig die letzte 50er von Cimatti in Deutschland mit offener Motorleistung; nach 1980 versuchte man sich hierzulande auch auf dem Leichtkraftradmarkt.

*> Die Kaimann Super 50 schloss das Cimatti-Angebot von Kleinkrafträdern in Deutschland ab.*

> *Bereits 1977 hatte Cimatti mit der Sagittario für Deutschland ein Mokick in Rennmaschinen-Optik im Programm.*

> *Bis zum bitteren Ende: Die Kaimann Super 40 war das letzte Cimatti-Mokick in Deutschland.*

In Sachen Mokicks hatte Cimatti bereits seit 1977 die ehemals offene Sagittario für die deutsche 40 km/h-Klasse bereitgehalten. Unter anderem Hochschulter-Druckgussfelgen, der lang gestreckte Renntank und eine große Scheibenbremse machten diese Maschine einzigartig auf dem deutschen Markt, der sich aber kaum für den Einsitzer interessierte. Das galt ähnlich für die Kaiman Super 40, eine zum Mokick heruntergeschrumpfte 80er Enduro. Während hier Fahrwerk und Optik mit dem Leichtkraftrad identisch waren, hatte man den Minarelli-Zweitakter auf 2,8 PS gedrosselt und das Getriebe mit vier statt sechs Gängen ausgestattet. So blieb das Enduro-Mokick bis zum Ende im Cimatti-Programm; nach einer Konjunkturschwäche zu Beginn der 80er Jahre musste das Unternehmen im Jahr 1984 schließen.

**Die Cimatti-Modelle in der Übersicht**

| Modell | Art | Motor | Leistung PS | Getriebe | Rahmen | Federung v/h | Angebot in D |
|---|---|---|---|---|---|---|---|
| Cimatti Kaiman 4/M 48cc | KKR | Morini-Zweitakt | 5,2 | 4-Gang-Fuß | Doppelschleife | Telegabel/ Schwinge | 1969-1972 |
| Cimatti Kaimann Cross 49 | KKR | Morini-Zweitakt | 7,5 | 4/6-Gang-Fuß | Doppelschleife | Telegabel/ Schwinge | 1969-1972 |
| Cimatti Sagittario 6 M 50 | KKR | Morini-Zweitakt | 6 | 6-Gang-Fuß | Doppelschleife | Telegabel/ Schwinge | 1972-1974 |
| Kaiman Competizione 6 M 50 | Moto Cross | Minarelli-Zweitakt | 9 | 6-Gang-Fuß | Doppelschleife | Telegabel/ Schwinge | 1972-1973 |
| Cimatti Kaiman Special 5 M 50 | KKR | Morini-Zweitakt | 6 | 5-Gang-Fuß | Doppelschleife | Telegabel/ Schwinge | 1973-1975 |
| Cimatti Kaiman 6 M 50 Trial | KKR | Minarelli-Zweitakt | 6 | 6-Gang-Fuß | Doppelschleife | Telegabel/ Schwinge | 1974-1975 |
| Cimatti Kaiman 50 | KKR | Morini-Zweitakt | k. A. | 6-Gang-Fuß | Doppelschleife | Telegabel/ Schwinge | 1975-1978 |
| Cimatti Kaiman Super 50 | KKR | Morini-Zweitakt | k. A. | 6-Gang-Fuß | Doppelschleife | Telegabel/ Schwinge | 1978-1980 |
| Cimatti Sagittario | Mokick | Morini-Zweitakt | 2,8 | 4-Gang-Fuß | Doppelschleife | Telegabel/ Schwinge | 1977-1981 |
| Cimatti Kaiman Super 40 | Enduro-Mokick | Minarelli-Zweitakt | 2,8 | 4-Gang-Fuß | Doppelschleife | Telegabel/ Schwinge | 1981-1984 |

## Demm

Der italienische Motorradhersteller war seit 1953 zunächst in Bologna und später in Mailand ansässig. Zum Herstellungsprogramm gehörten sowohl Zwei- und Viertaktmotoren bis 175 cm³, die an andere Hersteller geliefert wurden, als auch kleinere motorisierte Zweiräder, vor allem Mofas und Mopeds.

Demm exportierte seine Zweiräder unter anderem nach Großbritannien, Australien, den Niederlanden und Deutschland. Hier war es die Firma Demm-Delta in Bergneustadt, eigentlich ein Kühlanlagen-Hersteller, die neben den Demm-Zweirädern zunächst auch Fahrzeuge einiger italienischer und osteuropäischer Marken importierte.

Mit den ersten Mofas ab 1974 wurde auch ein 2-sitziges Mokick angeboten, das anfangs unter dem Namen »America 40« mit einem fußgeschalteten Dreiganggetriebe ausgerüstet war und über 2,2 PS aus 49 cm³ verfügte. Die spätere Version, mit dem Namen »Fox« (AM 40), wurde nicht nur optisch gegenüber seinem Vorgängermodell verändert, sondern verfügte nun über ein fußgeschaltetes Vierganggetriebe und 1,68 PS.

1979 kam dann noch ein echtes Luxus-Mokick von Demm auf den deutschen Markt. »Champion 4« hieß die 50er, die mit Gussrädern, Tacho und Tourenzähler, üppigem Gepäckträger und einer Metalliclackierung glänzte. Und mit ihren 3 PS hob sich die Champion auch leistungsmäßig von der Fox ab. Allerdings war dieses schicke Mokick nicht lange zu haben, zwar existierte die Firma Demm noch bis 1988, in Deutschland war die Marke nach 1981 aber vom Markt verschwunden.

*> Optisch entschärft wurde aus dem Typ America ab etwa 1977 das Modell Fox 40. (Foto: Andreas Koll © CC-BY-SA-3.0)*

*> Das erste Demm-Mokick auf dem deutschen Markt nannte sich wie es aussah: »America«. (Foto: mondo50cc)*

*> Das Luxus-Mokick Champion 4 war in Deutschland die letzte Maschine von Demm in dieser Klasse.*

**Die Demm-Modelle in der Übersicht**

| Modell | Art | Motor | Leistung PS | Getriebe | Rahmen | Federung v/h | Angebot in D |
|---|---|---|---|---|---|---|---|
| Demm America 40 | Mokick | Demm-Zweitakt | 2,2 / 1,7 | 3/4-Gang-Fuß | Rohrrahmen | Telegabel/ Schwinge | 1974–1977 |
| Demm Fox 40 | Mokick | Demm-Zweitakt | 1,7 | 4-Gang-Fuß | Rohrrahmen | Telegabel/ Schwinge | 1977–1980 |
| Demm Champion 4 | Mokick | Demm-Zweitakt | 3 | 4-Gang-Fuß | Rohrrahmen | Telegabel/ Schwinge | 1980–1981 |

## Di Blasi

Der Importeur Barthold aus Ulm war eher dafür bekannt, wettbewerbstaugliche Enduros aus Italien zu importieren, als er 1978 mit einem äußerst skurrilen, zusammenfaltbaren Mokick der Marke Di Blasi auf dem deutschen Markt erschien. Di Blasi Francofonte war 1973 von Rosario Di Blasi im italienischen Vizzini gegründet worden. Bereits ab 1974 wurde das Modell R 2 Paperino gebaut und in geringen Stückzahlen auch nach Deutschland exportiert. Es war mit einem Einzylinder Zweitakt-Motor von Morini ausgerüstet, der ein knappes PS leistete. Obwohl das Di Blasi in frühen Prospekten auch als »Roller« oder »Faltmoped« bezeichnet wurde, ist die Bezeichnung »Klappmokick« eher korrekt, da es sich um ein Kleinkraftrad ohne Pedale und ohne den rollertypischen Durchstieg mit Kickstarter handelt, das mit Knieschluss am Tank zu fahren war.

Das Di Blasi hatte zahlreiche Anwendungsmöglichkeiten, wie zum Beispiel als Hilfsfahrzeug für Camper, zur Mitnahme auf dem Schiff, im Flugzeug oder im Auto. Bei der italienischen Polizei wurde das Di Blasi beispielsweise in Hubschraubern mitgeführt.

Ab 1979 wurde das Modell R 7 in verschiedenen Untervarianten gebaut, das einen von Di Blasi selbst entwickelten Motor mit stufenlosem automatischen Keilriemengetriebe aufwies und in Deutschland die Zusatzbezeichnung »Taxi« erhielt. Ab 1983 erhöhte sich die Motorleistung leicht von 1,2 auf 1,4 PS.

Als »neues« Modell stellte Di Blasi 1990 die Taxi R7 TB vor. Die Bordspannung betrug jetzt 12 Volt und die maximale Geschwindigkeit wurde den deutschen Bedingungen gemäß auf 50 km/h angehoben. Optisch hatte sich indes wenig verändert. Bis über das Jahr 2000 hinaus fand das Klappmokick hierzulande immer wieder seine Käufer.

*> Das knuffige Klappmokick Di Blasi R 2 mit dem Zweitakter von Franco-Morini aus dem Jahr 1978.*

*> Das Di Blasi-Modell Tax R 7 auf einem Prospekt von 1984 in »ausgefahrenem« und zusammengeklapptem Zustand.*

**Tab 39**

| Modell | Art | Motor | Leistung PS | Getriebe | Rahmen | Federung v/h | Angebot in D |
|---|---|---|---|---|---|---|---|
| Di Blasi R 2 | Mokick | Morini-Zweitakt | 1,2 | 1-Gang-Aut. | Rohrrahmen | Telegabel/ Schwinge | 1974–1978 |
| Di Blasi R 2 | Mokick | Morini-Zweitakt | 1,25 | Variomatic | Rohrrahmen | Telegabel/ Schwinge | 1977–1979 |
| Di Blasi Taxi R 7 | Mokick | Di Blasi-Zweitakt | 1,2 | Variomatic | Rohrrahmen | Telegabel/ Schwinge | 1979–1983 |
| Di Blasi Taxi R 7 | Mokick | Di Blasi-Zweitakt | 1,4 | Variomatic | Rohrrahmen | Telegabel/ Schwinge | 1983–1989 |
| Di Blasi Taxi R7-TB | Mokick | Di Blasi-Zweitakt | 1,3 | Variomatic | Rohrrahmen | Telegabel/ Schwinge | 1990–2000 |

## Fantic

1968 wurde Fantic Motor von Mario Agrati und Henry Keppel-Hesselink an der Via Parini im italienischen Barzago gegründet. Das Unternehmen kam erst spät auf den Mokickmarkt, gehörte aber dank seiner Kreativität bald zu den ersten Adressen. Die originell gestalteten Maschinen verkauften sich sogar in den USA, wo pro Jahr bis zu 20.000 Fahrzeuge abgesetzt werden konnten. In Deutschland waren die Maschinen zwar stets präsent, blieben aber trotzdem nur eine Randnotiz.

Für den Vertrieb war hier zunächst ab 1970 die Fantic-Motoma GmbH von Michael Mayr in München zuständig, der auch die Marke Benelli vertrat. Der Vertrieb beider Marken ging an die Benelli-WES-DA-Handelsgesellschaft in Lintdorf, danach an den Importeur Bühler aus Renningen, ehe schließlich Hans Hoffmann in Ditzingen die Fantic-Zweiräder importierte.

### 1971–1974

Neben den ersten Mofas kam 1971 in Deutschland die TX-6 Mini Cross auf den Markt, die hierzulande mit ihren 4,1 PS als Kleinkraftrad eingestuft wurde. Die Maschine – ein weiteres, von der Honda Monkey inspiriertes Spaßbike – konnte wahlweise mit einem Automatikgetriebe oder per Fuß geschaltetem Viergangschaltwerk geordert werden. Mit Telegabel und Hinterradschwinge war es komfortabler gefedert als manch ähnliches Modell dieser Zeit.

*> Die TX-6 Mini Cross von Fantic musste in Deutschland ob ihrer gut 4 PS als Kleinkraftrad eingestuft werden, was den Vertrieb erschwerte.*

*> Zumindest für den Enduro-Nachwuchs galt die Fantic Caballero Competition 6 M als wettbewerbstauglich.*

*> Die Fantic Super Rocket von 1974, hier noch mit Drahtspeichen und mageren 2 PS.*

*> Ab 1975 war die Motorleistung auf 4 PS angehoben worden, die kleinen Räder (vorn 12 Zoll, hinten 10 Zoll) hatten jetzt verschraubte Felgen)*

> »Sportbike« nannte der Motorradkatalog die Fantic Diabolo Super-Rocket in seiner Ausgabe von 1972.

> Auch der Fantic-Chopper mit 50 ccm war auf dem deutschen Markt mit seinem 6-PS-Motor als Kleinkraftrad eingestuft. Es gab auch eine 125er Version.

> Ein durchaus gefälliges Kleinkraftrad, aber mit nur 5,2 PS und Einzelsitzbank war die Turismo Internazionale im Jahre 1973 in Deutschland chancenlos.

> »Caballero« hießen bei Fantic alle kleinen Enduros; bei diesem Modell von 1973/74 kam noch die Bezeichnung TX 94 Super Special dazu.

1972 erschienen zwei weitere Kleinkrafträder auf dem deutschen Markt, die unterschiedlicher kaum sein konnten. Die Diablo Super-Rocket als Spaßbike mit kleinen 12-Zoll-Rädern, aber sehr stabilem Fahrwerk (Doppelschleifenrahmen, ölgedämpfte Telegabel und ölgedämpfte, offenen Federbeine), das dem 5,4-PS-Motor mehr als gerecht wurde. Gleiches konnte man auch von der Caballero Competition 6 M sagen, einer Geländesportmaschine für Einsteiger, wie es sie so viele aus Italien gab.

Ein äußerst markantes und typisch für Fantic stehendes Kleinkraftrad war die 1973 erschienene TX-130, ein Chopper, wie für »Capt`n America« gemacht. Ellenlange Telegabel, Highriser-Lenker, Sissybar und breiter Schlappen (5.00-16) hinten – wer um jeden Preis auffallen wollte, war mit diesem Chopper, dessen 6-PS-Motor auch noch über ein Sechsganggetriebe verfügte, bestens bedient.

Aus der Diabolo Super Rocket wurde 1973/74 die TX 108 Super Rocket, jetzt nur noch mit bescheidenen 2 PS. Weil die Maschine aber deutlich über 40 km/h lief, musste sie auch weiter als Kleinkraftrad eingestuft bleiben. Im Laufe ihrer Bauzeit erfuhr die TX 108 einige kleine Änderungen, zum Beispiel Auspuff, Telegabel oder Felgen betreffend. Letztere waren ab 1975 verschraubt und ab diesem Jahr war auch die Motorleistung auf 4 PS angehoben worden.

In der Modelloffensive 1973/74 erschienen weitere Fünfziger auf den internationalen Märkten. Wie die »Turismo Internazionale«, ein Kleinkraftrad, das mit 5,2 PS und Einzelsitzbank auf dem deutschen Markt überhaupt keine Chance hatte. Zwei neue Enduros mit je 6,2 PS hießen zwar beide »Caballero«, aber die TX 94 Super Special mit Vierganggetriebe stand eher für die zivile Fahrt zum Eiscafé, während die TX 96 Regolarita mit Sechsgangschaltwerk als die sportlichere und teurere Variante galt.

*> Und diese Caballero mit Sechsganggetriebe hatte noch die Bezeichnung TX 96 Regolarita bekommen.*

**Die Fantic-Modelle 1971–1974 in der Übersicht**

| Modell | Art | Motor | Leistung PS | Getriebe | Rahmen | Federung v/h | Angebot in D |
|---|---|---|---|---|---|---|---|
| Fantic TX-6 Mini Cross | KKR | Minarelli-Zweitakt | 4,1 | 1-Gang-Aut. | Rohrrahmen | Telegabel/ Schwinge | 1971–1972 |
| Fantic TX-6 Mini Cross | KKR | Minarelli-Zweitakt | 4,1 | 4-Gang-Fuß | Rohrrahmen | Telegabel/ Schwinge | 1971–1972 |
| Fantic Diabolo Super-Rocket | KKR | Fantic-Zweitakt | 5,4 | 4-Gang-Fuß | Doppelschleife | Telegabel/ Schwinge | 1972–1973 |
| Fantic Caballero Competition 6 M | KKR | Fantic-Zweitakt | 6 | 6-Gang-Fuß | Doppelschleife | Telegabel/ Schwinge | 1972–1973 |
| Fantic Chopper 50 TX 130 | KKR | Fantic-Zweitakt | 6,2 | 6-Gang-Fuß | Doppelschleife | Telegabel/ Schwinge | 1973–1976 |
| Fantic TX 108 Super-Rocket | KKR | Fantic-Zweitakt | 2 | 4-Gang-Fuß | Doppelschleife | Telegabel/ Schwinge | 1973–1976 |
| Fantic Turismo Internationale | KKR | Fantic-Zweitakt | 5,2 | 4-Gang-Fuß | Doppelschleife | Telegabel/ Schwinge | 1973–1975 |
| Fantic Caballero TX 94 Super Special | KKR | Fantic-Zweitakt | 6,2 | 4-Gang-Fuß | Doppelschleife | Telegabel/ Schwinge | 1973–1975 |
| Fantic Caballero TX 96 Regolarita | KKR | Fantic-Zweitakt | 6,2 | 4-Gang-Fuß | Doppelschleife | Telegabel/ Schwinge | 1973–1975 |

**1975–1984**

Nach dem Sommer 1975 wurden zwei Enduro-Modelle weitergeführt, die in neuem Design erschienen und sich in Leistung und Ausstattung unterschieden. Die Regolarita Casa (Typ TX 190) ging mit ihren 6,2 PS als Kleinkraftrad durch, während die Regolarita Competizione (Typ TX 160) mit ihren 9 PS und den Marzocchi-Gasdruck-Federbeinen hinten im sportlichen Sinn wettbewerbstauglich war.

Ein echtes Kleinkraftrad, fast schon nach deutschem Muster, mit Doppelsitzbank und sportlich geschnittenem Design, war die TX 200 Gran Turismo. Allerdings musste man sich fragen, warum der ältere Motor mit 5,2 PS verbaut worden war, wo Fantic doch auch über ein leistungsstärkeres Triebwerk verfügte.

Aus dem Mofa/Moped-Bereich kommend (Eingang-Automatik), setzte die Fantic LEI TX 174 die Tradition der Minibikes aus italienischer Fertigung fort. Ein Mokick, das nur deshalb eines war, weil es mit Fußrasten und Kickstarter ausgerüstet war und für die deutschen Zulassungsbestimmungen einen Rückspiegel besaß.

Schon im zweiten Jahr war die Gran Turismo, jetzt als »Super Six«, mit einem Sechsganggetriebe, sagenhaften 8,7 PS und Leichtmetallguss-Speichenfelgen aufgerüstet worden. Wie sich das mit den deutschen Absprachen und Zulassungsbestimmungen vereinbaren ließ, musste man gegebenenfalls den Importeur Bühler aus Renningen fragen.

Genauso stark war der Motor der neuen Enduro Caballero 50 TX 160 GS. Hier war die Leistung auch notwendig, da diese Maschine für Geländewettbewerbe als konkurrenzfähig galt. Beide Maschinen, die Gran Tourismo wie auch die Enduro, waren auch mit gedrosselten Motoren als Mokick erhältlich. Zu Beginn der 80er Jahre kamen die Kleinkrafträder und Mokicks mit der gleichen Typenbezeichnung nach Deutschland und der Importeur bot Bausätze zur Leistungssteigerung bzw. Reduzierung an. Als GT 4 (Vierganggetriebe) oder GT 6 (Sechsganggetriebe) wurden die Gran-Turismo-Mokicks ab 1979 mit je 2,5 PS noch einmal gesondert angeboten.

1979 wurde in Deutschland erstmalig eine Trialmeisterschaft in der 50er Klasse ausgetragen und Fantic hatte mit der TX 330 Trial 50 gleich die richtige Maschine parat. Die nur 67 kg leichte Maschine mit dem sehr agilen 6-PS-Motor setzte sofort den Maßstab in dieser Klasse. Da sie straßenzulassungsfähig war, konnte sie theoretisch in Deutschland noch bis 1983 als Kleinkraftrad gefahren werden. Ende 1983 fielen dann die Kleinkrafträder aus dem deutschen Fantic-Programm; sie waren längst durch die neue 80-Kubik-Klasse ersetzt worden.

*> 1975 waren schon wieder zwei neue Enduro-Modelle im Angebot: Die Caballero Regolarita Casa als Kleinkraftrad für die Show...*

*> ...und die Rogolarita Competizione füt den echten Wettbewerb im Nachwuchsbereich.*

> Die Fantic TX 200 Gran Turismo kam 1975/76 nach Deutschland, wurde hier aber noch vom wenig konkurrenzfähigen 5,2-PS-Motor befeuert

> Sah aus wie ein Mofa, war aber ein Mokick: das Minibike Fantic TX 174.

> Fuhr normalerweise allen deutschen Kleinkrafträdern davon: Die Fantic Gran Turismo »Super Six« mit Sechsganggetriebe und fast 9 PS.

> Die Caballero 50 RC TX brachte es ebenfalls auf 9,5 PS, war aber auch für Einsätze im Motorsport bestimmt.

> Zu Beginn der 80er Jahre wurden die Grand-Turismo-Mokicks noch einmal in GT 4 und GT 6 (Foto) unterteilt angeboten.

> Blieb noch bis Anfang der 80er Jahre im Fantic-Angebot: die LEI TX 174, die Mokick-Version des Mofa-Klassikers.

> Seit 1979 bot Fantic eine 50er Trialmaschine an, die Maßstäbe setzte und im Laufe der Jahre optisch und technisch weiterentwickelt wurde.

**1985–1997**

Mit der Raider 50 erschien 1985 ein ganz neues Enduro-Mokick auf dem deutschen Markt, das den zuletzt eingebrochenen Absatz wieder ankurbeln sollte. Die Maschine erhielt dank ihrer guten Verarbeitung und dem günstigen Drehmomentverlauf gute Kritiken trotz der nur vier Getriebegänge. Wobei die angesichts von 3 PS allemal ausreichend waren. Nach nur einem Jahr wurde aus der Raider 50 die Oasis 50.1. Denn mit der neuen 50-km/h-Regelung für Deutschland durfte es ein wenig mehr Leistung (4 PS) und folgerichtig auch ein Sechsganggetriebe sein. Zwar spielte diese Maschine im oberen Preissegment des deutschen Angebots mit, verkaufte sich aber dennoch recht ordentlich. 1987 war die Oasis noch die einzig übriggebliebene Fünfziger im Fantic-Angebot, bekam im Jahr darauf aber mit dem Spaßmobil »Koala« noch ein Mokick an die Seite gestellt. Mächtige Niederdruckreifen dominierten dieses Gefährt, das es ähnlich auch von anderen Herstellern schon früher gegeben hatte. Oasis und Koala wurden vom gleichen 4-PS-Motor mit Sechsganggetriebe befeuert, der übrigens wassergekühlt war.

Die Oasis 50.1 wurde schon nach gut einem Jahr durch die Oasis S 2 ersetzt. Die wichtigste Änderung war hier eine Steuerwalze im Auslass des wassergekühlten Zweitakters, der damit weniger blaue Wolken in die Atmosphäre entließ. Ansonsten war die Maschine mit E-Starter, Upside-down-Gabel, Scheibenbremsen vorn und hinten, Zentralschloss, 20-Liter-Tank und noch einigem mehr bestens ausgestattet. Allerdings war sie mit 5250 D-Mark auch 700 D-Mark teurer als eine KTM 50 GXE.

Und noch ein Mokick einer ganz anderen Kategorie erschien 1989: Fantic »Tender to...« hieß ein Mini-Klapp-Mokick

*> Auch auf Grund der neuen Geschwindigkeitsbestimmung für Mokicks in Deutschland verdrängte die Oasis 50.1 1987 das Vorgängermodell Raider 50 vom hiesigen Markt.*

*> Sah toll aus, war bestens ausgestattet und modern motorisiert – kostete aber zu viel: Die Fantic Oasis S 2. (Foto: Stolte`s Showroom)*

*> Die Tender to... belebte noch einmal die Tradition der Mini-Mokicks von Fantic.*

> *Viel Spaß, wenig Nutzwert – die Koala von Fantic setzte ab 1988 voll auf Freizeitvergnügen.*

mit 1,4 PS und Eingang-Automatik, das ohne jede Federung auskommen musste. Und trotzdem nur 200 D-Mark weniger kostete, als das voll gefederte und besser ausgestattete Di Blasi X 7. Die inzwischen nahezu unverkäufliche Oasis verschwand schon bald wieder vom deutschen Markt, die Tender to... war schon vorher aufgegeben worden. Als letztes 50er Modell blieb die Koala schließlich noch bis 1997 auf dem deutschen Markt.

**Die Fantic-Modelle 1975–1997 in der Übersicht**

| Modell | Art | Motor | Leistung PS | Getriebe | Rahmen | Federung v/h | Angebot in D |
|---|---|---|---|---|---|---|---|
| Fantic Caballero TX 190 Regolarita | KKR | Fantic-Zweitakt | 6,2 | 6-Gang-Fuß | Doppelschleife | Telegabel/ Schwinge | 1975–1977 |
| Fantic Caballero TX 160 Regolarita | KKR | Fantic-Zweitakt | 9 | 6-Gang-Fuß | Doppelschleife | Telegabel/ Schwinge | 1975–1977 |
| Fantic TX 200 Gran Turismo | KKR | Fantic-Zweitakt | 5,2 | 4-Gang-Fuß | Doppelschleife | Telegabel/ Schwinge | 1975–1976 |
| Fantic LEI TX 174 | Mokick | Minarelli-Zweitakt | 2,1 | 1-Gang-Aut. | Rohrrahmen | Telegabel/ Schwinge | 1975–1981 |
| Fantic TX 220 Gran Turismo Super Six | KKR | Fantic-Zweitakt | 8,7 | 6-Gang-Fuß | Doppelschleife | Telegabel/ Schwinge | 1976–1983 |
| Fantic Caballero TX 160 GS | KKR | Fantic-Zweitakt | 8,7 | 6-Gang-Fuß | Doppelschleife | Telegabel/ Schwinge | 1977–1983 |
| Fantic TX 240 Gran Turismo Super Six | Mokick | Fantic-Zweitakt | 3 | 6-Gang-Fuß | Doppelschleife | Telegabel/ Schwinge | 1977–1986 |
| Fantic Caballero TX 190 GS | Enduro-Mokick | Fantic-Zweitakt | 3 | 6-Gang-Fuß | Doppelschleife | Telegabel/ Schwinge | 1977–1984 |
| Fantic GT 4 | Mokick | Fantic-Zweitakt | 2,5 | 4-Gang-Fuß | Doppelschleife | Telegabel/ Schwinge | 1979–1982 |
| Fantic GT 6 | Mokick | Fantic-Zweitakt | 2,5 | 6-Gang-Fuß | Doppelschleife | Telegabel/ Schwinge | 1979–1982 |
| Fantic TX 330 Trial 50 | Trial | Fantic-Zweitakt | 6 | 6-Gang-Fuß | Doppelschleife | Telegabel/ Schwinge | 1979–1983 |
| Fantic Raider 50 | Enduro-Mokick | Fantic-Zweitakt | 3 | 4-Gang-Fuß | Doppelschleife | Telegabel/ Schwinge | 1985–1986 |
| Fantic Oasis 50.1 | Enduro-Mokick | Fantic-Zweitakt | 4 | 6-Gang-Fuß | Doppelschleife | Telegabel/ Schwinge | 1987–1988 |
| Fantic Koala | Mokick | Fantic-Zweitakt | 4 | 4-Gang-Fuß | Doppelschleife | Telegabel/ Schwinge | 1988–1997 |
| Fantic Oasis S 2 | Enduro-Mokick | Fantic-Zweitakt | 4 | 4-Gang-Fuß | Doppelschleife | Telegabel/ Schwinge | 1989–1993 |
| Fantic Tender to... | Mokick | Minarelli-Zweitakt | 1,4 | 1-Gang-Aut. | Rohrrahmen | keine/keine | 1989–1992 |

# Die sportlichen Italiener:

## Teil 2

## Von Garelli bis Testi

## Garelli

Die 1919 gegründete Firma Garelli wurde besonders ab den 1960er Jahren in Deutschland bekannt, als sie durch die Zusammenarbeit mit dem Neckermann Versand und dem Kaufhauskonzern Karstadt verstärkt in den deutschen Zweiradmarkt einstieg. Für die deutsche Garelli-Geschichte muss in das Jahr 1961 zurückgegangen werden, wo es zum Zusammenschluss der Firmen Garelli und Agrati kam. Agrati war ein Hersteller von Motorrollern in Monticello Brianza. Ab 1958 baute man hier den bekannten Capri-Roller mit 70-ccm-Motor von Garelli, in Deutschland auch mit 50-ccm-Motoren von Sachs. Durch den Zusammenschluss entstand der Name »Agrati-Garelli«; später fiel der Name Agrati weg.
So kam das erste Kleinkraftrad unter der Bezeichnung Garelli »Rekord« (auch unter Agrati Capri-Rekord bekannt) 1964 nach Deutschland. Anfangs noch 5 PS, leistete der Garelli-Zweitakter ab 1966 5,2 und ab 1968 starke 6 PS. Mit Neckermann als Importeur wurde von dieser Maschine ab 1968 noch eine Cross- und eine Rennversion (»Monza«) abgeleitet.
1971 bot Neckermann zwei »neue« Kleinkrafträder von Garelli an. Aus der Rekord wurde die Rekord Super und »Junior Cross Tiger« hieß jetzt das Offroad-Modell im entsprechenden Look.
Das Hauptaugenmerk von Garelli in Deutschland richtete sich zu Beginn der 1970er Jahre auf den Mofa-Markt. Ein Ableger davon war ab 1970 ein Mokick mit 1,9 PS, allradgefedert und mit Dreigang-Drehgriffschaltung. Das bekannteste Garelli-Mokick dieser Zeit war allerdings das Modell »Bonanza«, mit stärkerer Motorleistung und Viergang-

*> Eine Garelli Record Baujahr 1967. Zu dieser Zeit leistete der Motor mit Vierganggetriebe 5,2 PS. (Foto: Frank Schwichtenberg © CC-BY-SA-4.0)*

*> Mit dem Einstieg von Neckermann als Garelli-Vertriebspartner im Jahre 1968 gab es neben der zweisitzigen Record auch das Modell Record Cross mit Einzelsitzbank.*

*> »Monza« - wie sonst - nannte Neckermann die Garelli-Maschine im Renndesign, die sogar mit Verkleidung geliefert werden konnte.*

> »Cross Tiger« oder »Junior Cross«, diese Garelli-Enduro gab es als einsitzige Wettbewerbsmaschine oder als Zweisitzer für die Fahrt zum Eiscafé.

> Aus der Mofa-Produktion heraus bot Neckermann ab 1970 dieses Garelli-Mokick mit Dreigang-Drehgriffschaltung an.

> Das Modell Bonanza war ein praktisches Mokick, das sich soweit zusammenklappen ließ, dass es im Auto mitgeführt werden konnte.

> *Cross-Mokick oder Kleinkraftrad? Bei den optisch identischen Maschinen war der Auspuff des schwächeren Mokick-Motors nach links verlegt, bei der RSC-Electronic (Foto) nach rechts.*

> *»Electronic« stand für die 1973 eingeführte Bosch-Zündelektronik, hier am Kleinkraftrad RS-Electronic.*

> *Mit der Garelli Sport 40 bot Neckermann ab Ende 1974 ein solides Mokick der mittleren Preisklasse an.*

Fußschaltung. Die Bonanza, im Stile einer Honda Dax, war sehr beliebt bei Campern und Wohnmobilbesitzern, da man den Lenker mit wenigen Handgriffen platzsparend zum Transport im oder am Auto umklappen konnte.
Mit der Einführung der Bosch-Elektronikzündung stellte Neckermann im Sommer 1973 zwei neue Kleinkrafträder vor. Die Garelli 50 RS-Electronic als Straßenmaschine mit sportlicher Linienführung und die 50 RSC-Electronic im Enduro-Look. Beide Maschinen wurden von einem 6,3 PS-Motor mit Fünfganggetriebe befeuert und bei beiden waren die Telegabel und die hinteren Federbeine ölgedämpft. Diese Maschinen waren bei Neckermann zwar sehr preiswert zu erwerben, aber keinesfalls billig in Technik und Verarbeitung.

> *Die RSL-Electronic mit Blinkanlage und Drehzahlmesser ergänzte 1976/77 die RS ohne diese Zutaten.*

> *Das Bonanza-Mokick von Garelli, Jahrgang 1978, inzwischen mit 2,9 PS.*

> *1977 nahm Neckermann mit der Garelli 50 Cross noch eine ausgewachsene Enduro im Kleinkraftradformat ins Programm.*

> *So sah die Maschine dann in ihrem letzten Jahr aus. 1981 nahm Garelli die offenen Fünfziger vom deutschen Markt.*

Sportlich ging es auch bei den Garelli-Mokicks weiter, denn so hieß das neue Modell »Sport 40«. Das sah zwar dem RS-Modell sehr ähnlich, hatte aber keinen Doppelschleifenrahmen, sondern nur einen Zentralrohrrahmen mit Unterzügen.

Aus der 50 RS-Electronic wurde 1976 die 50 RSL-Electronic, jetzt mit einer Vierleuchten-Blinkanlage und Drehzahlmesser. Mit knapp unter 2000 D-Mark war diese Maschine ein absolutes Schnäppchen; eine gleichermaßen ausgestattete Kreidler war 1000 D-Mark teurer. Nach der aufgewerteten RSL kam auch noch eine 50er Enduro ins Neckermann-Programm. Die Garelli 50 Cross wurde vom gleichen 6,3-PS-Motor mit Fünfganggetriebe befeuert wie die RS-Typen und machte einen sehr professionellen Eindruck. Letztlich aber war sie eine von vielen ähnlichen italienischen Angeboten – allerdings zu einem deutlich günstigeren Preis.

Im Mokick-Bereich wurde die Sport 40 um eine Sport 40 S oder Super ergänzt, die mit ihren Druckgussfelgen und der Scheibenbremse am Vorderrad auffiel. Außerdem wurde mit der Enduro 40 auch bei den Mokicks in diesem Bereich noch einmal nachgerüstet.

Nachdem Garelli 1981 die letzten Kleinkrafträder in Deutschland anbot, war im Jahr darauf auch mit den Mokicks Schluss. Bis 1991 mit

> *Ende der 1970er Jahre ergänzte die Sport 40 S mit Druckgussfelgen und Scheibenbremse das Garelli-Mokick-Programm.*

> *1991/92 versuchte sich Garelli mit dem Enduro-Mokick »Sahel« noch einmal auf dem deutschen Markt.*

dem Modell »Sahel« noch einmal eine Enduro mit 2,7 PS in Deutschland angeboten wurde. Mit Scheibenbremsen vorn und hinten, Zentralfederbein, Upside-down-Gabel, Elektrostarter und wassergekühltem Sechsgangmotor war die Maschine auf der Höhe der Zeit. Blieb aber – zumindest in Deutschland – nur ein Versuch, der nach 1992 nicht weiter verfolgt wurde.

**Die Garelli-Modelle in der Übersicht**

| Modell | Art | Motor | Leistung PS | Getriebe | Rahmen | Federung v/h | Angebot in D |
|---|---|---|---|---|---|---|---|
| Garelli Record | KKR | Garelli-Zweitakt | 5–6,2 | 4-Gang-Fuß | Rohrrahmen | Telegabel/ Schwinge | 1964–1970 |
| Garelli Record Cross | KKR | Garelli-Zweitakt | 6 | 4-Gang-Fuß | Rohrrahmen | Telegabel/ Schwinge | 1968–1970 |
| Garelli Monza | KKR | Garelli-Zweitakt | 6 | 4-Gang-Fuß | Rohrrahmen | Telegabel/ Schwinge | 1968–1970 |
| Garelli Record Super | KKR | Garelli-Zweitakt | 6,2 | 4-Gang-Fuß | Rohrrahmen | Telegabel/ Schwinge | 1971–1973 |
| Garelli Junior Cross Tiger | KKR | Garelli-Zweitakt | 6,2 | 4-Gang-Fuß | Doppelschleife | Telegabel/ Schwinge | 1971–1973 |
| Garelli Mokick | Mokick | Garelli-Zweitakt | 1,9 | 3-Gang-Hand | Rohrrahmen | Telegabel/ Schwinge | 1970–1972 |
| Garelli Bonanza | Mokick | Garelli-Zweitakt | 2,7 / 2,9 | 4-Gang-Fuß | Rohrrahmen | Telegabel/ Schwinge | 1971–1978 |
| Garelli Cross | Mokick | Garelli-Zweitakt | 2,7 | 4-Gang-Fuß | Rohrrahmen | Telegabel/ Schwinge | 1971–1978 |
| Garelli 50 RS-Electronic | KKR | Garelli-Zweitakt | 6,3 | 5-Gang-Fuß | Doppelschleife | Telegabel/ Schwinge | 1973–1980 |
| Garelli 50 RSC-Electronic | KKR | Garelli-Zweitakt | 6,3 | 5-Gang-Fuß | Doppelschleife | Telegabel/ Schwinge | 1973–1977 |
| Garelli Sport 40 | Mokick | Garelli-Zweitakt | 2,7 | 4-Gang-Fuß | Rohrrahmen | Telegabel/ Schwinge | 1974–1982 |
| Garelli 50 RS-Electronic | KKR | Garelli-Zweitakt | 6,3 | 5-Gang-Fuß | Doppelschleife | Telegabel/ Schwinge | 1976–1980 |
| Garelli 50 Cross | KKR | Garelli-Zweitakt | 6,3 | 5-Gang-Fuß | Doppelschleife | Telegabel/ Schwinge | 1977–1980 |
| Garelli Sport 40 S | Mokick | Garelli-Zweitakt | 2,7 | 4-Gang-Fuß | Doppelschleife | Telegabel/ Schwinge | 1977–1982 |
| Garelli Enduro 40 | Enduro-Mokick | Garelli-Zweitakt | 2,7 | 4-Gang-Fuß | Doppelschleife | Telegabel/ Schwinge | 1978–1982 |
| Garelli Sahel | Enduro-Mokick | Garelli-Zweitakt | 2,7 | 6-Gang-Fuß | Doppelschleife | Telegabel/ Schwinge | 1991–1992 |

## Gilera

1909 gegründet, ist Gilera einer der ältesten italienischen Motorradhersteller. Mit der Fertigung von 50-cm³-Maschinen hatte man sich schon seit 1955 beschäftigt, ohne hier groß aufzutrumpfen.1969 übernahm der Piaggio-Konzern die angeschlagene Firma. Danach wurden die sportlich geschnittenen Kleinkrafträder RS Touring und RS Trial in Deutschland bekannt, die von der Vespa GmbH in Augsburg vertrieben wurden. Beiden Maschinen waren das hochwertige Fahrwerk und der Motor mit 6,25 PS und Fünfganggetriebe gemein. Die RS Trial sah mit der hochgelegten Auspuffanlage und dem hohen Schutzblech ein wenig nach Enduro aus. Das Touring-Modell wurde in gleicher Ausführung, allerdings jetzt nur mit 2,5 PS und Vierganggetriebe auch als Mokick angeboten und blieb fast zehn Jahre lang im Programm. Mit dem gleichen Triebwerk, aber in der Optik eines klassischen Mofas kam 1978 in Deutschland das Mokick Cb 1 auf den Markt. Allein der Motor mit Vierganggetriebe und der massive Doppelschleifenrahmen, der auch Teil des Tanks war, hob dieses Fahrzeug deutlich von ähnlichen Typen ab. Allerdings befand sich auch der Preis mit 1.892 D-Mark (1979) auf dem Niveau einer Zündapp ZD 40.

Nach 1982 nahm Piaggio die Gilera-Mokicks vom deutschen Markt und konzentrierte sich fortan auf Leichtkrafträder, Motorroller und Mofas. Bis 1995, dann erschien fast aus heiterem Himmel die Gilera »Eaglet«, ein Mokick-Chopper, in einer Ausstattung, wie es ihn nicht mal von Aprilia gab. Ein wassergekühlter Motor mit Sechsganggetriebe, Schwimmsattel-Scheibenbremsen vorn (240 mm) und hinten (220 mm), ein breiter 16-Zoll-Schlappen hinten, die Starrachsen-Optik durch ein hinteres Zentralfederbein und schließlich viel Chromzierrat ließen keine Wünsche an ein solches Fahrzeug offen. 1999 war dann aber doch vorerst Schluss mit den 50ern der Marke Gilera in Deutschland.

*> Im typisch italienischen Sportdesign importierte die Vespa GmbH ab 1972 die Gilera 50 RS Touring mit einem modernen Zweitakttriebwerk.*

*> Mit dem gleichen Motor und dem gleichen Fahrwerk (außer 19-Zoll-Vorderrad) war die Gilera 50 RS Trial für leichtes Gelände geeignet.*

**Die Gilera-Modelle in der Übersicht**

| Modell | Art | Motor | Leistung PS | Getriebe | Rahmen | Federung v/h | Angebot in D |
|---|---|---|---|---|---|---|---|
| Gilera 50 RS Touring | KKR | Gilera-Zweitakt | 6,25 | 5-Gang-Fuß | Doppelschleife | Telegabel/ Schwinge | 1972–1978 |
| Gilera 50 RS Trial | KKR | Gilera-Zweitakt | 6,25 | 5-Gang-Fuß | Doppelschleife | Telegabel/ Schwinge | 1972–1975 |
| Gilera 50 Touring | Mokick | Gilera-Zweitakt | 2,5 | 4-Gang-Fuß | Doppelschleife | Telegabel/ Schwinge | 1973–1982 |
| Gilera Cb 1 | Mokick | Gilera-Zweitakt | 2,5 | 4-Gang-Fuß | Doppelschleife | Telegabel/ Schwinge | 1978–1982 |
| Gilera Eaglet | Mokick | Gilera-Zweitakt | 2,3 | 6-Gang-Fuß | Doppelschleife | Telegabel/ Schwinge | 1995–1999 |

> Parallel zum Kleinkraftrad wurde von der Touring-Variante abgewandelt auch eine Mokick-Version mit 2,5 PS und Vierganggetriebe angeboten.

> Die Touring war als Mokick ein Dauerbrenner im Gilera-Programm, hier eine Aufnahme von 1977.

> In der Optik eines klassischen Mofas erschien die außergewöhnliche Gilera Cb 1 1978 auf dem deutschen Markt.

> Wer Ende der 90er Jahre ein Mokick in Chopper-Ausführung suchte, kam an der bestens ausgestatteten Gilera »Eaglet« nicht vorbei. (Foto: D3R0910 © Wikipedia)

## Gori

Moto Gori wurde von Giancarlo Gori, der schon für seine Mitarbeit an den Entwicklungen von Lambretta und Vespa bekannt war, in Florenz gegründet.

Das erste Gori-Motorrad, die 50 Cross mit Minarelli-Motor, wurde 1968 vorgestellt und gleich sehr erfolgreich bei Wettbewerben eingesetzt. Durch einen Vertrag mit Fichtel & Sachs lieferte die Schweinfurter Firma ab 1970 die 50- und 125 ccm-Motoren nach Italien und löste die Minarelli-Triebwerke ab.

Der deutsche Motorradkatalog erwähnt ab 1970 eine Gori Cross 50, die zwar hauptsächlich für den USA-Export vorgesehen war, aber auch in Europa angeboten wurde. Mit dem 8,5-PS-Sachs-Motor und dem hochwertigen Fahrwerk, unter anderem mit ölgedämpften Federelementen, konnte diese Maschine als durchaus wettbewerbstauglich gelten. Wie auch die 1974 nachgeschobene Regolarita 50, eine Enduro, die auf dem Cross-Modell basierte, aber straßenzulassungstauglich war und sechs statt fünf Getriebegänge aufwies. Diese Maschine wurde 1976 wettbewerbstauglich aufgewertet, wozu unter anderem der Sachs-Motor mit seinen 11 PS beitrug. Gleichzeitig brachte der Importeur Adolf Dauser aus Hemmingen eine zum deutschen Kleinkraftradmarkt passende Enduro mit auf 6,5 PS reduzierter Leistung und einfacheren Fahrwerkselementen (u. a. keine verstellbaren hinteren Federbeine) auf den deutschen Markt. Codice 50 nannte sich diese Maschine, die bis 1978 angeboten wurde. Danach blieb nur noch die Wettbewerbsenduro, jetzt mit der knappen Bezeichnung »RG 50« auf dem deutschen Markt übrig. 1981 endete auch dieses letzte Kapitel und nachdem Gori bis 1983 noch alle Restbestände verkauft hatte, war Schluss in Florenz.

*> Seit 1970 waren die kleinen Gori-Maschinen mit Sachs-Triebwerken bestückt. Ob und wie viele dieser Cross 50 nach Deutschland kamen, ist nicht bekannt.*

*> 1974 offerierte Gori dann mit der Regolarita 50 auch eine Enduro, deren Sachs-Motor ein Sechsganggetriebe aufwies.*

> Die für Geländewettbewerbe konkurrenzfähige Regolarita Competizione des Jahrgangs 1976/77.

> Die Gori Codice 50 war leistungs- und ausstattungsmäßig dem deutschen Markt für Kleinkrafträder angepasst worden.

> Die Wettbewerbsfünfziger des Jahrgangs 77/78, jetzt mit Gasdruckfederbeinen.

> Die RG 50 war die letzte 50er Enduro von Gori auf dem deutschen Markt.

**Die Gori-Modelle in der Übersicht**

| Modell | Art | Motor | Leistung PS | Getriebe | Rahmen | Federung v/h | Angebot in D |
|---|---|---|---|---|---|---|---|
| Gori Cross 50 | Moto Coss | Sachs-Zweitakt | 8,5 | 5-Gang-Fuß | Doppelschleife | Telegabel/ Schwinge | 1970–1976 |
| Gori Regolarita 50 | Enduro | Sachs-Zweitakt | 8,5 | 6-Gang-Fuß | Doppelschleife | Telegabel/ Schwinge | 1974–1976 |
| Gori Regolarita 50 | Enduro | Sachs-Zweitakt | 11 | 6-Gang-Fuß | Doppelschleife | Telegabel/ Schwinge | 1976–1978 |
| Gori Codice 50 | KKR | Sachs-Zweitakt | 6,5 | 5-Gang-Fuß | Doppelschleife | Telegabel/ Schwinge | 1976–1978 |
| Gori Regolarita 50 / RG 50 | Enduro | Sachs-Zweitakt | 11,5 | 6-Gang-Fuß | Doppelschleife | Telegabel/ Schwinge | 1978–1981 |

## Guazzoni

MATTA

Guazzoni wurde 1935 von Aldo Guazzoni (1908–1978) in Mailand gegründet und man begann noch im selben Jahr ein 500-ccm-Motorrad zu bauen, das jedoch nur wenig Erfolg hatte. Nach dem Krieg experimentierte man zunächst mit Morini-Motoren, ehe 1950 in Kooperation mit Minarelli in Bologna ein recht erfolgreiches 250-ccm-Einzylindermodell auf den Markt kam. Den Durchbruch schaffte Guazzoni dann in den darauffolgenden Jahren mit einem 150-ccm-Zweitakter, ebenfalls von Minarelli, der in den Versionen Touring, Sport und Premium Sport erhältlich war.

Schnelle 50er mit der Markenbezeichnung »Matta« waren in den 1960er Jahren zum Kerngeschäft geworden und damit kamen die Mailänder ab 1966 auch nach Deutschland. Im Stil einer klassischen Rennmaschine war da zunächst die Matta 50 mit schmalem, langgestrecktem Tank und Höckerrennsitz. Ein Drehschieber an der linken Seite steuerte den Einlass, der Auslass ging direkt von der hinteren Zylinderseite ab. Offen leistete der Motor 7 PS, kam aber auf 6 PS gedrosselt nach Deutschland. 1969 kamen mit den Modellen »Matta Radiale« und »Mattacross« zwei Offroad-Versionen mit dem gleichen Triebwerk, aber besseren Ceriani-Federelementen dazu. Wobei das Modell Radiale eher für Wettbewerbe gedacht war und ein Sechsganggetriebe aufwies. 1975 war nur noch die Matta 50 im deutschen Angebot, die Produktion in Mailand endete 1976.

> *1966 war die Matta 50 die erste Maschine der Mailänder Firma Guazzoni auf dem deutschen Markt.*

> *Ab 1969 erweiterte sich das Guazzoni-Angebot unter anderem mit der Mattacross 50.*

**Die Guazzoni-Modelle in der Übersicht**

| Modell | Art | Motor | Leistung PS | Getriebe | Rahmen | Federung v/h | Angebot in D |
|---|---|---|---|---|---|---|---|
| Matta 50 | KKR | Guazzoni-Zweitakt | 6,0 / 7,0 | 4-Gang-Fuß | Doppelschleife | Telegabel/Schwinge | 1966–1975 |
| Mattacross | KKR | Guazzoni-Zweitakt | 6,0 / 7,0 | 4-Gang-Fuß | Doppelschleife | Telegabel/Schwinge | 1969–1973 |
| Matta Radiale | KKR | Guazzoni-Zweitakt | 7 | 6-Gang-Fuß | Doppelschleife | Telegabel/Schwinge | 1969–1973 |

## Italjet

Vor der Entstehung von Italjet hatte sich dessen Gründer Leopoldo Tartarini bereits einen Namen als Motorradrennfahrer gemacht.

Außerdem war er ein gefragter Tuner von Wettbewerbsmaschinen und begann, darauf aufbauend, mit der Serienfertigung von Motorradrahmen. 1957 gründete Tartarini die Firma Italemmezeta, in welcher MZ-Motoren in die von ihm entwickelten Rahmen eingebaut wurden. 1959 begann die Produktion kompletter Motorräder. Schließlich entstand 1961 die Firma Italjet mit Sitz in San Lazzaro di Savena bei Bologna. In die hier neu entstandenen Motorräder wurden Motoren von Minarelli und Sachs, also kleine Zweitakter, eingesetzt.

*> Die Italjet Cobra mit Sachs-Motor in der Rennsportausführung von 1966.*

Nach Deutschland kam Italjet 1965 mit dem Kleinkraftrad »Cobra«, das vom damals aktuellen Sachs-Motor mit 5,2 PS und Fünfganggetriebe befeuert wurde. Es gab die Maschine in den Versionen Touring, Rennsport und Enduro, der markante große Tank und das Fahrwerk waren dabei allen Maschinen gemein.

1968 war die erste Phase der Italjet-Importe aber auch schon wieder vorbei und es sollte nun zehn Jahre dauern, ehe wieder 50-Kubik-Zweiräder auf dem deutschen Markt erschienen. Wieder einmal war es Importeur Barthold aus Ulm, der sich an die Motocross- und Enduro-Maschinen der Italiener wagte. Italjet RX 50 hieß dann der Crosser, der 1978 in Deutschland zu haben war. Mehr als eine Trainingsmaschine für den Nachwuchs konnte das Modell aber nicht sein, für alles andere war sie mit 6 PS und Vierganggetriebe nicht ausreichend motorisiert.

Wie bereits berichtet, boten einige italienische Hersteller nach Einführung der 50-ccm-Klasse bei Trial-Wettbewerben entsprechende Maschinen in dieser Hubraumklasse an. Italjet kam 1980 mit der IT 50, die in der Mokick-Version mit 1,5 PS nur bedingt konkurrenzfähig war. Der Motor war vom 80er Modell heruntergeschrumpft worden, das Sechsganggetriebe war im Mokick beibehalten worden. Bis 1989 blieb die kleine Trial-Maschine auf dem deutschen Markt, von dem sich Italjet danach vorläufig zurückzog.

*> Ab 1978 führte die Firma barthold produkte aus Ulm die Italjet RX 50 ein.*

*> Ab etwa 1980 bot Italjet mit der IT 50 eine Trial-Maschine im Mokick-Format in Deutschland an.*

**Die Italjet-Modelle in der Übersicht**

| Modell | Art | Motor | Leistung PS | Getriebe | Rahmen | Federung v/h | Angebot in D |
|---|---|---|---|---|---|---|---|
| Italjet Cobra | KKR | Sachs-Zweitakt | 5,2 | 5-Gang-Fuß | Rohrrahmen | Telegabel/Schwinge | 1965–1968 |
| Italjet RX 50 | KKR | Minarelli-Zweitakt | 6 | 4-Gang-Fuß | Doppelschleife | Telegabel/Schwinge | 1978–1979 |
| Italjet IT 50 | Mokick | Minarelli-Zweitakt | 1,5 | 6-Gang-Fuß | Doppelschleife | Telegabel/Schwinge | 1980–1989 |

## Malaguti

Malaguti war ein weiterer italienischer Hersteller von Motorrädern, Motorrollern und Mofas mit Sitz in San Lazzaro di Savena, außerhalb von Bologna. Die Firma, 1930 von Antonio Malaguti gegründet, stellte Motorroller und Motorräder von 49 bis 500 ccm her und beschäftigte rund 270 Mitarbeiter, hauptsächlich in der einzigen Produktionsstätte in Castel San Pietro Terme, wo die Modelle entwickelt, produziert und getestet wurden. Für den 50-ccm-Markt entstanden sowohl klassische Mofas, als auch sehr sportlich aussehende kleine Motorräder, die Mofas, Mopeds und Mokicks sein konnten. Je nach Bedarf im eigenen Land oder in den Exportländern.

Gesicherte Daten über die Einfuhr von Malaguti-Zweirädern nach Deutschland liegen dem Autor erst ab 1977 vor, als Detlev Lois aus Hamburg den Malaguti-Import übernommen hatte. 1978 kamen gleich ein halbes Dutzend Mokick-Modelle, die es gleichzeitig auch als Mofas gab, hierher. Am Beispiel der »Fifty« zeigt sich das am besten; hier steckte die klassische Mofaform in einer äußerst modernen Verpackung, die an einem kräftigen Tankrahmen hing. Über die Jahre gab es das Modell in verschiedenen Versionen, letztlich auch mit einem wassergekühlten Motor, Scheibenbremse und Zentralfederbein.

Von völlig anderer Natur waren die Mokicks »Ronco 21«, »Cavalcone 6m« und »Trial Big Franz«. Letztere war eine Sechsgang-Maschine für echte Trial-Wettbewerbe, deren 2,7-PS-Motor mit einem Leistungskit agiler gemacht werden konnte. Ronco und Cavalcone hießen zwei Enduros, ebenfalls mit 2,7 PS, erstere aber mit nur vier Getriebegän-

> *Die Fifty von Malaguti des Jahrgangs 1986 in Vollausstattung, mit Wasserkühlung, Zentralfederbein und Scheibenbremse.*

> Die Malaguti V4 gab es wie fast alle Mokicks der italienischen Firma auch als Mofa (Foto).

> Eine echte Trial-Maschine war die Malaguti Trial mit Sechsganggetriebe und steigerungsfähiger Motorleistung.

> Die Cavalcone von Malaguti gab es als Mokick mit 2,7-PS-Motor von Franco Morini oder als Kleinkraftrad mit hauseigenem 5,5-PS-Triebwerk.

> Die Ronco 21, auch als Mofa oder Mokick erhältlich, musste mit vier Getriebegängen auskommen, was ja bei einer Höchstgeschwindigkeit von 40 km/h auch völlig ausreichend war.

> Ungewöhnlich für Malaguti war der »Chopper 40«, der aber auch noch irgendwie nach Enduro aussah.

> Mit der 50 km/h-Regelung für Mokicks in Deutschland brachte Malaguti noch 1986 die 3 PS starke Ronco MDX 450 über die Alpen.

> *1988/89 kam mit der exklusiven und teuren RST 50 das letzte Mokick von Malaguti auf den deutschen Markt.*

gen. Die Cavalcone war mit dem Zusatz »HF« 1978/79 auch als Kleinkraftrad mit hauseigenem 5,5-PS-Zweitakter zu haben. In die Kategorie des ganz normalen Straßenmokicks passte dann noch das Modell »Olympique V4 40«, wobei die 4 für die Zahl der Getriebegänge stand und die 40 für die Höchstgeschwindigkeit, denn parallel gab es auch die Mofaausführung V4 25.

Während die genannten Mokicks bis auf die Trial-Maschine mit geringfügigen Änderungen bei Optik und Bezeichnungen durch die Jahre liefen, kam 1981 mit dem Modell »Chopper 40« ein wiederum völlig anderes Bike hinzu. Vor allem die lange Telegabel und der daran anschließende hohe Lenker prägten das Bild des ansonsten eher bieder wirkenden Mokicks, das irgendwie auch immer noch nach Enduro aussah. Immerhin gab es ein gutes Fahrwerk, unter anderem mit Druckgussfelgen und einer Scheibenbremse im Vorderrad.

Für 1986 waren alle bisherigen Mokicks von Malaguti vom Markt genommen worden und es gab jetzt das neue Modell Ronco MGX 440. Die Motoren von Franco Morini hatten eine Einlassmembrane erhalten und waren flüssigkeitsgekühlt, ein Zentralfederbein und Scheibenbremsen brachten auch das Fahrwerk auf den neuesten Stand. Neu war auch die Optik, wie sie im aktuellen Endurodesign üblich war. Mit der neuen 50 km/h-Regelung für Deutschland kam aber schon Ende 1986 mit der Ronco MDX 450 erneut ein überarbeitetes Enduro-Mokick auf den deutschen Markt. Jetzt waren 3 PS gerade richtig, um die neue Mokick-Freiheit ausleben zu können.

Bei der letzten Malaguti-Fünfziger, die in Deutschland angeboten wurde, waren es sogar 3,7 PS. In der Optik der damals angesagten Straßenrennmaschinen, dazu mit Zentralfederbein, Vollverkleidung, Vierkantrohrrahmen und zwei Scheibenbremsen, war die neue RST 50 zwar ein exklusives, mit 5110 D-Mark aber auch sehr teures Mokick-Vergnügen. Wahrscheinlich der Grund, weshalb sie schon nach einem Jahr wieder aus den Katalogen verschwand. Wie übrigens die ganze Marke Malaguti nach 1989 bei Mofas und Mokicks nicht mehr vertreten war.

**Die Malaguti-Modelle in der Übersicht**

| Modell | Art | Motor | Leistung PS | Getriebe | Rahmen | Federung v/h | Angebot in D |
|---|---|---|---|---|---|---|---|
| Malaguti Fifty | Mokick | Morini-Zweitakt | 2,7 | 4-Gang-Fuß | Rohrrahmen | Telegabel/ Schwinge | 1978–1989 |
| Malaguti Olympique V4 40 | Mokick | Morini-Zweitakt | 2,7 | 4-Gang-Fuß | Doppelschleife | Telegabel/ Schwinge | 1978–1985 |
| Malaguti Ronco 21 | Mokick | Morini-Zweitakt | 2,7 | 4-Gang-Fuß | Doppelschleife | Telegabel/ Schwinge | 1978–1982 |
| Malaguti Cavalcone 6m | Mokick | Morini-Zweitakt | 2,7 | 6-Gang-Fuß | Doppelschleife | Telegabel/ Schwinge | 1978–1985 |
| Malaguti Cavalcone HF | KKR | Malaguti-Zweitakt | 5,5 | 6-Gang-Fuß | Doppelschleife | Telegabel/ Schwinge | 1978–1979 |
| Malaguti Trial Big Franz | Trial-Mokick | Morini-Zweitakt | 2,7 | 6-Gang-Fuß | Doppelschleife | Telegabel/ Schwinge | 1978–1981 |
| Malaguti Chopper 40 | Mokick | Morini-Zweitakt | 2,7 | 6-Gang-Fuß | Doppelschleife | Telegabel/ Schwinge | 1981–1985 |
| Malaguti Ronco MGX 440 | Mokick | Morini-Zweitakt | 2,7 | 4-Gang-Fuß | Doppelschleife | Telegabel/ Schwinge | 1985–1986 |
| Malaguti Ronco MDX 450 | Mokick | Morini-Zweitakt | 3 | 4-Gang-Fuß | Doppelschleife | Telegabel/ Schwinge | 1986–1989 |
| Malaguti RST 50 | Mokick | Morini-Zweitakt | 3,7 | 4-Gang-Fuß | Vierkantprofil | Telegabel/ Schwinge | 1988–1989 |

## Mondial

Als FB Mondial wurde die Firma 1929 in Mailand gegründet. FB stand dabei für Fratelli Boselli, da die vier Boselli-Brüder Luigi, Carlo, Ettore und Ada gemeinsam ins Motorradgeschäft einstiegen. Die ersten leichten und mit wachsendem Erfolg gebauten Maschinen entstanden allerdings beim Motorenkonstrukteur Drusiani in Bologna.

Nach dem Zweiten Weltkrieg und der Zerstörung der Werksanlagen startete FB Mondial 1948 in die zweite Schaffensperiode. Frühen Rennerfolgen folgten bis 1957 fünf Weltmeistertitel in den Klassen 125 und 250 cm³, die der Marke endgültig zum Durchbruch verhalfen. Bei den Serienmaschinen spezialisierte sich Mondial auf leistungsstarke Motorräder mit kleinen Hubräumen. Dabei entsprach die Produktion einer Kleinserien-Manufaktur und die Produktionszahlen lagen entsprechend nur zwischen 1000 und 2000 Einheiten pro Jahr.

1960 verließ das letzte mit eigenem Motor bestückte Mondial-Motorrad das Werk. Danach fungierte die Firma 19 Jahre lang als Konfektionär und setzte Motoren verschiedener Hersteller von 50 bis 125 cm³ in eigene Rahmen ein.

In Deutschland wurden die ersten 50er gleich im Viererpack etwa 1969 vom Multiimporteur Zweirad-Röth aus Hammelbach vorgestellt. Die V 4 SS als sportliches Kleinkraftrad mit langgezogenem Tank und Einzelsitzbank, allerdings mit vergleichsweise mageren 4 PS und Vierganggetriebe. Etwas sportlicher ging es bei der Rekord Spezial zu, mit noch längerem Tank, noch kürzerem Sitz und jetzt 4,5 PS und weiterhin vier Getriebegängen. Zu den zwei Sporttypen kamen auch zwei Enduros: Die V 5 Radial mit 7 PS, der bei entsprechender Her-

*> Für Deutschland zwar vorgestellt, mit den hiesigen Kleinkrafträdern aber kaum konkurrenzfähig: Die Mondial V 4 SS.*

*> Trotz Vierganggetriebe konnte die Cross V 5 Radial mit ihren 7 PS für Enduro-Wettbewerbe hergerichtet werden.*

*> Mit typisch italienisch-sportlicher Linienführung, aber Einzelsitz und mageren 4,5 PS war die Mondial Rekord Spezial in Deutschland nahezu unverkäuflich.*

*> Das galt auch für die Cross Spezial mit gleichem Motor, die in keine Schablone passte.*

> Die Cross V 6 war mit 7 PS, sechs Gängen und dem stabilen Doppelschleifen-Fahrwerk, zumindest im Nachwuchs- und Trainingsbereich durchaus geländetauglich.

> Ein Mini-Crosser durfte natürlich auch nicht fehlen. Die Mini-Cross V 4, Jahrgang 1972.

> Die Mondial Cross Special in der Ausführung von 1975/76, inzwischen wieder nur mit Vierganggetriebe, aber immer noch 7 PS.

richtung durchaus Wettbewerbstauglichkeit zugesprochen wurde und die Cross Spezial, ein Ableger der Rekord Spezial, also mit nur 4,5 PS und ohne Ambitionen auf sportlichen Ruhm.

Für das Modelljahr 1972 entfielen die Modelle V 4 und V 5, dafür kam nun die Cross V 6 ins Programm, deren Motor weiterhin 7 PS leistete, aber nun mit einem Sechsgang-Ziehkeilgetriebe ausgerüstet war. 1974 änderte sich das schon wieder, vier Gänge mussten erneut reichen.

Nicht fehlen durfte schließlich noch ein Mini-Crosser, der auch genauso hieß und mit den dicken 10-Zoll-Reifen und dem sehr hoch gezogenen Lenker nach amerikanischem Geschmack designt war. In Deutschland konkurrierte die kleine Maschine mit zahllosen Modellen von Benelli Mini Bike bis Honda Dax.

1976 endete die Präsenz von Mondial auf dem deutschen Markt, drei Jahre später stellte man die Produktion vollständig ein und kehrte erst fast zwanzig Jahre später auf den Markt zurück.

**Die Mondial-Modelle in der Übersicht**

| Modell | Art | Motor | Leistung PS | Getriebe | Rahmen | Federung v/h | Angebot in D |
|---|---|---|---|---|---|---|---|
| Mondial V 4 SS | KKR | k. A. | 4 | 4-Gang-Fuß | Doppelschleife | Telegabel/Schwinge | 1969-1971 |
| Mondial Rekord Spezial | KKR | k. A. | 4,5 | 4-Gang-Fuß | Doppelschleife | Telegabel/Schwinge | 1969-1971 |
| Mondial V 5 Radial | KKR | k. A. | 7 | 4-Gang-Fuß | Doppelrohr | Telegabel/Schwinge | 1969-1971 |
| Mondial Cross Spezial | KKR | k. A. | 4,5 | 4-Gang-Fuß | Doppelschleife | Telegabel/Schwinge | 1969-1971 |
| Mondial Cross V 6 | KKR | k. A. | 7 | 6-Gang-Fuß | Doppelschleife | Telegabel/Schwinge | 1972-1973 |
| Mondial Mini-Cross V 4 | KKR | k. A. | 3 | 4-Gang-Fuß | Rückgrat-Rohr | Telegabel/Schwinge | 1972-1976 |

## Morini

Moto Morini, der von Alfonso Morini 1937 in Bologna gegründete italienische Motorradhersteller (nicht zu verwechseln mit dem in diesem Buch schon mehrfach erwähnten Motorproduzenten Franco Morini), brachte mit der Corsarino 1963 ein 48-ccm-Viertakt-Moped auf den Markt. Sie war eigenständig neu entwickelt und wurde bis 1976 in etlichen Varianten angeboten. Die Maschinen wurden in unterschiedlichen Ausführungen sowohl für den Inlandsmarkt, aber auch für verschiedene Exportmärkte gebaut.

Hierzulande tauchte die Corsarino mit der Zusatzbezeichnung »ZZ« erstmals 1968 als Kleinkraftrad mit Viertakt-ohc-Motor auf, der 4,7 PS leistete und über ein Fünfganggetriebe verfügte. Die Maschine war in einem für den amerikanischen Markt bestimmten, typischen Design gehalten, das, wie in den USA üblich, nur für eine Person gedacht war. Die Maschine hielt sich sehr lange mit nur geringfügigen Änderungen im deutschen Angebot – ein Exot unter all den Zweitaktmaschinen.

Parallel zur ZZ wurde hierzulande offenbar (genaue Daten waren nicht zu recherchieren) auch eine Corsarino Superscrambler angeboten. Mit gleichem Fahrgestell und gleichem Motor war das Design den amerikanischen Vorstellungen von einem Scrambler angepasst worden. Nach 1976 wurden keine 50er von Morini mehr in Deutschland auf den Markt gebracht.

> *Mit ihrem 50-ccm-Viertaktmotor war die Morini Corsarino ZZ in Deutschland ein Exot unter den Kleinkrafträdern.*

> *Im gleichen Fahrwerk und mit gleichem Motor, aber im für den US-Markt bestimmten Scrambler-Design kamen auch einige Corsarino Superscrambler auf den deutschen Markt.*

**Die Morini-Modelle in der Übersicht**

| Modell | Art | Motor | Leistung PS | Getriebe | Rahmen | Federung v/h | Angebot in D |
|---|---|---|---|---|---|---|---|
| Morini Corsarino ZZ | KKR | Morini-Viertakt | 4,7 | 5-Gang-Fuß | Rohrrahmen m. Unterz. | Telegabel/ Schwinge | 1968–1976 |
| Morini Corsarino Superscrambler | KKR | Morini-Viertakt | 4,7 | 5-Gang-Fuß | Rohrrahmen m. Unterz. | Telegabel/ Schwinge | k. A. |

## Moto BM

Das Unternehmen Bonvicini Marino wurde 1952 von Mario Bonvicini in Rastignano Pianoro bei Bologna gegründet. Bonvicini (1903–1986) war in den Jahren 1926 bis 1930 ein erfolgreicher Motorradrennfahrer mit zahlreichen nationalen Titeln.

Die ersten von ihm produzierten Motorräder hatten noch Motoren von JLO aus dem deutschen Pinneberg. 1956 kamen 48-ccm-Mopeds in verschiedenen Ausführungen sowie Roller und Motorräder bis 150 ccm dazu.

In den 70er Jahren produzierte Moto BM eine Fülle verschiedener 50er, vornehmlich für die Inlandskundschaft. Als Antrieb dienten meistens Motoren von Franco-Morini oder Minarelli.

In den frühen 80er Jahren war die Produktion auf wenige Modelle beschränkt worden. In Deutschland wurden die Fahrzeuge unter den Markennamen Tornax und Kosmos vertrieben.

1988 endete die Fahrzeugproduktion bei Moto BM eigentlich. Kosmos bot aber noch viele weitere Jahre die Maschinen mit italienischen Komponenten an.

### Tornax

Die Tornax Zweiradwerk GmbH aus Frankfurt (später Kronberg), die 1982 ihre Geschäfte aufnahm, hatte mit der alten deutschen Motorradschmiede Tornax nicht das Geringste zu tun. Hinter dem guten Namen verbargen sich zwei 80er Leichtkrafträder mit Motoren von Franco Morini, die in Italien eben von Moto BM zusammengebaut wurden. Daneben gab es ein paar Mofa-Modelle, aber auch zwei Mokicks, genaugenommen Enduro-Mokicks, die beide bis auf das Triebwerk identisch waren. Die »Tornado E4« mit Vierganggetriebe und die E6 eben mit Sechsgangschaltwerk. Beide Motoren von Franco Morini leisteten 2,7 PS, das Fahrwerk mit hydraulischen Federelementen und das Design kamen noch aus den 1970er Jahren.

1988 wurden die letzten – teilweise noch von 1986 stammenden – Restbestände an Tornax-Maschinen verkauft.

### Kosmos

Seit den frühen 80er Jahren bot die Firma Euroimport Schlich in Mayen (in der Nähe des Nürburgrings) aus überwiegend italienischen Komponenten selbst zusammengebaute Enduro- und Motocross-Motorräder unter dem Markennamen »Kosmos« an und brachte damit regelmäßig selbst hartgesottene Motorrad-Journalisten ins Grübeln. Denn leibhaftig gesehen hatten die meisten so eine Maschine noch nie. Und dennoch sprach Firmeninhaber Schlich von einer Serienproduktion – ohne freilich Stückzahlen zu benennen. Es handelte sich um die Weiterführung der zuvor im italienischen Liscate unter dem gleichen Namen gebauten Enduros.

Bei den Mokicks war das anders. Diese wurden komplett von Moto BM gebaut und unter der Marke Kosmos in Deutschland vertrieben. Wie bei Tornax begann auch hier der Vertrieb 1982/83. Bei Kosmos waren alle Zweiräder auf Sport getrimmt, genauer gesagt auf Endurosport. Und trotz Geschwindigkeitsbegrenzung auf 40, später

*> Tornado E4 (Foto) und E6 hießen die Mokicks, die sich die deutsche Firma Tornax von der italienischen Firma Moto BM bauen ließ.*

*> Das Kosmos-Mokick KSR 50 MK wirkte zunächst etwas frischer, blieb dann aber auch fast 20 Jahre lang unverändert.*

50 km/h, durften es gerne auch sechs Getriebegänge sein, was daher kam, dass man die Mokicks von den Leichtkrafträdern ableitete. KSR 50 MK hieß das 1982 vorgestellte Mokick mit 3 PS und Sechsganggetriebe. Die Motoren kamen auch hier von Franco-Morini. Optisch wirkte das Mokick etwas frischer als die Tornax-Modelle, allerdings blieben die Fahrzeuge für die nächsten anderthalb Jahrzehnte auch nahezu unverändert. Für 1985 erhöhte sich die Leistung immerhin auf 3,5 PS und mit dem Modell KSR 50 MKS wurde das gleiche Mokick jetzt auch mit einem Motor von Fichtel & Sachs angeboten. Ab 1986 blieb vorerst nur noch dieses Modell im Angebot, dessen Leistung ab 1987 mit der neuen 50-km/h-Regelung auf 4,5 PS angehoben worden war.

1992 wurden dann zwei Tourenmodelle mit den Bezeichnungen KSR 50 MK/TS (Morini-Motor) und KSR 50 MK/TSS mit Sachs-Motor und vier Gängen angeboten. Die Enduro wechselte zur Bezeichnung KSR 50 E, fiel aber 1997 aus dem Kosmos-Programm. Zuletzt bot Kosmos noch die zwei Touren-Mokicks an – und das bis jenseits der Jahrtausendwende. Tatsächlich gesehen hat die aber wohl kaum jemand.

*> Ab 1984 konnten die Kosmos-Typen auch mit Sachs-Triebwerk geliefert werden.*

**Die Moto BM-Tornax- und Kosmos-Modelle in der Übersicht**

| Modell | Art | Motor | Leistung PS | Getriebe | Rahmen | Federung v/h | Angebot in D |
|---|---|---|---|---|---|---|---|
| Tornax Tornado E 4 | Enduro-Mokick | Morini-Zweitakt | 2,7 | 4-Gang-Fuß | Doppelschleife | Telegabel/ Schwinge | 1982–1986 |
| Tornax Tornado E 6 | Enduro-Mokick | Morini-Zweitakt | 2,7 | 6-Gang-Fuß | Doppelschleife | Telegabel/ Schwinge | 1982–1986 |
| Kosmos KSR 50 MK | Enduro-Mokick | Morini-Zweitakt | 3 | 6-Gang-Fuß | Doppelschleife | Telegabel/ Schwinge | 1982–1985 |
| Kosmos KSR 50 MKS | Enduro-Mokick | Sachs-Zweitakt | 3,5 / 4,5 | 6-Gang-Fuß | Doppelschleife | Telegabel/ Schwinge | 1984–1992 |
| Kosmos KSR 50 MK/TS | Mokick | Morini-Zweitakt | 4,5 | 4-Gang-Fuß | Doppelschleife | Telegabel/ Schwinge | 1992-nach 2000 |
| Kosmos KSR 50 MK/TSS | Mokick | Sachs-Zweitakt | 4,5 | 4-Gang-Fuß | Doppelschleife | Telegabel/ Schwinge | 1992-nach 2000 |
| Kosmos KSR 50 E | Enduro-Mokick | Morini-Zweitakt | 4,5 | 6-Gang-Fuß | Doppelschleife | Telegabel/ Schwinge | 1993–1997 |

## Moto Guzzi

Die Ursprünge von Moto Guzzi gehen auf drei motorradbegeisterte junge Männer zurück, die sich im Ersten Weltkrieg bei der italienischen Luftwaffe kennenlernten: Carlo Guzzi, Giorgio Parodi und Giovanni Ravelli. Letzterer war Pilot und nach dessen Tod 1918 wandten sich Guzzi und Parodi der Konstruktion eines Motorrades zu, das als Markenzeichen ein Adler schmücken sollte – im Gedenken an den gefallenen Freund. Für die Benennung ihrer Firma einigte man sich auf »Moto Guzzi«. 1921 begann die Serienfertigung mit 17 Angestellten auf einer Fläche von 300 m². Die Firma expandierte ständig und wurde in den 1930er Jahren zu einem der wichtigsten Motorradhersteller weltweit, nicht zuletzt dank großer Erfolge im Rennsport.

In der Nachkriegszeit wuchs das Werk weiter und in den 50er Jahren war Moto Guzzi mit Straßenrenn- und Geländesportmaschinen in allen Klassen vertreten und erfolgreich.

In den 60er Jahren geriet Moto Guzzi, wie so viele andere Hersteller auch, in eine schwere Krise. 1972 wurde die Firma dann dem De Tomaso-Konzern angegliedert.

Neben den großen Maschinen baute Moto Guzzi schon seit den 1950er Jahren auch Mopeds. Der Versuch, diese Maschinen auch nach Deutschland zu exportieren, scheiterte noch am wenig liberalisierten europäischen Markt, aber vor allem an der übermächtigen deutschen Konkurrenz. Ende der 1960er Jahre begann sich das zu ändern. Am 1. Februar 1967 wurde unter dem Namen SEIMM (Societá Esercicio Industrie Moto Meccaniche) in Mandello del Lario eine neue Gesellschaft gegründet, die die neuen 50er vermarktete. So kam mit der »Dingo S« 1967 auch gleich das erste Kleinkraftrad nach Deutschland. Ein wenig auffälliges Tourenmodell mit 5 PS und Viergangschaltung, aber auch nur einer typisch italienischen kurzen Sitzbank. Offensichtlich war diese Maschine nur ein Jahr lang auf dem deutschen Markt, ebenso kurz wie der fünf Jahre später vorgestellte Nachfolger »Dingo 62« mit jetzt 6,5 PS. Beiden Maschinen gemein war der auffällige Doppelschleifenrahmen, der auf Zylinderhöhe, zwischen Vergaser und Getriebedeckel verlief.

Nach 1973 tauchten außer Mofas keine 50er von Moto Guzzi mehr in deutschen Katalogen auf.

*> Das Modell Dingo von Moto Guzzi war offiziell nur 1967 auf dem deutschen Markt im Angebot. (Foto: Classic Trader)*

*> Ein ebenso kurzes Dasein fristete hierzulande die weiterentwickelte Dingo 62.*

**Die Moto Guzzi-Modelle in der Übersicht**

| Modell | Art | Motor | Leistung PS | Getriebe | Rahmen | Federung v/h | Angebot in D |
|---|---|---|---|---|---|---|---|
| Moto Guzzi Dingo S | KKR | Guzzi-Zweitakt | 5 | 4-Gang-Fuß | Doppelschleife | Telegabel/ Schwinge | 1967–1968 |
| Moto Guzzi Dingo 62 | KKR | Guzzi-Zweitakt | 6,5 | 4-Gang-Fuß | Doppelschleife | Telegabel/ Schwinge | 1972–1973 |

## Peripoli

Die Officine Meccaniche F.lli Peripoli, besser bekannt unter der Marke »Giulietta« war 1957 gegründet worden und hatte ihren Sitz in Montecchio Maggiore. Zunächst begann man Motorräder mit Demm-Motoren zu bauen, ehe ab 1960 eine breite Palette Mopeds und Leichtmotorräder mit Zweitaktmotoren das Programm bestimmte.

Die kleinen Fahrzeuge wurden mit dem Markennamen »Giulietta« versehen, nicht zuletzt, weil Alfa Romeo mit der Giulietta große Erfolge eingefahren hatte.

Nach 1965 wurde das Unternehmen zum siebtgrößten Motorradhersteller Italiens, vor Bianchi und Gilera.

In Deutschland waren es die Warenhaus-Konzerne Hertie und Karstadt, die ab 1968 einige Giulietta-Modelle in Deutschland einzuführen versuchten und die Firma Standex in Alzenau die ab 1970 die Kleinkrafträder Giulietta Junior und Giulietta Sport hierzulande präsentierte. Das Junior-Modell war mit seinen 12-Zoll-Rädern im zu dieser Zeit üblichen Look der Minibikes gehalten, das Sport-Modell als Rennmaschinenersatz mit Bremsenbelüftung, tief gesetztem Lenker und mit einer Einzelsitzbank ausgestattet. Beide Maschinen wurden von einem 5,3 PS Zweitakter von Franco-Morini mit vier Gängen angetrieben. Bis 1973 blieben diese beiden Maschinen im deutschen Angebot, danach war die Marke aus den Katalogen verschwunden.

*> Die Giulietta Sport mit italienisch-üblicher Einpersonensitzbank, tief gesetztem Stummellenker und Bremsenbelüftung.*

*> In der Masse der Minibikes konnte sich die italienische Giulietta Junior trotz ihres niedrigen Preises von 898 D-Mark kaum behaupten.*

**Die Giulietta-Modelle in der Übersicht**

| Modell | Art | Motor | Leistung PS | Getriebe | Rahmen | Federung v/h | Angebot in D |
|---|---|---|---|---|---|---|---|
| Giuletta Sport | KKR | Morini-Zweitakt | 5,2 | 4-Gang-Fuß | Doppelschleife | Telegabel/ Schwinge | 1970–1973 |
| Giuletta Junior | KKR | Morini-Zweitakt | 5,2 | 4-Gang-Fuß | Zentralrohr | Telegabel/ Schwinge | 1970–1973 |

## SWM

SWM (Speedy Working Motors) wurde ursprünglich von Piero Sironi und Fausto Vergani in Mailand gegründet und existierte von 1971 bis 1985. Sportliche Erfolge konnte das Unternehmen vor allem im Motocross und im Endurosport erringen. SWM verbaute anfangs Sechsgangmotoren von Sachs, später wechselte man zu Rotax als Motorenlieferant. Die luftgekühlten Zweitakter verfügten über eine Schiebereinlass-Steuerung. In den 1970er Jahren gewann SWM in der Enduro-Europameisterschaft sechs Titel.

Bei der Internationalen Sechstagefahrt 1975 gewann ein mit SWM-Motorrädern ausgestattetes Team die Silbervase.

50er waren stets nur Ergänzungsmodelle der SWM-Palette. In Deutschland wurden 1975 durch die Steinbichler KG in Neufahrn mit den Modellen GS 50 und 50 Cross zwei wettbewerbstaugliche Offroader mit 9,5 PS starkem Sachs-Motor und Sechsganggetriebe angeboten. Diese Maschinen waren direkte Ableitungen der Werksrenner und damit für Privat- und Nachwuchsfahrer echte Empfehlungen.

*> Straßenzulassungsfähig oder nicht: Die SWM-50er der Jahre 1975/76 als Enduro oder Motocross-Maschine, beide mit 9,5-PS-Sachs-Motor.*

*> Silver Vase ES 50 hieß die SWM-Enduro des Jahres 1976 nach dem Gewinn eben dieser Silbervase im Jahr zuvor.*

*> Bei den auf die Jugend zugeschnittenen Maschinen, wie der 50 Boy Regolarita, musste ein 6-PS-Motor von Minarelli ausreichen.*

1976 kamen die Maschinen in neuem Design als Typ »Silver Vase ES 50« (Enduro) und 50 Cross mit nun 10 und 11 PS, vertrieben jetzt von Zweirad-Röth in Hammelbach, nach Deutschland. Der wagte sich auch an zwei weitere Maschinen in den Bereichen Enduro und Motocross: Die »50 Boy Regolarita« für junge Anfänger im Geländesport und die »50 Boy Cross«, eigentlich ein Kinder-Modell mit 15-Zoll-Bereifung vorn und 12 Zoll hinten. Beide Maschinen wurden von einem 6-PS-Minarelli-Motor angetrieben, der in der Enduro sechs und in der Cross-Maschine vier Getriebegänge aufwies. Für 1980 wurde die Boy Regolarita zum Mokick mit 2,9 PS heruntergestuft.

Nach dem Ende der Kleinkrafträder in Deutschland kam SWM schnell mit zwei 80ern, deren Motoren auch auf Mokick-Niveau mit 2,9 PS heruntergeschrumpft wurden. Da war zum einen die »TL 50«, eine Trialmaschine mit Sechsgangschaltung und der Möglichkeit der Straßenzulassung. Zum anderen die »RBS 50« eine Enduro, die durch Leichtbauweise mit viel Kunststoff und gewichtsparenden Halbnabenbremsen immer noch auf Wettbewerbe im Gelände abzielte. 1985 war diese Maschine die letzte 50er von SWM, danach war die Marke vom Markt verschwunden.

*> Ein Muss für einige italienische Hersteller war um 1980 herum eine kleine Trialmaschine. Bei SWM hieß die TL 50.*

*> Für erste Versuche im Motocross-Sport sollte wohl die 50 Boy Cross mit kleinen Rädern und damit sehr niedriger Sitzhöhe gedacht sein.*

*> Mit dem exakt gleichen Motor von Minarelli erschien 1981 die 50er Enduro RBS 50.*

> *Der Mini-Crosser mit noch kleineren Rädern in der Version von 1979/80.*

**Die SWM-Modelle in der Übersicht**

| Modell | Art | Motor | Leistung PS | Getriebe | Rahmen | Federung v/h | Angebot in D |
|---|---|---|---|---|---|---|---|
| SWM 50 GS | Enduro | Sachs-Zweitakt | 9,5 | 6-Gang-Fuß | Doppelschleife | Telegabel/ Schwinge | 1975–1976 |
| SWM 50 Cross | Moto Cross | Sachs-Zweitakt | 9,5 | 6-Gang-Fuß | Doppelschleife | Telegabel/ Schwinge | 1975–1976 |
| SWM Silver Vase ES 50 | Enduro | Sachs-Zweitakt | 10 | 6-Gang-Fuß | Doppelschleife | Telegabel/ Schwinge | 1976–1980 |
| SWM 50 Cross | Moto Cross | Sachs-Zweitakt | 11 | 6-Gang-Fuß | Doppelschleife | Telegabel/ Schwinge | 1976–1978 |
| SWM 50 Boy Cross | KKR | Minarelli-Zweitakt | 6 | 4-Gang-Fuß | Doppelschleife | Telegabel/ Schwinge | 1976–1977 |
| SWM 50 Boy Regolarita | KKR | Minarelli-Zweitakt | 6 | 6-Gang-Fuß | Doppelschleife | Telegabel/ Schwinge | 1976–1979 |
| SWM 50 Boy Regolarita | Mokick | Minarelli-Zweitakt | 2,9 | 6-Gang-Fuß | Doppelschleife | Telegabel/ Schwinge | 1979–1980 |
| SWM TL 50 | Trial-Mokick | Minarelli-Zweitakt | 2,9 | 6-Gang-Fuß | Brückenrahmen | Telegabel/ Schwinge | 1981–1984 |
| SWM RBS 50 | Enduro-Mokick | Minarelli-Zweitakt | 2,9 | 6-Gang-Fuß | Brückenrahmen | Telegabel/ Schwinge | 1981–1986 |

## Testi

Erio Testi (1933–2008), der Sohn von Umberto Testi, dem Gründer des gleichnamigen Radsportunternehmens, half bei seinem Vater in der Werkstatt und machte sich so früh mit der Zweiradmechanik vertraut. 1953 nahm er eine Stellung bei einem österreichischen Vertreter von Fichtel & Sachs an, um die kleinen Zweitaktmotoren mit 50 cm³ Hubraum kennenzulernen, die gerade begannen, in Mopeds, Mokicks und Kleinkrafträdern die Welt zu erobern. Nach seiner Rückkehr nach Italien trug er mit seinem erworbenen Wissen zur Gründung des Kleinmotoren-Herstellers Motori Minarelli bei.

Erio Testi übernahm 1958 die Leitung des Familienunternehmens Motocicli Testi in San Lazzaro di Savena, in der Nähe von Bologna, von seinem Vater und begann hochwertig verarbeitete und leistungsstarke Fünfziger mit eben diesen Minarelli-Motoren zu bauen.

Mit diesem Programm gelang es Testi, ein bemerkenswertes Produktionsniveau zu erreichen, das in den besten Zeiten 30.000 Einheiten pro Jahr erreichte, von denen die meisten für den Export in die USA bestimmt waren oder von der Tochtergesellschaft Gitane-Testi direkt in Frankreich gebaut wurden.

Nach Deutschland führte zunächst die Stuttgarter Firma »Dorga Motorräder« ab 1974 die »Royal Rally 50« ein, die als Tourenmaschine mit Doppelsitzbank, italienischem Flair, 6,3 PS und Sechsganggetriebe durchaus in Konkurrenz zu den deutschen Kleinkrafträdern stand.

> *Royal Rally 50 hieß 1974 das erste Kleinkraftrad der italienischen Firma Testi auf dem deutschen Markt.*

*> 1977/78 scheiterte der Versuch, mit der Champion Special ein Kleinkraftrad im Rennmaschinen-Look auf dem deutschen Markt zu platzieren.*

*> 1978 war die zentrale Anordnung der hinteren Federelemente bei Enduro-Maschinen noch exotisch, die Testi 50 GS und 50 MC (Foto) waren hier Vorreiter.*

1977 scheiterte der Versuch, mit der »Champion Special« ein Kleinkraftrad im Rennmaschinendesign auf dem deutschen Markt zu platzieren, weshalb man es im Jahr darauf mit einer wettbewerbstauglichen Motocross-Maschine und einer davon abgeleiteten Enduro versuchte. 50 GS und 50 MC hießen die Maschinen hierzulande ganz einfach, deren herausragendes Merkmal ein zentral angeordnetes Doppelfederbein für die Hinterradschwinge war. Das war bis dahin einzigartig für eine 50er Offroadmaschine, was aber nichts an deren Misserfolg auf dem deutschen Markt änderte.

Der Versuch, ab 1984 eine große Zweiradproduktion in China aufzuziehen, scheiterte kläglich und infolge der damit eingefahrenen finanziellen Verluste musste Testi in Italien Konkurs anmelden.

**Die Testi-Modelle in der Übersicht**

| Modell | Art | Motor | Leistung PS | Getriebe | Rahmen | Federung v/h | Angebot in D |
|---|---|---|---|---|---|---|---|
| Testi Royal Rally 50 | KKR | Minarelli-Zweitakt | 6,3 | 6-Gang-Fuß | Doppelschleife | Telegabel/Schwinge | 1974–1977 |
| Testi Champion Special | KKR | Minarelli-Zweitakt | 6,3 | 6-Gang-Fuß | Doppelschleife | Telegabel/Schwinge | 1977–1978 |
| Testi 50 GS | KKR | Minarelli-Zweitakt | 6,3 | 6-Gang-Fuß | Doppelschleife | Telegabel/Schwinge | 1978–1979 |
| Testi 50 MC | Moto Cross | Minarelli-Zweitakt | 11 | 6-Gang-Fuß | Doppelschleife | Telegabel/Schwinge | 1978–1979 |

# Der Rest aus Westeuropa:

## Von Batavus bis Van Veen

## Batavus

Die niederländische Firma Intercycle Bicycle and Motorcycle Works, mit dem Markennamen »Batavus« wurde 1904 gegründet. In den 1950er Jahren kamen die »Bromfietsen« in Holland groß in Mode; eine in Deutschland dem Moped entsprechende Fahrzeugklasse. Mit Pedalen, 50 ccm Hubraum und maximal 40 km/h durften diese Maschinen in den Niederlanden alle Personen ab 16 Jahren führerscheinfrei fahren. Über diese Schiene entwickelte sich die Batavus Intercycle Corporation zum führenden Hersteller von Fahrrädern, Mofas und Mopeds in den Niederlanden der 1970er Jahre. In ihren produktivsten Zeiten hatte die Firma 33.000 Quadratmeter Produktionsfläche in Heerenveen. Rund 700 Mitarbeiter schraubten bis zu 70.000 Batavus-Mopeds und 250.000 Fahrräder im Jahr zusammen.

Batavus exportierte im Schnitt 55 Prozent seiner Produktion. Sehr viele Batavus-Zweiräder wurden unter der Bezeichnung »Starflite« an die deutschen Kaufhausketten Karstadt, Kaufhof und Horten sowie den Versandhändler Quelle geliefert.

In Holland galt Batavus als echte Premiummarke. In Deutschland jedoch musste man wegen der starken Konkurrenz der dortigen Hersteller oft über den Preis verkaufen. Das galt vor allem für die Kaufhaus-Modelle, während die parallel angebotenen »originalen« Batavus-Maschinen teurer waren, obwohl sie sich kaum voneinander unterschieden. Aber hier wurde streng auf Marken- und Namenstrennung geachtet.

Kleinkrafträder und Mokicks fristeten ein Schattendasein beim großen niederländischen Hersteller, wenngleich 1970 mit der Batavus TS-49 S die erste offene 50er nach Deutschland kam. Dem Fahrzeug mit Sachs-Motor wurde eine flotte Linienführung und eine hohe Fertigungsqualität bescheinigt und mit 1495 D-Mark war es kein Schnäppchen. Die Maschine wurde bis 1975 in Deutschland angeboten, zuletzt mit den üblichen 6,25 PS.

1973 tauchte dann mit dem Modell »GTM« das erste Mokick in Deutschland auf. Ein flottes Modell mit Zentralrohrrahmen, Edelstahlschutzblechen und wieder einem deutschen Triebwerk von Fichtel & Sachs. Als »Starflite« oder der Hausmarke Batavus blieb das Mokick ein Dauerbrenner in den Kaufhauskatalogen. Parallel zum Mokick bot

> *Mit der TS 49 S und ihrem Sachs-Fünfgangmotor konnte Batavus zu Beginn der 1970er Jahre in Konkurrenz zu den deutschen Herstellern treten.*

> *Die Maschine blieb bis 1975 im Angebot, ab 1972 mit erhöhter Motorleistung. Im Bild die TS 49 S von 1973.*

> *Mit der Starflite GTM hatte Batavus ab 1973 ein schickes und technisch aktuelles Mokick nach Deutschland geschickt.*

> *Parallel zum Mokick produzierte Batavus auch ein Kleinkraftrad, das in Deutschland als Starflite GTS mit dem leistungsstärkeren Sachs 50 S angeboten wurde.*

> *Die Starflite GTS des Jahrgangs 1975, jetzt mit Motoplat-Elektronikzündung.*

Batavus ab 1973 das Kleinkraftrad »Starflite GTS« an. Im gleichen Design wie das Mokick, war hier der Sachs-Motor 50 S mit 6,25 PS und Fünfganggetriebe verbaut und der Rahmen hatte zwei verschraubte Unterzüge erhalten. Ab 1974 wurde elektronisch gezündet, 1979 wurden GTM und GTS letztmalig angeboten.

Nach 1980 kamen nur noch Mofas und Mopeds nach Deutschland, zwar produzierte Batavus offiziell bis 1984 motorisierte Zweiräder, der Export endete aber bereits im Jahr zuvor.

**Die Batavus-Modelle in der Übersicht**

| Modell | Art | Motor | Leistung PS | Getriebe | Rahmen | Federung v/h | Angebot in D |
|---|---|---|---|---|---|---|---|
| Batavus TS 49 S | KKR | Sachs-Zweitakt | 5,3 / 6.25 | 5-Gang-Fuß | Zentralrohr | Telegabel/ Schwinge | 1970–1975 |
| Starflite GTM | Mokick | Sachs-Zweitakt | 2,9 | 4-Gang-Fuß | Zentralrohr | Telegabel/ Schwinge | 1973–1979 |
| Starflite GTS | KKR | Sachs-Zweitakt | 6,25 | 6-Gang-Fuß | Zentralrohr m. Unterz. | Telegabel/ Schwinge | 1973–1979 |

## Casal

Metalurgia Casal war der größte portugiesische Motorradhersteller mit Sitz in Aveiro. Er wurde 1964 mit João Casal als Geschäftsführer und ehemaligen Zündapp-Ingenieuren wie Robert Zipprich gegründet. Zu den ersten Produkten gehörten landwirtschaftliche Maschinen und Moped-Zweitaktmotoren auf Zündapp-Basis. Bis 1967 wurden komplette Motorräder hergestellt, aber vor allem Mopeds, die so manchem Zündapp-Modell sehr ähnlich sahen.

Obwohl der Hauptmarkt bei Weitem der Inlandsmarkt war, exportierte das Unternehmen etwa zehn Prozent seiner Produktion nach Großbritannien, Dänemark, Schweden und in die Niederlande. Auch Direktexporte nach Deutschland sind ab 1970 bekannt. Wie von der Casal K 181, einem klassischen, nach deutschem Muster gebauten Kleinkraftrad, das tatsächlich sehr nach Zündapp aussah, bis auf den Motor zumindest. Schon 1971 wurde das Modell von der etwas moderner gestylten K 190 im Scrambler-Stil mit hohem Lenker und hochgezogenem Auspuff abgelöst. Der Motor, jetzt mit Fächerzylinderkopf, leistete immer noch 5,3 PS, die nun aber mittels Fünfganggetriebe weitergeleitet wurden. Im jährlich wechselnden Modell-Karussell erschien dann 1972 die K 184, jetzt mit standesgemäßen 6,5 PS, Elektronikzündung und neuer Rahmenkonstruktion. In der Version K 184 S war die Maschine im Jahr darauf mit Vierleuchten-Blinkanlage, großem Gepäckträger und wieder hochgezogenem Auspuff unterwegs. Von der K 184 S wurde von Casal noch die »Trial Cross« abgeleitet. Tatsächlich war diese Maschine aber weder für den einen noch den anderen Sport wirklich geeignet und wieder auf den US-Markt zugeschnitten. 1974 kam dann mit der K 191 eine auf Sportlichkeit gehaltene Maschine mit Sechsganggetriebe und parallel dazu die K 192 als Tourenmodell mit ordentlicher Sitzbank und Gepäckträger. Außer-

> *Das Kleinkraftrad Casal K 181 kam ab 1970 in einigen Exemplaren auch nach Deutschland.*

> Die K 190 von Casal im amerikanischen Scrambler-Stil mit dort üblicher knapper Sitzbank.

> Die modernisierte K 184 von 1972, erstmals bei Casal von einem Doppelschleifenrahmen getragen.

> Mit Blinkern, Gepäckträger und wieder hochgezogenem Auspuff lieferte Casal die K 184 S.

> Die Trial Cross war von der K 184 S abgeleitet worden und nicht wirklich für sportliche Wettbewerbe vorgesehen.

> Das große Gehäuse hinter dem Zylinder der Casal K 191 bot Platz für ein Sechsganggetriebe.

> Ein echtes Tourenmodell in Konkurrenz zu den deutschen Kleinkrafträdern war die Casal K 192.

dem noch 1974 führte Casal mit der K 184 SSS die Wasserkühlung ein, die 7,5 PS ermöglichte, womit sich Casal nicht mehr um die deutsche 6,25-PS-Absprache scherte.
In der zweiten Hälfte der 1970er Jahre kamen dann weitere neue Kleinkrafträder in die Kataloge: 1976 die K 188 Cross, eine Anfänger-Crossmaschine, die sehr nach Trial aussah, 1977 die K 185 S, ein Zweipersonenmodell im Endurolook und im gleichen Jahr die K 175, sehr sportlich geschnitten mit langem, schmalem Tank und Rennsitzbank.
1980 waren noch zwei Kleinkrafträder von Casal im deutschen Motorradkatalog aufgeführt, danach war die Marke hierzulande nicht mehr zu finden, sieht man vom Mokick der Marke Solo ab, das bei Casal gefertigt wurde.

> *Als Crossmodell für Anfänger beschrieb der Motorradkatalog die K 188 Cross, deren Linienführung eher nach Trialsport aussah.*

> *Sehr sportlich, aber für den deutschen Markt eher weniger geeignet war die Casal K 175.*

**Die Casal-Modelle in der Übersicht**

| Modell | Art | Motor | Leistung PS | Getriebe | Rahmen | Federung v/h | Angebot in D |
|---|---|---|---|---|---|---|---|
| Casal K 181 | KKR | Casal-Zweitakt | 5,3 | 4-Gang-Fuß | Zentralrohr-Druckguss | Telegabel/ Schwinge | 1970–1971 |
| Casal K 190 | KKR | Casal-Zweitakt | 5,2 | 5-Gang-Fuß | Pressstahl-Rückgrat | Telegabel/ Schwinge | 1971–1973 |
| Casal K 184 | KKR | Casal-Zweitakt | 6,5 | 5-Gang-Fuß | Doppelschleife | Telegabel/ Schwinge | 1972–1973 |
| Casal K 184 S | KKR | Casal-Zweitakt | 6,6 | 5-Gang-Fuß | Doppelschleife | Telegabel/ Schwinge | 1973–1974 |
| Casal 50 Trial Cross | KKR | Casal-Zweitakt | 6,6 | 5-Gang-Fuß | Doppelschleife | Telegabel/ Schwinge | 1973–1974 |
| Casal K 184 SSS | KKR | Casal-Zweitakt | 7,5 | 5-Gang-Fuß | Doppelschleife | Telegabel/ Schwinge | 1974–1977 |
| Casal K 191 | KKR | Casal-Zweitakt | 6 | 6-Gang-Fuß | Pressstahl-Rückgrat | Telegabel/ Schwinge | 1974–1976 |
| Casal K 192 | KKR | Casal-Zweitakt | 6 | 6-Gang-Fuß | Pressstahl-Rückgrat | Telegabel/ Schwinge | 1974–1977 |
| Casal K 188 Cross | KKR | Casal-Zweitakt | 6,5 | 5-Gang-Fuß | Doppelschleife | Telegabel/ Schwinge | 1976–1980 |
| Casal K 185 S | KKR | Casal-Zweitakt | 6,5 | 5-Gang-Fuß | Doppelschleife | Telegabel/ Schwinge | 1977–1980 |
| Casal K 175 | KKR | Casal-Zweitakt | 6,5 | 5-Gang-Fuß | Doppelschleife | Telegabel/ Schwinge | 1977–1979 |

## Derbi

Die spanische Firma Derbi NacionalMotor S.A. war 1922 von Simeon Rabassa Singla bei Barcelona gegründet worden und gehörte schnell zu einer der führenden Motorradfabriken im Land. Mit der Konzentration auf Zweitaktmaschinen mit 49 ccm Hubraum hatte sich Derbi so viel Knowhow erarbeitet, dass man in der Straßenrennszene diverse spanische Meisterschaften gewann und mit dem Fahrer Angel Nieto von 1969 bis 1972 drei Weltmeistertitel einfuhr.

In Spanien durften 50-ccm-Maschinen mit 40 km/h Höchstgeschwindigkeit ab 14 Jahren und ohne Führerschein gefahren werden, was diese Fahrzeuge im Inland äußerst beliebt machte und zu einer ungeheuren Vielzahl von Modellen führte.

### 1972–1980

Während die Einfuhr nach Deutschland laut der Zeitschrift Radmarkt sporadisch ab 1976 begann, listete der Motorradkatalog bereits ab 1972 die ersten Derbi-Modelle auf, die mit ihren 40 km/h auf den deutschen Mokickmarkt gepasst hätten. Es gab jeweils ein Modell in normaler Straßenausführung (»Antorcha«) mit Zentralkastenrahmen und ein Modell in Scrambler-Optik (»Coyote«) mit Doppelrohrrahmen. Beide Maschinen wurden von einem 2,5-PS-Zweitakter mit fußgeschaltetem Dreiganggetriebe befeuert. In den Folgejahren änderten sich die Designs und die Motorleistung wurde leicht auf 2,7 PS angehoben.

1975 wurde dann mit der Derbi 50 GT das erste Kleinkraftrad offiziell

*> Antorcha nannte Derbi seine 50er Mokicks in normaler Straßenausführung, die Zusatzbezeichnung »Tricampeona« stand für den dreimaligen WM-Titel.*

*> Die Coyote-Modelle von Derbi waren im Scrambler-Look mit über dem Motor verlaufenden Doppelrohrrahmen gehalten.*

*> Mit der 50 GT kam 1975/76 das erste Kleinkraftrad von Derbi auf den deutschen Markt.*

*> Mit wenig Änderungen wurde aus der 50 GT ab 1977 die 50 GTS 4 V.*

in Deutschland vorgestellt, das aber mit seinen bescheidenen 4,5 PS und der Viergangschaltung kaum konkurrenzfähig war. Das galt auch für die »50 Diabolo«, die 1978 vorgestellt wurde, aber als Enduro mit nur 4,5 PS und vier Getriebegängen fernab der – vor allem italienischen – Konkurrenz war.

**1987–1996**

Ohne Importeur für die hausbackenen Derbis und mit dem Ende der Kleinkrafträder in Deutschland verschwand die Marke für einige Jahre aus dem hiesigen Blickfeld. Ehe sie mit zwei modern gestylten Maschinen 1987 wie Phönix aus der Asche auferstand. »FDT 50« hieß ein Straßenmokick mit Rennverkleidung und »FDS 50« eine Enduro. Beide wurden von einem luftgekühlten Zweitaktmotor mit 2,8 PS und vier Gängen angetrieben und beide hatten ein Fahrwerk mit Zentralfederbein. 1989 war dann auch hier schon wieder Schluss, ehe die

*> Als Kleinkraftrad im Enduro-Stil war die Derbi 50 Diabolo für den deutschen Markt zu schwach auf der Brust.*

*> Bis auf den antiquierten Motor war die Derbi FDS 50 ein modern erscheinendes Enduro-Mokick.*

> *Mit der Savannah versuchte ein österreichischer Händler wieder ein Derbi-Mokick auf dem deutschen Markt zu platzieren.*

> *Senda hieß die schicke Enduro, die Derbi 1994 in Deutschland anbot und die eine Art Startschuss für eine jahrelange Erfolgsgeschichte war.*

> *Auch schön: Die Derbi Fenix im Stile großer nackter Maschinen aus Fernost.*

*> Senda R hieß der Maßstab für eine kommende Genration von derbi-Offroad-Modellen.*

Hans Leeb GmbH aus Österreich 1991 noch einen Versuch wagte, ein Derbi-Mokick auf dem deutschen Markt zu platzieren. »Savannah« nannte sich die Enduro mit einem luftgekühlten, membrangesteuerten Zweitakter, der 3 PS leistete. 3790 D-Mark schienen ein Schnäppchen und tatsächlich verkaufte sich die Maschine ganz ordentlich. Darauf ließ sich also aufbauen und schon 1994 kamen zwei neue Mokicks von Derbi nach Deutschland: Die »Senda« als Enduro machte mit ihrem Aussehen und dem guten Fahrwerk (u. a. Upside-down-Gabel und Scheibenbremsen vorn und hinten) eine gute Figur, was man von dem Modell »Fenix« erst recht sagen konnte. Ein Funbike mit einem Schuss Vmax und einer Prise Zephyr, das faktisch konkurrenzlos war, auch was den Preis von 4090 D-Mark anging. Der zahmen Senda hatten die Katalanen ein Jahr später mit der Senda 50 R eine echte Sportskanone an die Seite gestellt, deren flüssigkeitsgekühlter Zweitakter 4,7 PS leistete, die ein Sechsganggetriebe ans Hinterrad weiterreichte. Die schwächere Senda-Ausführung fiel bald darauf aus dem Programm und nach 1996 blieben von Derbi vorerst nur noch Motorroller auf dem deutschen Markt übrig.

**Die Derbi-Modelle in der Übersicht**

| Modell | Art | Motor | Leistung PS | Getriebe | Rahmen | Federung v/h | Angebot in D |
|---|---|---|---|---|---|---|---|
| Derbi Antorcha | Mokick | Derbi-Zweitakt | 2,5 / 2,7 | 3-Gang-Fuß | Zentralkasten | Telegabel/ Schwinge | 1972–1974 |
| Derbi Coyote | Mokick | Derbi-Zweitakt | 2,5 / 2,7 | 3-Gang-Fuß | Doppelrohr | Telegabel/ Schwinge | 1972–1974 |
| Derbi 50 GT | KKR | Derbi-Zweitakt | 4,5 | 4-Gang-Fuß | Doppelrohr | Telegabel/ Schwinge | 1975–1977 |
| Derbi 50 GTS 4 V | KKR | Derbi-Zweitakt | 4,5 | 4-Gang-Fuß | Doppelrohr | Telegabel/ Schwinge | 1977–1979 |
| Derbi 50 50 Diabolo | KKR | Derbi-Zweitakt | 4,5 | 4-Gang-Fuß | Doppelrohr | Telegabel/ Schwinge | 1978–1979 |
| Derbi FDT 50 | Mokick | Derbi-Zweitakt | 2,7 | 4-Gang-Fuß | Zentralkasten | Telegabel/ Schwinge | 1987–1989 |
| Derbi FDS 50 | Enduro-Mokick | Derbi-Zweitakt | 2,7 | 4-Gang-Fuß | Doppelschleife | Telegabel/ Schwinge | 1987–1989 |
| Derbi Savanah | Enduro-Mokick | Derbi-Zweitakt | 3 | 4-Gang-Fuß | Rohrrahmen | Telegabel/ Schwinge | 1991–1993 |
| Derbi Senda | Enduro-Mokick | Derbi-Zweitakt | 3,5 | 4-Gang-Fuß | Doppelschleife | Telegabel/ Schwinge | 1994–1995 |
| Derbi Fenix | Mokick | Derbi-Zweitakt | 3,5 | 4-Gang-Fuß | Doppelschleife | Telegabel/ Schwinge | 1994–1996 |
| Derbi Senda 50 R | Enduro-Mokick | Derbi-Zweitakt | 4,7 | 6-Gang-Fuß | Doppelschleife | Telegabel/ Schwinge | 1995–1996 |

## Monark

Die Firma wurde 1908 im schwedischen Varberg von Birger Svensson (1883–1944) gegründet und produzierte in Spitzenzeiten bis zu 1000 Zweiräder aller Art pro Tag. Schnell spezialisierte man sich auf Offroad-Motorräder, nahm seit den frühen 1950er Jahren erfolgreich an den Sechstagefahrten teil und gewann 1955 mit dem Fahrer Sten Lundin die Motocross-Weltmeisterschaft in der Halbliterklasse. In Folge ständiger Expansionen mit dem 1960 durch Fusion entstandenen Firmennamen Monark MCB und einem weiteren Werk in Uppsala – sogar in Brasilien wurde ein Werk eröffnet – waren zu Spitzenzeiten bis zu 2000 Mitarbeiter bei Monark beschäftigt. Ab Ende der 1960er Jahre ging dann der Absatz stetig zurück und der Standort Uppsala wurde 1973 an Volvo abgegeben.

1973 war auch das Jahr, in dem erstmals zwei Monark-Crosser in Deutschland angeboten wurden. Die »Formula Monark 50 MX« war in Schweden für Nachwuchswettbewerbe entwickelt worden und konnte hier auf zahlreiche Erfolge verweisen. Angetrieben wurde das Modell von einem italienischen Franco-Morini-Zweitakter mit Fünfganggetriebe, der 6,5 PS leistete. Erwachsene durften sich dagegen mit der Monark 50 MX Special messen, die mit einem hochwertigeren Fahrwerk und dem 10 PS starken Sachs-Motor mit Sechsganggetriebe aufwartete. In den Folgejahren mühte sich die Firma Wolfgang G. Uhlig aus Neumünster bis 1976 mit dem Import der Monark-Modelle.

*> Der Junior-Crosser von Monark mit Franco-Morini-Motor wurde in Schweden »Formula 50 MX« genannt.*

*> Für Profis auf der Cross-Piste war dann eher die Monark 50 MX Special mit bestem Fahrwerk und einem leistungsstarken Motor von Fichtel & Sachs.*

**Die Monark-Modelle in der Übersicht**

| Modell | Art | Motor | Leistung PS | Getriebe | Rahmen | Federung v/h | Angebot in D |
|---|---|---|---|---|---|---|---|
| Monark 50 MX | Moto Cross | Morini-Zweitakt | 6,5 | 5-Gang-Fuß | Doppelschleife | Telegabel/ Schwinge | 1973–1976 |
| Monark 50 MX Special | Moto Cross | Sachs-Zweitakt | 10 | 6-Gang-Fuß | Doppelschleife | Telegabel/ Schwinge | 1973–1976 |

## Montesa

Im Jahr 1939 begann der spanische Unternehmer Pere Puigjaner in einer Werkstatt in Barcelona Gasgeneratoren für Automobile herzustellen. Im Februar 1944 lernte er Francesco Bultó kennen und man beschloss, in Barcelona Motorräder herzustellen. Im Juni 1945 wurden die ersten Motorräder unter der Bezeichnung »Montesa« auf der Motorradmesse in Barcelona gezeigt.

Montesa-Maschinen wurden ausschließlich von Zweitaktmotoren, anfangs mit 98 und 124 ccm Hubraum, später mit Hubräumen bis 351 ccm angetrieben. Neben normalen Straßenmaschinen konzentrierte sich die Firma sehr früh auf den Bereich Trial und Motocross, womit sie auch international bekannt wurde und speziell im Trial zahlreiche Titel im In- und Ausland einfuhr.

Und eben diese Trial-Maschinen versuchte die Firma Walz Motorsport aus Herrenberg seit 1973 auch nach Deutschland zu holen. In der 50er Klasse waren das die »Cota 25« mit 1,8 PS und Fliehkraftkupplung, als Einstieg für Kinder bis 10 Jahren gedacht, und die »Cota 49« für die fortgeschrittene Jugend mit etwas mehr Leistung und einem Dreiganggetriebe. 35 und 40 km/h betrugen die Höchstgeschwindigkeiten der beiden Maschinen. Ab 1975 unterteilte sich die Kindermaschine noch in Cota 25 A und Cota 25 C. Erstere mit Fliehkraftkupplung und zweistufigem Vorgelege, letztere mit handbetätigter Kupplung und Dreiganggetriebe. Über die Motorleistung der Cota 49 konnten keine Angaben ermittelt werden. 1977 endete der Import der Maschinen nach Deutschland.

> *Die Kinder-Trial-Maschine Cota 25 aus dem Jahre 1974, in Deutschland für 1100 D-Mark angeboten. (Foto: Peprovira © CC-BY-SA-4.0)*

> *Cota 49 nannte Montesa die Trial-Maschine für die fortgeschrittene Jugend. Ein Werksfoto von 1974.*

> *Ab 1975 gab es die Cota 25 in den Ausführungen A und C mit jeweils unterschiedlichen Getrieben. Die Maschinen waren mit oder ohne Beleuchtung, also Straßenzulassungsfähigkeit, lieferbar.*

**Die Montesa-Modelle in der Übersicht**

| Modell | Art | Motor | Leistung PS | Getriebe | Rahmen | Federung v/h | Angebot in D |
|---|---|---|---|---|---|---|---|
| Montesa Cota 25 | Trial-Mokick | Montesa-Zweitakt | 1,8 | 1-Gang-Aut. | Rückgratrohr | Telegabel/Schwinge | 1973–1974 |
| Montesa Cota 49 | Trial-Mokick | Montesa-Zweitakt | k. A. | 3-Gang-Fuß | Rückgratrohr | Telegabel/Schwinge | 1973–1977 |
| Montesa Cota 25 A | Trial-Mokick | Montesa-Zweitakt | 1,8 | 1-Gang-Aut. mit 2-st. Vorgelege | Rückgratrohr | Telegabel/Schwinge | 1973–1976 |
| Montesa Cota 25 C | Trial-Mokick | Montesa-Zweitakt | 1,8 | 3-Gang-Hand | Rückgratrohr | Telegabel/Schwinge | 1973–1976 |

## Motobécane

Motobécane im nordfranzösischen St. Vincent stellte Motorräder, Mofas und nicht zuletzt Fahrräder her und war neben Peugeot einer der bekanntesten französischen Zweiradhersteller.

Bereits Ende 1946 verringerte Motobécane den Hubraum einer Vorkriegsmaschine auf 49 ccm. Das Modell »Mobylette« war geboren. Noch nicht sportlich ausgerichtet, aber bereit, sich in diese Richtung zu entwickeln, schien die »Poney« das zukünftige Segment jener Maschinen erstmalig zu definieren, die von Italien und Deutschland aus die Märkte überschwemmten. Dennoch wird der Name des Unternehmens auf ewig in erster Linie mit der Mobylette und ab 1974 der Velosolex verbunden bleiben, jenen kleinen zuverlässigen Alltagsmopeds, die während der fünfziger Jahre den französischen Markt beherrschten.

Bis in die 70er Jahre hinein wurden dann Mopeds und Kleinkrafträder produziert, die in Frankreich gekauft wurden, auf dem internationalen Markt aber kaum eine Chance hatten.

Auf dem deutschen Markt versuchte sich Motobécane erstmals 1977 mit einem Mokick, das es gleich in sich hatte: Endurooptik mit Einpersonensitzbank, ein stabiles Fahrwerk und ein Fünfganggetriebe für magere 2 PS. »D 55 TT« nannte sich die Maschine, die es ohne die beiden T auch als Sportmofa gab.

1979 kam mit dem schick gezeichneten Mofa TM 4 ein Viergang-Mokick nach Deutschland, das ein fast unschlagbares Preis-Leistungsverhältnis aufwies. Unter anderem mit Gussrädern, hydraulisch betätigter Scheibenbremse, gutem Sitzkomfort, Kombinationsgepäckträger, einem großen 11-Liter-Tank und einem Drehzahlmesser

> *Bei der Motobécane D 55 TT, standen die beiden Buchstaben für »Tout-Terrain« = Gelände.*

war die Maschine sehr gut ausgestattet. Noch besser war das bei der Luxusversion mit Vierleuchten-Blinkanlage und Cockpitverkleidung der Fall.

Nach 1982 waren keine Mokicks mehr im deutschen Angebot und nach dem Konkurs 1984 wurde die Firma von Yamaha aufgekauft und unter dem Namen M.B.K. Industrie weitergeführt.

> *1979 kam mit dem Modell TM 4 ein sehr gut ausgestattetes Mokick auf den deutschen Markt.*

> *»Luxus« stand bei der TM 4 für die Blinkanlage und die Cockpitverkleidung.*

**Die Motobécane-Modelle in der Übersicht**

| Modell | Art | Motor | Leistung PS | Getriebe | Rahmen | Federung v/h | Angebot in D |
|---|---|---|---|---|---|---|---|
| Motobecane D 55 TT | Enduro-Mokick | Motobecane-Zweitakt | 2 | 5-Gang-Fuß | Doppelschleife | Telegabel/ Schwinge | 1977–1981 |
| Motobecane TM 4 | Mokick | Motobecane-Zweitakt | 2,7 | 4-Gang-Fuß | Doppelschleife | Telegabel/ Schwinge | 1979–1982 |
| Motobecane TM 4 Luxus | Mokick | Motobecane-Zweitakt | 2,7 | 4-Gang-Fuß | Doppelschleife | Telegabel/ Schwinge | 1979–1982 |

# MOTOS DE PORTUGAL

## S. I. S.

Die portugiesische Firma S.I.S. - Sociedade Irmãos Simões wurde in den frühen 1950er Jahren mit zwei Fabriken in Sangalhos and Arcos gegründet. 1964 stieg die deutsche Fichtel & Sachs AG bei S.I.S. ein, um einerseits seine Motoren preiswerter herzustellen, anderseits um komplette Zweitaktfahrzeuge für andere Marken (z. B. OSP, Rex, Tansini, usw.) zu produzieren. 1971 änderte sich der Firmenname in S.I.S. Sachs und man zog in eine neue Fabrik in Malaposta, Gemeinde Arcos, ein.

Das bekannteste Modell von S.I.S. war die SIS Sachs V 5, ein von 1965 bis in die 80er Jahre hinein in zahlreichen Versionen produziertes Kleinkraftrad.

Auf dem deutschen Markt wurden Fahrzeuge von S.I.S. durch die Supermarktkette Massa und deren Real-Fahrzeuge sowie die neugegründete Marke Horex bekannt.

*> Fritz Röth (Mitte) zwischen leitenden Mitarbeitern der Firma S.I.S. nach der Vertragsunterzeichnung vor einer Rebell 80, die mit einem anderen Motor auch eine Sport 40 sein konnte.*

### Horex

Von 1978 bis 1980 ließ sich Fritz Röth für seine Firma Zweirad-Röth in Hammelbach von den italienischen Firmen Villa und Testi diverse 50er Modelle nach eigenen Vorgaben bauen, die er als »Horex Rebell« verkaufte.

Die Namensrechte für die Marke Horex hatte sich Röth zuvor vom ehemaligen Horex-Eigner Fritz Kleemann gesichert.

1980 fing die Produktion von 50er und 80er Maschinen bei der Sachs-Tochter S.I.S. in Portugal an, für die dann auch ausschließlich Sachs-Motoren zum Einsatz kamen. Anfangs waren noch drei Mokicks dabei, nach 1980 waren es dann neben diversen 80er Leichtkrafträdern nur noch zwei Mokicks. Die ungewöhnliche »Biber 40« mit Achtganggetriebe fiel nach 1981 auch weg, ebenso die Rebell Enduro, sodass mit der »Rebell Sport 40« nur noch ein Mokick übrigblieb. Dieses wurde 1985 aus dem Rennen genommen und für die neue 50-km/h-Regelung ab 1986 durch die leistungsstärkere Enduro »50 TC« ersetzt.

*> Die »Biber 40« dürfte das ungewöhnlichste Mokick gewesen sein, das je in Deutschland angeboten wurde.*

*> Mit Zentralfederbein und Sechsganggetriebe war die Rebell 40 keine Allerweltsenduro.*

Nachdem das Geschäft nur noch Verluste eingebracht hatte, beendete Röth das Horex-Abenteuer 1988.

### Real

Real war die Handelsmarke der Supermarktkette Massa in Alzey und versuchte ab Februar 1981 über seine Warenhäuser im boomenden 80er-Markt mitzumischen. Neben den Leichtkrafträdern waren auch Mofas und Mokicks in der reich bestückten Produktpalette zu finden, die in Italien beziehungsweise bei S.I.S. in Portugal entstanden. Das Achtgang-Mokick »Biber« war hier identisch mit dem Horex-Modell, dazu gab es die Real Enduro 40 als weiteres Mokick, auch ähnlich dem Horex-Modell, allerdings zur Preisreduzierung nur mit vier Getriebegängen.

Massa strich sein Zweiradprogramm 1986 allerdings schon wieder rigoros zusammen; zuletzt war nur noch das Mofa OK 25 S zu haben. 1989 beendete Massa seine Fahrzeugaktivitäten.

> *Die Enduro 40 von Massa/Real war ein preiswertes, aber kein billiges Mokick.*

**Die Horex- und Real-Modelle in der Übersicht**

| Modell | Art | Motor | Leistung PS | Getriebe | Rahmen | Federung v/h | Angebot in D |
|---|---|---|---|---|---|---|---|
| Horex Biber 40 | Mokick | k. A. | 2,9 | 2 x 4-Gang-Fuß | Zentralrohr | Telegabel/ Schwinge | 1979–1980 |
| Horex Rebell Enduro 40 | Enduro-Mokick | Sachs-Zweitakt | 2,6 | 6-Gang-Fuß | Doppelschleife | Telegabel/ Schwinge | 1979–1981 |
| Horex Rebell Sport 40 | Mokick | Sachs-Zweitakt | 2,9 | 4-Gang-Fuß | Rohrrahmen | Telegabel/ Schwinge | 1979–1985 |
| Horex 50 TC Enduro | Enduro-Mokick | Sachs-Zweitakt | 3,5 | 5-Gang-Fuß | Doppelschleife | Telegabel/ Schwinge | 1985–1987 |
| Real Enduro 40 | Enduro-Mokick | Sachs-Zweitakt | 2,6 | 4-Gang-Fuß | Doppelschleife | Telegabel/ Schwinge | 1981–1985 |
| Real Biber 40 | Mokick | k. A. | 2,9 | 2 x 4-Gang-Fuß | Zentralrohr | Telegabel/ Schwinge | 1981–1986 |

## Van Veen

Der holländische Kreidler-Importeur Hendrik van Veen hatte 1968 die Rennsportabteilung von Kreidler übernommen und die Marke zu zwei Weltmeistertiteln geführt. 1973 war er wieder ausgestiegen, um seinen Traum von einem Motorrad mit Kreiskolbenmotor zu verwirklichen. Aber die OCR 1000 genannte Maschine kam nie so richtig auf die Räder. Für die Produktion der Maschine hatte er im niedersächsischen Duderstadt mit 34 Mitarbeitern extra eine Fabrik eröffnet. Da sich abzeichnete, dass aus der ganzen Sache nichts werden würde, schwenkte van Veen um, gründete die »Kreidler-Van Veen Sport GmbH« und versuchte sich im Bau von wettbewerbsfähigen Motocross- und Enduro-Maschinen mit 50 ccm Hubraum. Die Antriebsbasis sollten natürlich angelieferte Motorkomponenten von Kreidler sein. Schon 1977 war eine erste Motocross-Maschine mit hochwertigen Fahrwerkselementen (u. a. Betor-Teleskopgabel und Koni-Gasdruckfederbeine) und einem 12 PS leistenden Motor mit Fünfganggetriebe fertig gestellt worden. Für die ab 1979 in Deutschland gefahrenen 50-ccm-Crossläufe wurde die Maschine fahrwerksseitig überarbeitet und jetzt in zwei Versionen angeboten: Die MC Junior für den Nachwuchs und die MC Profi für die großen Jungs. Unter anderem mit einer Beleuchtungsanlage und geändertem Auspuff war die Maschine auch als GS 50 erhältlich. Die regulären 12 PS dieses Modells konnten für Deutschlands Kleinkraftradklasse auch auf 8 PS reduziert werden. Und mit dem Wegfall dieser Klasse und dem ersten Kreidler-Konkurs 1981 endete die kurze Ära der käuflichen Van-Veen-50er auch schon wieder. Kaum mehr als 250 Maschinen waren insgesamt entstanden.

*> Mit etwas preiswerteren Fahrwerkselementen und kürzeren Federwegen sollte die Van Veen MC-Junior die Jugend an den Motocross-Sport heranführen.*

*> Nur wenige der Van Veen-Profi-Crosser blieben in Deutschland. Die meisten der rund 50 gebauten Maschinen gingen ins benachbarte Ausland.*

*> Die Van Veen GS 50 konnte sowohl als echte Wettbewerbsmaschine als auch für den normalen Straßenverkehr und mit Doppelsitzbank geordert werden.*

**Die Van Veen-Modelle in der Übersicht**

| Modell | Art | Motor | Leistung PS | Getriebe | Rahmen | Federung v/h | Angebot in D |
|---|---|---|---|---|---|---|---|
| Van Veen Moto Cross | Moto Cross | Kreidler-Zweitakt | 12 | 5-Gang-Fuß | Gitterrohr | Telegabel/Schwinge | 1977–1978 |
| Van Veen MC-Junior | Moto Cross | Kreidler-Zweitakt | 12 | 5-Gang-Fuß | Brückenrohr | Telegabel/Schwinge | 1979–1980 |
| Van Veen MC-Profi | Moto Cross | Kreidler-Zweitakt | 12 | 5-Gang-Fuß | Doppelrohr | Telegabel/Schwinge | 1979–1980 |
| Van Veen GS 50 | Enduro | Kreidler-Zweitakt | 12 | 5-Gang-Fuß | Doppelrohr | Telegabel/Schwinge | 1979–1981 |

# Die preiswerten Osteuropäer:

## Von Jawa bis Tomos

## Jawa

Angesichts der überaus erfolgreichen Mopeds in Westeuropa fragte man sich auch bei Jawa, ob es nicht sinnvoll wäre, ein Kleinfahrzeug mit 50 Kubik zu entwickeln. Entwicklungsleiter Josef Jozif und seine Leute begannen also 1954 in Prag mit der Entwicklung eines Mokicks, übergab diese aber schon im Jahr darauf ins slowakische Provažska-Bystřika, wo seit 1948 Leichtkrafträder und später Motorroller unter dem Markennamen »Manet« entstanden. In der sozialistischen Planwirtschaft erhielt das Werk die Aufgabe, das Jawa-Mokick zur Serienreife zu entwickeln und schließlich auch zu bauen. Noch im Jahr 1955 liefen die ersten Jawa-Fünfziger, beginnend mit dem Typ »Pionyr« hier vom Band. Dessen Nachfolger, einfach nur »Jawa 50« (interne Typenbezeichnung 555) genannt, war dann auch 1962 die erste tschechoslowakische 50er, die aufgrund ihrer Höchstgeschwindigkeit von 60 km/h (trotz nur 2,2 PS) als Kleinkraftrad nach Deutschland kam. Der großzügig geschwungene Vorderrad-Kotflügel und die bis hinter das Hinterrad verlängerte Blechverkleidung gaben der Maschine ihr prägnantes Aussehen, das sehr an einen Kleinroller erinnerte. Eine wichtige technische Neuerung waren die Vollnabenbremstrommeln in beiden Rädern. Das Mokick war in der Bundesrepublik mit Doppelsitzbank erhältlich.

Bereits 1963 erschien eine neue Jawa 50, die auf einigen Märkten den Zusatz »Ideal« erhielt und intern als Typ 05 in die Geschichte einging. Das Heck zierte noch mehr Blech als beim Vorgänger und die Lampenverkleidung mutete etwas futuristisch an. Die wichtigste technische Änderung war die auf zwei hydraulisch gedämpfte Federbeine abgestützte Schwinge. Der Motor blieb in seiner Grundauslegung unverändert, leistete unter anderem durch eine höhere Verdichtung und mehr Drehzahl jetzt 3 PS. In der exportierten Version Sport gab es einen hohen Lenker mit Querstrebe. Im Inland und auch in der DDR wurden die Fahrzeuge als Roller mit Beinschild und Trittbrettern gefahren.

Ab 1966 wechselte die Typenbezeichnung von 05 zu 20, ohne dass sich optisch Wesentliches änderte. Dafür war der Motor überarbeitet worden und leistete nun dank höherer Verdichtung und mehr Drehzahl 3,5 PS. Damit konnten zwei Personen ganz ordentlich vorwärtskommen, sofern sie auf der 60 cm kurzen Sitzbank Platz fanden. Eine neue elektrische Anlage sorgte unter anderem für bessere Lichtverhältnisse. Vom neuen Modell gab es wieder einen Kleinroller und auch erneut eine Mokick-Variante als Typ 21 »Sport«, mit hohem Lenker, knappem vorderem Schutzblech und ohne Knieblech und Trittbretter. Ab 1968 hatte der Neckermann-Versand den Vertrieb dieses Typs in der Bundesrepublik übernommen.

Ein echtes Mokick mit der internen Typennummer 23 kam 1970 und ging auf die Vorgängermodelle 05 und 20 zurück, was sich besonders an der Antriebseinheit bemerkbar machte. Und am durchstiegsfreien Rollerrahmen, der nun mit einem großen 10-Liter-Tank überbrückt wurde. Die Beibehaltung des Rollerfahrwerks führte auch zu einer geringen Bodenfreiheit mit den in Kurven sehr früh aufsetzenden Fußrasten und Ständer. Die deshalb gekürzten Federwege wirkten sich negativ auf Komfort und Fahrverhalten aus. Eine Rohrschwinge anstelle des Kastenteils ersetzte nun die Hinterradführung, die Soziusfußrasten waren kniebelastend an der Schwinge angeschraubt.

*> 1962 war die Jawa 50 Typ 555 die erste 50er der Tschechoslowaken, die in die Bundesrepublik Deutschland eingeführt wurde.*

*> Das weiterentwickelte Jawa-Modell 05 Sport hatte sich inzwischen zu einem soliden Kleinkraftrad für zwei Personen gemausert.*

> *Jawa 50 Typ 20 (Foto) oder Typ 21 Sport hieß die leicht überarbeitete Ablösung, die ab 1968 vom Neckermann-Versand vertrieben wurde.*

> *Die erste Ausführung der Jawa 50 Typ 23, die ab 1970 vom Neckermann Versand für unschlagbare 748 D-Mark angeboten wurde.*

> *Die Jawa 50, die in der DDR »Mustang« hieß, in der Ausführung ab 1973.*

Der Motor wurde nahezu unverändert übernommen, durch Überarbeitung der Überströmkanäle konnte eine bessere Füllung und damit eine höhere Leistung erreicht werden. In den über zehn Jahren seiner Bauzeit erfuhr das Mokick zahlreiche Verbesserungen, ein Spitzenprodukt wurde es indes nie. In der Bundesrepublik wurde es von Waren- und Versandhäusern anfangs als Kleinkraftrad, später auch in der gedrosselten Version als Mokick angeboten. Auch die Firma Eppstein aus Frankfurt tat sich als Jawa-Importeur hervor. In der DDR war die Jawa als »Mustang« immer verfügbar und doch stets unbeliebt. Während die Maschine dort bis 1982 im Angebot blieb, war in Westdeutschland 1977 Schluss.

**Die Jawa-Modelle in der Übersicht**

| Modell | Art | Motor | Leistung PS | Getriebe | Rahmen | Federung v/h | Angebot in D |
|---|---|---|---|---|---|---|---|
| Jawa 50, Typ 555 | KKR | Jawa-Zweitakt | 2,2 | 3-Gang-Fuß | Vierkant-Profil | Telegabel/ Schwinge | 1962–1963 |
| Jawa 50 Typ 05 Sport | KKR | Jawa-Zweitakt | 3 | 3-Gang-Fuß | Vierkant-Profil | Telegabel/ Schwinge | 1963–1966 |
| Jawa 50 Typ 21 Sport | KKR | Jawa-Zweitakt | 3,5 | 3-Gang-Fuß | Vierkant-Profil | Telegabel/ Schwinge | 1966–1970 |
| Jawa 50 Typ 23 Sport | KKR | Jawa-Zweitakt | 4 | 3-Gang-Fuß | Vierkant-Profil | Telegabel/ Schwinge | 1970–1977 |
| Jawa 50 Mokick | Mokick | Jawa-Zweitakt | 2,5 | 3-Gang-Fuß | Vierkant-Profil | Telegabel/ Schwinge | 1972–1974 |
| Jawa 40 | Mokick | Jawa-Zweitakt | 2 | 3-Gang-Fuß | Vierkant-Profil | Telegabel/ Schwinge | 1975–1976 |

## Riga

Die am meisten verbreiteten und bekanntesten sowjetischen Mopeds und Mokicks blieben diejenigen aus dem lettischen Riga, die im RMZ (Riga Motozykl Zavod) endmontiert wurden. Die Motoren, die aus älteren Jawa-Lizenzen hervorgegangen waren, wurden aus dem Werk Wajras, in der litauischen Stadt Siauliai liegend, zugeliefert.

Die Firma Delta aus Bergneustadt versuchte einige Riga-Typen als Mofa, Moped und Mokick mit verschiedensten Typenbezeichnungen in Deutschland zu etablieren, was weitestgehend fehlschlug.

Es begann 1974 mit dem Modell Riga 12, einem runderneuerten Fahrzeug, das auch westeuropäischen Standards genügen sollte. Für das neue Design hatten Industrieformgestalter der Technischen Hochschule Riga gesorgt. Farbenfroh in Szene gesetzt machte das Ganze einen recht guten Eindruck. Es blieb aber immer noch bei der Einersitzbank, für die maximal möglichen 2,2 PS völlig ausreichend. Drehgriffschaltung und Zweiganggetriebe waren zwar nicht mehr der neuste Stand, im Billigsegment aber immer noch akzeptabel.

Von 1978 bis 1984 lief das Modell Riga 16 als direkter Nachfolger der Riga 12 vom Band und als Delta-Modell in den bundesdeutschen Motorrad-Katalog. Äußerlich hatte sich nicht allzu viel geändert und auch die Motorleistung blieb bei maximal 2,2 PS. Das galt auch für das ab 1982 eingeführte verbesserte Modell Riga 22, das mit neuen Leuchten und neuem Auspuff ein wenig moderner aussah. Außerdem kam hier erstmals in der sowjetischen Mopedfertigung eine kontaktlose elektronische Zündung zum Einsatz.

Die undurchsichtige Modellpolitik der Importeure lässt eine einigermaßen strukturierte Auflistung in Tabellenform an dieser Stelle leider nicht zu.

*> Mit dem Modell »Riga 12« startete die Demm-Delta Vertriebsgesellschaft aus Bergneustadt 1974 mit dem Import sowjetischer Fünfziger, ohne jedoch deren Herkunft tatsächlich zu benennen.*

*> Die »Riga 16«, die in Deutschland weiter nur »Delta« hieß, wurde als Mokickversion bis 1984 gebaut.*

*> Ab 1982 eingeführt, war die »Riga 22« das letzte lettische Modell, das es bis nach Deutschland schaffte.*

## Tomos

In der jugoslawischen Grenzregion zu Italien, genauer gesagt im slowenischen Koper, einer Hafenstadt in der Nähe von Triest, wurde 1954 die Motorradfabrik Tovarna Motornih Vozil (ursprünglich: Tovarna motornih koles Sežana), kurz Tomos, gegründet. Der Vielvölkerstaat Jugoslawien, zu dem Slowenien damals gehörte, offiziell sozialistisch, aber nicht am Gängelband der Sowjetunion hängend, wollte Arbeitsplätze schaffen, das Volk mobilisieren und auch den kurzen Weg nach Italien für devisenbringende Exporte nutzen.

Die Zweiradfertigung begann mit der Lizenznahme des erfolgreichen Puch Zweigangmopeds MS 50, das bei Tomos als »Colibri« in einigen Variationen weit über 100.000 Mal gebaut und stetig weiterentwickelt wurde. Seit 1966 wurden Tomos Zweiräder auch in einer Fabrik in Epe (Niederlande) montiert. Zum 1. Dezember 2009 wurde die Produktion in Epe eingestellt und in das slowenische Stammwerk rückverlagert.

Ab 1971 begann sich Tomos mehr und mehr von den Puch-Lizenzen zu verabschieden und entwickelte bald eigene 50-$cm^3$-Motoren mit fünf oder sogar sechs Getriebegängen.

1968 führte Jugoslawien die Steuer- und Führerscheinpflicht für die 50er ein, was – wie anderswo auch – zunächst einen Einbruch der Verkaufszahlen im eigenen Land zur Folge hatte. Aber die Exportbeziehungen waren inzwischen so stark, dass der Rückgang des Inlandsabsatzes kompensiert werden konnte.

> *Mit der ST 50 kam 1971 das erste Kleinkraftrad der jugoslawischen Firma Tomos auf den deutschen Markt.*

> *Die Moto cross 50 von Tomos war gut gemeint, konnte aber mit ähnlichen Modellen aus Italien oder Spanien nicht konkurrieren.*

> *Trotz inzwischen üblicher Elektronikzündung hatte die Sprint 15 von Tomos keine Chance auf dem deutschen Kleinkraftradmarkt.*

Auf den deutschen Markt kamen Tomos-Fahrzeuge zunächst mit angezogener Handbremse ab 1971, importiert von der Standex GmbH im unterfränkischen Alzenau. Später übernahm die Deutsche Puch GmbH den Versuch, Tomos Zweiräder in Deutschland zu platzieren, da die Antriebstechnologie bei beiden Marken noch einige Zeit gleichblieb.

Mit der ST 50 kam 1971 das erste Kleinkraftrad von Tomos auf den deutschen Markt. Die Maschine war sowohl antriebs- wie auch fahrwerksseitig im Vergleich zu den deutschen Modellen konkurrenzfähig und auch das Design entsprach noch dem Zeitgeschmack. 1973 ergänzte die »Moto Cross 50« das Tomos-Angebot, das allerdings mehr Enduro als Motocross-Modell war. 7,5 PS hatten die Techniker aus dem Motor gekitzelt, trotzdem war das Gesamtpaket weder Fisch noch Fleisch – für die Straße kaum zulassungsfähig und fürs Gelände in allen Belangen zu brav. 1975/76 stand dann mit der Tomos 15 Sprint das letzte Kleinkraftrad im deutschen Angebot. Auf dem Scheitelpunkt des Marktes in diesem Segment hatte die Maschine mit dem nun doch eher biederen Aussehen und den 5,3 PS keine Chancen hierzulande.

Nach 1978 sah und hörte man vorerst nichts mehr von Tomos, ehe die Marke ab 1984 lediglich noch mit Mofas auf den deutschen Markt zurückkehrte.

**Die Tomos Modelle in der Übersicht**

| Modell | Art | Motor | Leistung PS | Getriebe | Rahmen | Federung v/h | Angebot in D |
|---|---|---|---|---|---|---|---|
| Tomos ST 50 | KKR | Tomos-Zweitakt | 6 | 5-Gang-Fuß | Profilstahl-Rückgrat | Telegabel/ Schwinge | 1971–1975 |
| Tomos Moto Cross 50 | Enduro | Tomos-Zweitakt | 7,5 | 5-Gang-Fuß | Doppelrohr-Rückgrat | Telegabel/ Schwinge | 1973–1975 |
| Tomos 15 Sprint | KKR | Tomos-Zweitakt | 5,3 | 5-Gang-Fuß | Doppelschleife | Telegabel/ Schwinge | 1975–1976 |

# Die verspielten Japaner:

## Von Honda bis Yamaha

## Honda

Bei den richtigen Motorädern hatten die großen japanischen Hersteller seit Beginn der 70er Jahre längst die Weltherrschaft übernommen. Bei den 50ern taten sie sich dagegen anfangs schwer, Kawasaki verzichtete in den 70ern von vornherein auf dieses Segment und Suzuki hatte mit Mofas und Mopeds nichts am Hut.

Honda war schon seit Beginn der 1960er Jahre mit der in Offenbach-Rumpenheim ansässigen Honda Trading GmbH auf dem deutschen Markt aktiv und bot hier zunächst die berühmte Cub in zwei Varianten an.

**1961–1976**

Die »Sport-Cub«, interne Typenbezeichnung C 110/C111, als klassisches Kleinkraftrad, allerdings noch mit einer Kurzschwinge zur Vorderradfederung. Und die »Super-Cub« in der jahrzehntelang bekannten Version mit Beinschild und üppigem vorderen Kotflügel. Beide Maschinen wurden von einem Viertaktmotor angetrieben, beim Sportmodell mit 5 PS und Vierganggetriebe, bei der Super-Cub mit 4,5 PS und Dreiganggetriebe. Ein Elektrostarter war hier bereits auch schon an Bord. Und 1962 kam mit der Typenbezeichnung C 114 eine weitere Sport Cub mit etwas modernisiertem, auf Zweipersonenbetrieb ausgelegtem Design, aber gleichen technischen Daten ins Programm.

1966 gelangte dann mit der SS 50 ein vorsichtig runderneuertes Sportmodell mit neuem Design, aber vor allem jetzt mit einer Telegabel und einem Fünfganggetriebe auf den Markt. Die Super Cub lief ab diesem Jahr – sofern sie überhaupt noch in Deutschland angeboten wurde – als Mokick mit gedrosselter Leistung durch die Kataloge.

1968 stellte Honda der SS 50 noch die SS 50 de Luxe mit hochgezogenem Auspuff zur Seite. Und mit einem kleinen Leistungssprung auf 5,3 PS wurde aus der Sport noch die Supersport. In den Folgejahren wechselten Bezeichnungen und Designs, aber grundsätzlich änderte sich bis zum Angebotsende 1976 nichts mehr, danach zog sich Honda vom Kleinkraftmarkt zurück.

»Fun for everyone« versprachen die Honda-Werber mit ihren neuen »Dax«, einer völlig neuen Zweirad-Kategorie: Das Fun-Bike mit den Ballonreifen war eigentlich eher für den amerikanischen Markt gedacht, machte aber müde Passanten rund um den Globus mobil. Abgesehen vom Bonsai-Format handelte es sich bei der Honda um ein richtiges kleines Motorrad, mit Dreigang-Automatik und Kickstarter. Der schon aus der SS 50 bekannte Einzylinder-Viertakter mit obenliegender Nockenwelle leistete in der Kleinkraftrad-Variante ab 1970 4,5 PS und in der Mokick-Version ab 1973 2,5 PS. Alle Dax-Modelle hatten den gleichen Pressstahlrahmen und die dicken Zehn-Zoll-Stahlscheibenräder, die in der Mitte geteilt werden konnten. Der knuffige Geländefloh, der Roller für alle, die keinen Roller fahren wollten, blieb bis 1979 im Programm.

Ein weiteres Minibike von Honda war das Mokick »Monkey«. Erst die Monkeys der dritten Generation gelangten zum Frühjahr 1973 nach Deutschland. Der 1,7 PS starke »Affe« verfügte lediglich über eine gefederte Vorderradgabel. Das Hinterrad war weder gedämpft noch

> *Mit über 100 Millionen bis heute gefertigte Exemplare ist die »Super Cub« von Honda das meistgebaute Kraftfahrzeug der Welt.*

> *Die »Sport Cub« konnte trotz Kurzschwinge am Vorderrad als ein modernes Kleinkraftrad mit hierzulande ungewöhnlichem Viertaktmotor gelten.*

> Mit der langen Sitzbank und dem normal verlegten Auspuff, kam die Sport Cub C 114 dem deutschen Publikum entgegen.

> Fünfganggetriebe und Telegabel – das waren die wesentlichen Änderungen der neuen Honda Sport SS 50

> Die SS 50 de Luxe wartete mit mehr Chrom und vor allem dem hochgezogenen Auspuff auf.

> Ab 1966 wurde die Super Cub mit 49 ccm Hubraum in Deutschland nur noch als Mokick angeboten.

> Knuffig, kultig – das Minibike »Monkey« von Honda konnte im Kofferraum einer Mittelklasse-Limousine transportiert werden.

> Mokick oder Kleinkraftrad – das Fun-Bike »Dax« von Honda gab es in seiner langen Bauzeit in verschiedenen Motorisierungsklassen.

> Als Z 50 J erhielt die Monkey ab 1975 ein neues Aussehen und eine Hinterradfederung.

> *Aller guten Dinge sind drei: »Chaly« hieß das dritte Minibike von Honda, das aber ein wenig mehr auf Pragmatismus ausgerichtet war.*

gefedert, was verschiedentlich zu Rahmenbrüchen im Heckbereich führen sollte. Das änderte sich zum Modelljahr 1975, die Z 50 J erhielt ein modifiziertes Chassis mit Schwinge und Stereo-Federbeinen. Bei der Gelegenheit änderte sich auch die Form von Tank, Sitzbank und Heckleuchten-Einheit.

Neben Dax und Monkey erschien 1974 die »Chaly« mit dem praktischen Kunststoff-Beinschild und dem robusten Gepäckträger. Das Mokick verfügte über den üblichen Einzylinder-Viertaktmotor mit liegendem Zylinder und 49 ccm Hubraum. Der Vorderbau stammte von der Dax, beim Rest hatte man sich an der Super Cub orientiert. Die Kreation stand bis 1978 im Programm und verschwand ohne einen direkten Nachfolger zu haben.

**Die Honda-Modelle 1961–1976 in der Übersicht**

| Modell | Art | Motor | Leistung PS | Getriebe | Rahmen | Federung v/h | Angebot in D |
|---|---|---|---|---|---|---|---|
| Honda Super Cub C 100/C 102 | KKR | Honda-Viertakt | 4,5 | 3-Gang-Fuß | Pressstahl | Schwinge/ Schwinge | 1961–1965 |
| Honda Sport Cub C 110/C 111 | KKR | Honda-Viertakt | 5 | 4-Gang-Fuß | Pressstahl | Schwinge/ Schwinge | 1961–1964 |
| Honda Sport Cub C 114 | KKR | Honda-Viertakt | 5 | 4-Gang-Fuß | Pressstahl | Schwinge/ Schwinge | 1962–1965 |
| Honda Sport SS 50 | KKR | Honda-Viertakt | 5 | 5-Gang-Fuß | Pressstahl | Telegabel/ Schwinge | 1966–1970 |
| Honda Super Cub Mokick | Mokick | Honda-Viertakt | k. A. | 3-Gang-Fuß | Pressstahl | Schwinge/ Schwinge | 1966–1970 |
| Honda Sport SS 50 de Luxe | KKR | Honda-Viertakt | 5,3 | 5-Gang-Fuß | Pressstahl | Telegabel/ Schwinge | 1968–1970 |
| Honda Sport SS 50 Supersport | KKR | Honda-Viertakt | 5,3 | 5-Gang-Fuß | Pressstahl | Telegabel/ Schwinge | 1970–1971 |
| Honda Dax ST 50 | KKR | Honda-Viertakt | 4,5 | 3-Gang-Autom. | Pressstahl | Telegabel/ Schwinge | 1970–1973 |
| Honda SS 50 | KKR | Honda-Viertakt | 5,1 | 5-Gang-Fuß | Pressstahl-Rückgrat | Telegabel/ Schwinge | 1971–1973 |
| Honda Dax ST 50 G | Mokick | Honda-Viertakt | 2,5 | 3-Gang-Autom. | Pressstahl | Telegabel/ Schwinge | 1973–1978 |
| Honda SS 50 Sport de Luxe | KKR | Honda-Viertakt | 5,1 | 5-Gang-Fuß | Pressstahl-Rückgrat | Telegabel/ Schwinge | 1973–1976 |
| Honda Monkey Z 50 | Mokick | Honda-Viertakt | 1,7 | 3-Gang-Autom. | Rohrrahmen | Telegabel/keine | 1973–1975 |
| Honda Monkey Z 50 J | Mokick | Honda-Viertakt | 1,7 | 3-Gang-Autom. | Rohrrahmen | Telegabel/ Schwinge | 1975–1985 |
| Honda Chaly CF 50 | Mokick | Honda-Viertakt | 1,7 | 3-Gang-Autom. | Rohrrahmen | Telegabel/ Schwinge | 1974–1978 |

## 1977–2000

Wenn es so etwas wie einen Schönheitspreis in der Mokick-Klasse gegeben hätte, wäre die Honda CB 50 J ein heißer Anwärter auf den Titel gewesen. Die auf der IFMA 1976 vorgestellte Maschine mit stehendem Viertaktmotor sah richtig erwachsen aus und bot eine ganze Menge Motorrad-Optik für unter 1800 Mark. Nur schade, dass die Motorleistung der Motorrad-Optik so sehr hinterherhinkte: Mit 2 PS bei 5000 Umdrehungen (Drehzahlmesser serienmäßig!) fuhr sie dem Wettbewerb hinterher. Dafür allerdings bot sie die Ausstattung einer Großen – und das sanfte Tuckern eines kultivierten Viertakters. Die Enduro-Variante der CB 50 hieß XL 50 und orientierte sich im Styling an den hubraumstärkeren Off Road-Modellen aus dem gleichen Haus. Der Motor war im Prinzip baugleich mit dem der CB 50, die Motorleistung lag allerdings mit 1,7 PS noch einmal niedriger als bei der Straßenmaschine. Die dritte Honda mit dem neuen stehenden Einzylinder-Motor, die CY 50, sollte die Honda Dax ablösen. »Der neue Frechdax« mit seinen Ballonreifen der Dimension 5.40–10 war allerdings kein Minibike mehr, das sich im Kofferraum transportieren ließ, dazu war sie mit 87 kg zu schwer.

*> Optisch konnte es die Honda CB 50 J mit der europäischen Mokick-Konkurrenz aufnehmen, die Motorleistung blieb jedoch hinter dem Design zurück.*

*> »Der neue Frechdax« sagte die deutsche Honda-Werbung zum Mokick CY 50, ein Dax-Nachfolger war die Maschine indes nicht.*

Im Gegensatz zu den Viertaktern arbeiteten die Triebwerke der MB-5/MT-5 im Zweitakt-Rhythmus und verkürzten den leistungsmäßigen Abstand zur Konkurrenz. Der rundum schwarzlackierte Einzylinder-Zweitakter mit Membransteuerung und CDI-Zündung war für Deutschland von 7 auf 2,9 PS bei 5000 Umdrehungen gedrosselt worden. Eine Ausgleichswelle sorgte für ein hohes Maß an Laufkultur, für die Kraftübertragung ein klauengeschaltetes Fünfganggetriebe.
Charakteristisch für die Optik der MB-Modelle sollte die Chassis-Konstruktion werden, kein anderes Mokick trug einen Brückenrohrrahmen unverhüllt zur Schau. Sportlich auch die Optik mit kleiner Cockpitverkleidung, schwarzen 18-Zoll-Comstar-Rädern und sportlicher Höckersitzbank im Euro-Stil.
Mit gleichem Motor, aber hochgezogener Auspuffanlage, präsentierte sich die MT-5. Das Mokick im Enduro-Look zeigte sich mit 19-Zoll-Vorderrad, Bridgestone-Stollenreifen, Crosslenker und üppigen Federwegen (135 mm vorn 125 mm hinten) für den Geländeeinsatz bestens gerüstet. Ambitionierte Off-Road-Einlagen stand allerdings die mit 2,7 PS noch einmal reduzierte Motorleistung entgegen.
Zur IFMA 1984 wurde die CB 50 J durch die MBX 50 und MTX abgelöst. Die Nachfolger mit Zweitaktmotoren leisteten die klassenüblichen 2,7 PS bei 5000 Touren. Bis auf Wasserkühlung und Getriebe entsprachen die Schnapsglas-MBX den größeren Achtzigern: Von der Teleskopgabel mit 115 mm Federweg vorn über die Kastenprofilschwinge mit 140 mm Arbeitsweg bis hin zur hydraulischen Einscheibenbremsen mit 220 mm Durchmesser und Doppelkolben-Bremszange – so viel Motorrad gab es in der Mokick-Klasse sonst nirgends. Das Enduro-Mokick fiel zur Saison 1988 aus dem Programm, die MBX dagegen hielt sich noch bis in die 90er Jahre.

Seit 1988 standen wieder zwei alte Bekannte im Honda-Programm: die ST 50 »Dax«, nun 2,7 PS stark und nahezu unverändert, sieht man einmal von der jetzt mattschwarzen (später wieder Chrom) Auspuff-

> Mit den Mokick-Zweitaktern MB 5 und MT 5 begab sich Honda Ende der 70er Jahre auf die Überholspur.

anlage, den eckigen Blinkern und dem neuen Rücklicht ab. Und die ZB 50 »Monkey« des Jahres 1988 unterschied sich technisch doch erheblich von den früheren Affen. Trocken 72 kg leicht und auf 2,4 PS bei 7000/min erstarkt, rollte das Minibike nicht mehr auf Acht-, sondern auf Zehn-Zoll-Rädern. Der Stahlrohrrahmen mit nun eckigem Profil war verstärkt worden und an die Stelle der Stereo-Federbeine war eine Kastenschwinge mit Zentralfederbein getreten.

NSR: Diese drei Buchstaben stehen bei Honda seit vielen Jahren als Symbol für Rennsport auf höchstem Niveau und mit der NSR des Jahres 1989 brachte Honda Rennsport-Feeling auch in die Schnapsglas-Klasse, die in diesem Fall von Spanien aus ins Rennen geschickt wurde. Honda ließ sein neues Mokick für den europäischen Markt

> Ab Ende 1984 hieß die neue 50er Enduro MTX 50. Bis auf den Motor war sie mit dem 80er Leichtkraftrad nahezu identisch.

> Zwei statt vier Takte: Die MBX 50 mit Zentralfederbein löste 1984/85 die gute alte CB 50 J ab. Sie konnte mit oder ohne Verkleidung gewählt werden.

> Zwei alte Bekannte kehrten ab 1988 ins Honda-Programm zurück. Während sich die »Dax« nur wenig verändert hatte, erschien die »Monkey« mit neuem Fahrwerk und modernisiertem Design.

> *Die NSR 50 war die letzte Honda-Neuschöpfung auf dem deutschen Mokick-Markt der 90er Jahre.*

nämlich bei Montesa in Barcelona fertigen. Der Einzylinder-Zweitakter mit Flüssigkeitsmantel und Getrenntschmierung leistete 3 PS bei 6000/min und kam mit einem Vierganggetriebe aus. Pro-Link-Schwinge und Doppelkolben-Scheibenbremse hießen einige Highlights des Chassis. Die Montesa-Honda tauchte zum Modelljahr 1997 letztmals in den Lieferlisten auf, große Modelländerungen hatten sich nicht ergeben, sieht man einmal von den wechselnden Designs und der ab Ende 1994 serienmäßig montierten Vollverkleidung ab.

**Die Honda-Modelle 1977–2000 in der Übersicht**

| Modell | Art | Motor | Leistung PS | Getriebe | Rahmen | Federung v/h | Angebot in D |
|---|---|---|---|---|---|---|---|
| Honda CB 50 J | Mokick | Honda-Viertakt | 2 | 4-Gang-Fuß | Rohrrahmen | Telegabel/ Schwinge | 1977–1984 |
| Honda CY 50 | Mokick | Honda-Viertakt | 2 | 4-Gang-Fuß | Rohrrahmen | Telegabel/ Schwinge | 1978–1984 |
| Honda XL 50 | Enduro-Mokick | Honda-Viertakt | 1,7 | 4-Gang-Fuß | Rohrrahmen | Telegabel/ Schwinge | 1978–1984 |
| Honda Z 50 GZ Gorilla | Mokick | Honda-Viertakt | 1,7 | 3-Gang-Autom. | Rohrrahmen | Telegabel/ Schwinge | 1979–1985 |
| Honda MB-5 | Mokick | Honda-Zweitakt | 2,9 | 5-Gang-Fuß | Brückenrohr | Telegabel/ Schwinge | 1979–1985 |
| Honda MT-5 | Mokick | Honda-Zweitakt | 2,7 | 5-Gang-Fuß | Brückenrohr | Telegabel/ Schwinge | 1979–1985 |
| Honda MBX 50 | Mokick | Honda-Zweitakt | 2,7 | 4-Gang-Fuß | Rohrrahmen | Telegabel/ Schwinge | 1984–1992 |
| Honda MTX 50 | Enduro-Mokick | Honda-Zweitakt | 2,7 | 4-Gang-Fuß | Rohrrahmen | Telegabel/ Schwinge | 1984–1988 |
| Honda Monkey ZB 50 | Mokick | Honda-Viertakt | 2,6 | 3-Gang-Autom. | Rohrrahmen | Telegabel/ Schwinge | 1988–1992 |
| Honda Dax ST 50 | Mokick | Honda-Viertakt | 2,4 | 3-Gang-Autom. | Rohrrahmen | Telegabel/ Schwinge | 1988-nach 2000 |
| Honda NSR 50 | Mokick | Honda-Zweitakt | 3 | 4-Gang-Fuß | Stahlrohr | Telegabel/ Schwinge | 1989–1997 |

## Suzuki

Suzuki hatte sich zum Ende der 1960er Jahre hin nach Honda zum zweitgrößten Exporteur von Motorrädern weltweit entwickelt. In Sachen 50 ccm tauchte 1966 das erste Kleinkraftrad in Deutschland auf.

**1966–1977**

Es handelte sich um die Sport 50, interne Typenbezeichnung M 12/II, im typischen, für den amerikanischen Markt entworfenen Scrambler-Stil. Mit 4,5 PS und Vierganggetriebe war die Zweitakt-Maschine für deutsche Verhältnisse nicht mehr ganz zeitgemäß motorisiert und optisch ebenfalls ein wenig altbacken unterwegs. Vielleicht auch deshalb war die Maschine und mit ihr gleich die ganze Marke nach 1967 für einige Jahre hierzulande vom Markt verschwunden.

Es sollte schließlich bis 1975 dauern, ehe in Deutschland zunächst die RV 50 den Suzuki-Einstig in die 50er-Mokick-Klasse bildete. Die sogenannte »VanVan«-Type war eigentlich für den amerikanischen Markt gedacht, sollte aber hierzulande auch müde Passanten mobil machen. Sie leistete 1,9–2,2 PS bei 6600/min, wog 82 Kilogramm, kostete 1680 Mark und empfahl sich als Gegenstück zur Honda Dax – wie diese ein ideales Stadt- und Citybike. Die charakteristischen Zehn-Zoll-Stahlscheibenräder waren in der Mitte teilbar. Die große Sitzbank sah zwar urgemütlich aus, vertrug aber im Prinzip nur einen Passagier, zwei Personen hatten auf dem Mokick kaum Platz. Die RV verfügte auch über die Suzuki-Getrenntschmierung – und einen gesegneten Appetit: Nach kaum 100 Kilometern musste die nächste Zapfsäule angesteuert werden. Die RV war ungeahnt erfolgreich und Suzuki spendierte dem 79er Modell, ein PS mehr.

*> 1966 erschien mit der Sport 50 die erste 50er Suzuki auf dem deutschen Markt.*

*> Die Japaner schworen auf ihre Minibikes. Bei Suzuki nannte sich das erste Modell in Deutschland RV 50.*

1976 kam die A 50 K auf den deutschen Markt: eine jener typischen asiatischen Arbeitsbienen im Styling der 60er Jahre, die bis zum Erscheinen der GT-Mokicks neben der RV im Programm stand. Die kleine 50er war der A 100 wie aus dem Gesicht geschnitten und verfügte über die zeittypische Ausstattung, einem nach vorne geneigten Einzylindermotörchen, einer vollgekapselten Kette und einem tief gezogenen Auspuff. Beim luftgekühlten Einzylinder-Zweitaktmotor handelte es sich um das gleiche Aggregat, das auch die RV 50 zur gesetzlich limitierten Spitze von 40 km/h trieb. Ihre Nominalleistung lag allerdings mit 1,9 PS bei 4500/min in den Regionen der ersten RV-Typen, die späteren Modelle brachten es auf 2,2 PS bei 6000/min.

Mit 1740 Mark war die Suzuki ein wohlfeiles Angebot in der Mokick-Klasse.

> *Suzuki A 50 K, ein Mokick, dass 1977 in Design und Leistung nicht auffiel, aber preisgünstiger war, als die Konkurrenz.*

**1978–1999**

Ab 1978 bot Suzuki mit der GT 50 K noch einmal ein Kleinkraftrad an. Die GT überzeugte durch ihre motorradmäßige Ausstattung und hatte alle Features, die auch die größeren Zweitakt-Modelle aufwiesen, von der CCI-Getrenntschmierung über das komplett mit Tachometer und Drehzahlmesser bestückte Cockpit bis hin zur 220 Millimeter messenden Einscheibenbremse im Vorderrad. Die Kraftübertragung erledigte ein tadellos schaltbares Fünfganggetriebe. Größtes Manko der kleinen GT war die Motorleistung: Mit nur 4,7 PS blieb man doch deutlich unter den 6,25 PS der Konkurrenz.

Weitgehend chancenlos war auch das vom Kleinkraftrad abgeleitete Mokick GT 50 KB mit nur 1,5 PS und das dazu parallel angebotene Enduro-Mokick TS 50 K mit dem gleichen Motor. Beide sahen immerhin schick aus, waren sehr gut ausgestattet und hatten ein Fünfganggetriebe.

Mit mehr Leistung und jetzt voll konkurrenzfähig erschien 1979 das Mokick X 1 E, jetzt mit 3 PS und optisch an die größeren Suzuki-Motorräder mit 250 ccm angelehnt. Die Maschine war mit 2696 Mark deutlich preiswerter als einheimische Produkte, ein dünneres Händlernetzt beeinträchtigte dennoch zunächst den Vertrieb. Das galt auch für das wieder parallel gefertigte Enduro-Mokick TS 50 ER, bei dem Kritiker das zu kurze vordere Schutzblech als Dreckschleuder bemängelten.

1984 beendete Suzuki bis auf einen Motorroller vorläufig alle 50er Aktivitäten auf dem deutschen Markt und erst 1992 tauchte mit der TS 50 XK wieder ein Mokick im Motorradkatalog auf. Im Enduro-Look

*> Ab 1978 bot Suzuki mit der GT 50 K ein überzeugendes Kleinkraftrad unter anderem mit Getrenntschmierung und Scheibenbremse an. Die 4,7 PS waren allerdings etwas mager, dafür war der Preis mit 2.400 D-Mark unschlagbar.*

dieser Zeit und mit einem modernen, membrangesteuerten Zweitakter mit ungeregeltem Katalysator. Mit dem Doppelschleifen-Rohrrahmen und dem Zentralfederbein war die Maschine auch ohne Scheibenbremsen mit einem guten Fahrwerk unterwegs und mit 3770 Mark im Preis unschlagbar.
1998 brachte Suzuki dann noch mal ein Funbike. Die TR 50 S »Street Magic« war eine Mischung aus Minibike, Motorroller und Moto Cross-Maschine, die mit dicken 12-Zoll-Reifen und niedriger Sitzhöhe aufwartete. Der Motor war Teil einer Triebsatzschwinge und konnte elektrisch oder per Kickstarter angelassen werden. In Japan sehr beliebt, sah die kleine Maschine hierzulande nicht mehr das Jahr 2000.

> Neu auf dem Markt war 1978 auch die Suzuki TS 50 K, ein Enduro-Mokick mit damals in dieser Klasse noch längst nicht üblicher Zweitakt-Getrenntschmierung.

> Das Mokick X 1 E entsprach bis auf den 3-PS-Motor der später erschienenen X 3 der Leichtkraftradklasse mit 80 ccm.

> Als Parallelmodell zur X 1 E erschien das Enduro-Mokick TS 50 ER, ebenfalls mit 3 PS und Fünfganggetriebe.

> Die letzte 50er Enduro von Suzuki in den 90er Jahren war die zeitgemäße TS 50 XK mit membrangesteuertem Zweitakter.

> Die TR 50 S »Street Magic« war eine interessante Mischung verschiedener Bauarten und gleichzeitig die letzte 50er von Suzuki vor der Jahrtausendwende.

**Die Suzuki-Modelle in der Übersicht**

| Modell | Art | Motor | Leistung PS | Getriebe | Rahmen | Federung v/h | Angebot in D |
|---|---|---|---|---|---|---|---|
| Suzuki Sport 50 | KKR | Suzuki-Zweitakt | 4,5 | 4-Gang-Fuß | Pressstahl | Telegabel/ Schwinge | 1966–1967 |
| Suzuki RV 50 | Mokick | Suzuki-Zweitakt | 2,2 / 3 | 4-Gang-Fuß | Pressstahl | Telegabel/ Schwinge | 1975–1984 |
| Suzuki A 50 K | Mokick | Suzuki-Zweitakt | 1,9 | 4-Gang-Fuß | Pressstahl | Telegabel/ Schwinge | 1976–1979 |
| Suzuki GT 50 K | KKR | Suzuki-Zweitakt | 4,7 | 5-Gang-Fuß | Rohrrahmen | Telegabel/ Schwinge | 1978–1979 |
| Suzuki GT 50 KB / KE | Mokick | Suzuki-Zweitakt | 1,5 | 5-Gang-Fuß | Rohrrahmen | Telegabel/ Schwinge | 1978–1981 |
| Suzuki TS 50 K | Enduro-Mokick | Suzuki-Zweitakt | 1,5 | 5-Gang-Fuß | Rohrrahmen | Telegabel/ Schwinge | 1978–1979 |
| Suzuki X 1 E | Mokick | Suzuki-Zweitakt | 3 | 5-Gang-Fuß | Rohrrahmen | Telegabel/ Schwinge | 1979–1983 |
| Suzuki TS 50 ER | Enduro-Mokick | Suzuki-Zweitakt | 3 | 5-Gang-Fuß | Rohrrahmen | Telegabel/ Schwinge | 1979–1984 |
| Suzuki TS 50 XK | Enduro-Mokick | Suzuki-Zweitakt | 2,5 | 5-Gang-Fuß | Dopelschleife | Telegabel/ Schwinge | 1992–1997 |
| Suzuki TR 50 S | Mokick | Suzuki-Zweitakt | 3 | Variomatic | Profilstahl | Telegabel/ Schwinge | 1998–1999 |

## Yamaha

Yamaha, die Marke, die sich immer etwas kultivierter und dezenter gab – praktisch der Robert Palmer unter den vier großen japanischen Motorrad-Herstellern – war schon in der 1960er Jahren bei der Fertigung von 50-ccm-Maschinen dabei.

### 1966–1982

Die FS-1 war die kleinste, leichteste und preisgünstigste 50er Yamaha im Programm. Als Kleinkraftrad oder Mokick (FS-1G) hatte diese Maschine eine lange Ahnen-Reihe und ging auf die YF-1 von 1964 zurück, das erste Yamaha-Moped in Deutschland, 1966 hierzulande auch als Kleinkraftrad angeboten. Die FS-1 hatte noch einen Pressblechrahmen, und ein nicht sonderlich gelungenes Design, wies aber zahlreiche Features der größeren Yamaha auf: Getrenntschmierung, Blinker und nicht zuletzt die ab 1978 im DX-Modell lieferbare Scheibenbremse. Darüber hinaus war sie sehr laufruhig und auch mechanisch ein echter Leisetreter. Und trotz der in den Papieren stehenden 2,8 PS (Mokick) etwas schwach auf der Brust. Und obwohl die Maschine nicht viel teurer war als ein Mofa, fiel sie beim Publikum durch.

Anders die 6,25 PS starke RD 50 – das Topmodell unter den 50ern von Yamaha, im Spätjahr 1973 erschienen. Das Kleinkraftrad verfüg-

*> Mit der YF-1 begann Yamaha ab 1966 den deutschen Kleinkraftrad-Markt zu beackern. Die Maschine sah vielleicht etwas konservativ aus, hatte aber einen modernen Zweitaktmotor mit Getrenntschmierung.*

*> Die Yamaha FS-1 war in ihrer ersten Ausgabe von 1968 als sportlicher Einsitzer nach typisch amerikanischen Vorgaben gebaut worden.*

*> Als Mokick hatte die FS-1 alles, was so ein Fahrzeug Mitte der 70er Jahre brauchte, war jedoch trotz ihres niedrigen Preises wenig erfolgreich.*

*> Als FS-1 DX hatte die kleine Fünfziger von Yamaha ab 1978 eine Scheibenbremse am Vorderrad und Rahmenunterzüge erhalten.*

> *In der letzten Ausführung der FS-1 DX war die Tank-Sitzbanklinie noch einmal überarbeitet worden.*

> *GT 50 hieß der Nachfolger der FT-1, bei dem sich sowohl technisch als auch optisch wenig geändert hatte.*

> *Ein kurzes Gastspiel gab 1972/73 die Mini-Enduro FT-1, mit der eine Ära von Yamaha-Kinderbikes eingeläutet wurde.*

te, wie inzwischen alle Zweitakter der Marke, über die »7-Kanal-Spülung und Membran-Einlass«, wie die Prospekte nicht müde wurden zu betonen.
Die Stunde der RD 50 DX schlug 1976 mit einer deutlich verbesserten Ausstattung. Eine aufklappbare Sitzbank mit Schloss, an separaten Auslegern befestigte Soziusfußrasten und die bissig zupackende Scheibenbremse im Vorderrad waren starke Pluspunkte für die Kleine aus Iwata. Zum Sommer 1978 erhielt die RD 50 dann eine neue Optik samt geänderter Sitzbank; die Motortechnik blieb abgesehen von Kleinigkeiten unverändert.
Zeitgleich mit der modifizierten RD 50 DX erschien deren Mokick-Ausführung RD 50 M. Schalldämpfer, Zylinderkopf, Seitendeckel und ein Halteriemen für die Sitzbank boten das einzige Unterscheidungsmerkmal zum Kleinkraftrad.

Wer die horrenden Versicherungsprämien von rund 800 Mark für ein Kleinkraftrad nicht löhnen wollte, griff in den 70er Jahren zum halb so schnellen Mokick, dessen Versicherung knapp 100 Mark kostete. Kein Wunder also, dass die Nachfrage explodierte und die

*> Der neue Yamaha-Hit auf dem umkämpften deutschen Kleinkraftrad-Markt, war die 1973 präsentierte RD 50 mit Doppelschleifen-Rohrrahmen und modernster Zweitakttechnik.*

*> Ein Trial-Mokick für den Zweipersonenbetrieb: Die TY 50 M von Yamaha kam 1977 auf den deutschen Markt.*

*> »Chappy« hieß das Minbike von Yamaha, nicht zufällig so ähnlich wie die »Chaly« von Honda und nicht zufällig genauso teuer.*

Händler gar nicht schnell genug liefern konnten. Wer zum Beispiel eine TY 50 bestellt hatte, musste sich acht bis zehn Wochen gedulden. Das Trial-Mokick trug den schon von den anderen 50ern her bekannten Einzylinder und schöpfte daraus eine Leistung von 2,8 PS. Die zierliche TY vertrat die Yamaha-Farben auch beim ersten großen Mokick-Vergleichstest Mitte 1977. In der Motorrad-Endwertung belegte die mit 1825 Mark günstige Yamaha den sechsten Rang: »Magere Punktausbeute bei der Startfreudigkeit, Elastizitätsprüfung, Bremswirkung und Aktionsradius«, lautete das Fazit.
Yamahas Beitrag zur Minibike-Welle der Mittsiebziger nannte sich LB-50 Chappy und trat gegen Mokicks wie das Chaly von Honda an. Bestückt war er mit dem liegenden Einzylinder-Zweitakter der Bop. Verdichtet auf 6,6 zu 1, entwickelte das Mokick 2,8 PS bei 5000 Touren. Für die Kraftübertragung auf das Zehn-Zoll-Hinterrad sorgte eine zweistufige Getriebeautomatik mit Fliehkraftkupplung.

> *Ab 1976 war die die RD 50 mit der Zusatzbezeichnung DX und unter anderem mit einer Scheibenbremse am Vorderrad unterwegs.*

> *Bis weit in die 80er Jahre hinein hielt Yamaha an der RD 50 M auf dem deutschen Markt fest.*

Die LB-50 wurde erstmals 1975 gezeigt und gehörte zu den ungewöhnlichsten Kreationen auf dem Markt.
Eher lustig als lästig: Die City-Bikes mit den kleinen, knuffigen Ballonreifen, die Mitte der 70er Jahre mehr und mehr die Innenstädte bevölkerten. Allerdings hatte Honda mit der Dax und Suzuki mit der RV 50 ihre Claims längst schon abgesteckt, als Yamaha Mitte 1977 mit der »Bop« diesen Markt ebenfalls ins Visier nahm. Die Bop war, wie die anderen Mini-Bikes auch, in erster Linie für den amerikanischen Markt bestimmt. Sie leistete 2,9 PS, kostete 1532 Mark und empfahl sich als Gegenstück zur Honda Dax – und war wie diese ein ideales Stadtgefährt. Auch als Zweitfahrzeug beim Campingurlaub war die sympathische 50er die richtige Wahl.
Eine wichtige 50er aus dem Yamaha-Programm der 70er Jahre darf nicht vergessen werden: Die V 50. Die Yamaha V-Serie wurde als billiges und zuverlässiges Moped/Mokick beworben, das einfach zu bedienen war. Die V-Serie startete in den frühen 1970er Jahren mit der V 50, ehe sich Mitte der 1970er-Jahre verschiedene Varianten auf dem Markt tummelten.

**Die Yamaha-Modelle 1966–1979 in der Übersicht**

| Modell | Art | Motor | Leistung PS | Getriebe | Rahmen | Federung v/h | Angebot in D |
|---|---|---|---|---|---|---|---|
| Yamaha YF-1 | KKR | Yamaha-Zweitakt | 4,5 | 5-Gang-Fuß | Pressstahl | Telegabel/Schwinge | 1966–1967 |
| Yamaha FS-1 | KKR | Yamaha-Zweitakt | 5,2 | 5-Gang-Fuß | Pressstahl | Telegabel/Schwinge | 1968–1975 |
| Yamaha FT-1 (J) | KKR | Yamaha-Zweitakt | 4 | 5-Gang-Fuß | Doppelschleife | Telegabel/Schwinge | 1972–1973 |
| Yamaha FS-1 G | Mokick | Yamaha-Zweitakt | 2,8 | 4-Gang-Fuß | Pressstahl | Telegabel/Schwinge | 1973–1977 |
| Yamaha GT 50 | KKR | Yamaha-Zweitakt | 3,9 | 5-Gang-Fuß | Doppelschleife | Telegabel/Schwinge | 1974–1975 |
| Yamaha RD 50 | KKR | Yamaha-Zweitakt | 6,26 | 5-Gang-Fuß | Doppelschleife | Telegabel/Schwinge | 1973–1975 |
| Yamaha RD 50 DX | KKR | Yamaha-Zweitakt | 6,26 | 5-Gang-Fuß | Doppelschleife | Telegabel/Schwinge | 1976–1980 |
| Yamaha FS-1 DX | Mokick | Yamaha-Zweitakt | 2,8 | 4-Gang-Fuß | Pressstahl | Telegabel/Schwinge | 1978–1981 |
| Yamaha RD 50 M | Mokick | Yamaha-Zweitakt | 3 | 5-Gang-Fuß | Doppelschleife | Telegabel/Schwinge | 1978–1985 |
| Yamaha TY 50 M | Mokick | Yamaha-Zweitakt | 2,7 | 4-Gang-Fuß | Doppelschleife | Telegabel/Schwinge | 1977–1981 |
| Yamaha LB-50 Chappy | Mokick | Yamaha-Zweitakt | 2,8 | 2-Gang-Aut. | Pressstahl | Telegabel/Schwinge | 1977–1985 |
| Yamaha Bob LB-3 M | Mokick | Yamaha-Zweitakt | 3 | 3-Gang-Fuß | Pressstahl | Telegabel/Schwinge | 1977–1981 |
| Yamaha DT 50 M | Mokick | Yamaha-Zweitakt | 2,9 | 4-Gang-Fuß | Doppelschleife | Telegabel/Schwinge | 1978–1985 |

**1980–2000**

Nachdem sich auch Yamaha vom Kleinkraftrad verabschiedet hatte und stark in die 80-ccm-Klasse einstieg, dauerte es bis 1983, ehe mit den Modellen RD 50 MX und DT 50 MX zwei neue Mokicks auf dem deutschen Markt erschienen, deren Basis eben jene 80er waren. Design und Fahrwerk entsprachen exakt den Modellen DT 80 MX und RD 80 MX, lediglich die membrangesteuerten Zweitaktmotoren mit 3 PS und Vierganggetriebe genügten den Anforderungen für die deutsche Mokick-Klasse. Und als diese 1986 auf 50 km/h aufgewertet wurde, schob Yamaha noch ein »S« hinter die Typenbezeichnung der Enduro, erhöhte die Leistung des weiterhin luftgekühlten Motors auf 4,1 PS, verbaute jetzt ein Fünfganggetriebe und eine Cantilever-Federung für das Hinterrad.

Im neuerworbenen Motobécane-Werk im französischen Saint Quentin ließ Yamaha ab 1989 die neue DT 50 R bauen. Neu war neben der Optik mit angedeuteten Lufthutzen (der Motor blieb weiterhin luftgekühlt) der Einrohrrahmen mit zwei Unterzügen und Zentralfederbein

> 80 oder 50 Kubik? Die RD 50 MX unterschied sich lediglich durch Motor und Getriebe von der größeren Schwester.

> Das gleiche galt auch für das Enduro-Mokick DT 50 MX.

> In die 90er Jahre startete Yamaha mit der in Frankreich gebauten DT 50 R, die sich mit einem guten Preis-Leistungsverhältnis auszeichnete.

> *Im wahrsten Sinne des Wortes spielend Motorradfahren lernen: Mit dem Dauerbrenner PW50 (ab 12 Jahren durfte es auch die PW80 sein) begann die Talenteauslese für den Moto Cross-Sport.*

und die nun wieder auf 3,1 PS reduzierte Leistung. 21 Zoll vorn und 18 hinten entsprachen zusammen mit der Sitzhöhe von 850 mm echtem Enduroflair.

Bleibt noch ein absoluter Dauerbrenner im Yamaha-Programm nachzutragen. Die PW50 hat Generationen von jungen Fahrern ans Motocrossfahren herangeführt. 2025 ist dieses legendäre Kinderbike im 45. Produktionsjahr! Während dieser Zeit ist das Konzept der PW50 praktisch dasselbe geblieben. Das unterstreicht die Brillanz des ursprünglichen Designs mit seiner abgerundeten Silhouette, seinen benutzerfreundlichen Features und seiner unkomplizierten Technologie. Für Kinder von sechs bis zehn Jahren empfohlen, war die Maschine mit Eingangautomatik, kleinen 10-Zoll-Rädern und Kardanantrieb ein Weg, spielend Motorradfahren zu lernen. Und mit 2,7 PS war auch für ordentlich Vortrieb gesorgt. Die PW50 war die einzige Fünfziger, die nach 1997 noch im Yamaha-Angebot blieb.

**Die Yamaha-Modelle 1980–2000 in der Übersicht**

| Modell | Art | Motor | Leistung PS | Getriebe | Rahmen | Federung v/h | Angebot in D |
|---|---|---|---|---|---|---|---|
| Yamaha PW50 | Kinder-Crosser | Yamaha-Zweitakt | 2,7 | 1-Gang-Aut. | Doppelschleife | Telegabel/ Schwinge | 1980-nach 2000 |
| Yamaha RD 50 MX | Mokick | Yamaha-Zweitakt | 3 | 4-Gang-Fuß | Doppelschleife | Telegabel/ Schwinge | 1983–1985 |
| Yamaha DT 50 MX | Enduro-Mokick | Yamaha-Zweitakt | 3 | 4-Gang-Fuß | Doppelschleife | Telegabel/ Schwinge | 1983–1984 |
| Yamaha DT 50 MX-S | Enduro-Mokick | Yamaha-Zweitakt | 4,1 | 5-Gang-Fuß | Doppelschleife | Telegabel/ Schwinge | 1987–1990 |
| Yamaha DT 50 R | Enduro-Mokick | Yamaha-Zweitakt | 3,1 | 5-Gang-Fuß | Einrohr m. Unterz. | Telegabel/ Schwinge | 1989–1997 |

# Preise und Statistiken

### Kleinkraftradpreise

Die nachfolgenden Tabellen sollen einen Überblick darüber verschaffen, welche Preisspannen einerseits zwischen den billigsten und den teuersten Modellen eines Jahrgangs lagen und andererseits welche Preissteigerungen einzelne Modelle im Laufe ihrer Bauzeit erfuhren. Hierin lag auch der Grund, Preise in den Übersichtstabellen der einzelnen Marken nicht zu berücksichtigen. 1971 kostete beispielsweise eine Jawa über den Neckermann-Versand 775 D-Mark und sechs Jahre später, nahezu unverändert, 998 D-Mark. Eine Steigerung um fast 30 Prozent! Oder auf der anderen Seite, bei den teuersten Modellen war eine Zündapp KS 50 watercooled im Jahre 1973 für 2.198 D-Mark zu haben, sechs Jahre später waren es 3.257 D-Mark – das entsprach einer Steigerung von 46 Prozent. Inflation war nicht erst heute!

Oft führt ein Jawa-Modell die Spalte der billigsten Modelle an. Und anders als etwa bei tschechischen Mofas waren die Kleinkrafträder

*> War jahrelang das billigste Angebot auf dem bundesdeutschen Kleinkraftrad-Markt: Die Jawa 50 Typ 23, die in der DDR »Mustang« hieß und dort 2.100,- Mark (Ost) kostete.*

*> Die Zündapp KS 50 watercooled war in den Preislisten immer vorne mit dabei. Von 1973 bis 1979 stieg ihr Preis um 46 Prozent.*

**Ausgewählte Kleinkraftradpreise 1960–1969**

| Jahr | Das Billigste | Das Preiswerte | Das Mittelpreisige | Das Teure | Das Teuerste |
|---|---|---|---|---|---|
| 1960 | Puch DZ 50 SK, DM 886,- | DKW Hummel Super, DM 910,- | Gritzner Milano SK, DM 928,- | Goebel GS 11 Touren, DM 970,- | Honda C 102, DM 1.095,- |
| 1961 | Puch DZ 50 SK 2, DM 886,- | Kreidler Florett, DM 916,- | Panther K-9, DM 938,- | Göricke 367 Supersport, DM 980,- | Honda Sport Cub, DM 1.045,- |
| 1962 | Jawa 50 555, DM 735,- | Puch VSR, DM 895,- | Rex Silber-Rex, DM 965,- | Maico Maicolino M 50, DM 985,- | Gritzner Monza de Luxe, DM 1.098,- |
| 1963 | Honda Super Cub, DM 945,- | Rex Silber-Rex, DM 965,- | Kreidler Florett Motorrad, DM 986,- | Goebel GS 14, DM 1.035,- | Gritzner Monza de Luxe, DM 1.098,- |
| 1964 | Express Carino, DM 915,- | Peripoli Tourismo, DM 950,- | Victoria Avanti, DM 980,- | Kreidler Florett Super, DM 1.148,- | Rixe RS 50 S, DM 1.215,- |
| 1965 | Victoria Avanti, DM 840,- | Honda Super C 100, DM 930,- | Maico Maicolino M 50, DM 985,- | Rabeneick Binetta Super 5, DM 1.205,- | Rixe Derby D, DM 1.415,- |
| 1966 | Yamaha YF-1, DM 1.069,- | Goebel GS 14, DM 1.080,- | Kreidler Florett Super, DM 1.159,- | Italjet Cobra, DM 1.368,- | Guazzoni Mata, DM 1.650,- |
| 1967 | Anker-Berini M 39, DM 900,- | Honda Sport SS 50, DM 995,- | DKW 166, DM 1.198,- | Zündapp KS 50, DM 1.298,- | Italjet Cobra, DM 1.398,- |
| 1968 | Jawa 50, DM 698,- | Garelli Rekord, DM 898,- | Morini Corsarino ZZ, DM 1.280,- | Hercules K 50 Sport, DM 1.385,- | Zündapp KS 50 Super Sport, DM 1.473,- |
| 1969 | Jawa 50, DM 698,- | Garelli Monza, DM 885,- | Goebel GS 15 S, DM 1.330,- | DKW 159 TS, DM 1.463,- | Hercules K 50 RS, DM 1.523,- |

| Ausgewählte Kleinkraftradpreise 1970–1980 | | | | | |
|---|---|---|---|---|---|
| **Jahr** | **Das Billigste** | **Das Preiswerte** | **Das Mittelpreisige** | **Das Teure** | **Das Teuerste** |
| 1970 | Jawa 50, DM 748,- | Giulietta Sport, DM 875,- | Hercules K 50 Sprint, DM 1.270,- | Hercules K 50 RX, DM 1.610,- | Guazzoni Matta, DM 1.800,- |
| 1971 | Jawa 50 Sport, DM 775,- | Honda Dax ST 50, DM 998,- | Yamaha FS-1, DM 1.298,- | Maico MD 50, DM 1.735,- | Guazzoni Matta, DM 1.870,- |
| 1972 | Jawa 50 Sport, DM 795,- | Garelli Rekord Super, DM 998,- | Yamaha FT-1, DM 1.298,- | Hercules K 50 RX, DM 1.820,- | Kreidler Florett RSH Luxus, DM 1.895,- |
| 1973 | Jawa 50 Sport, DM 898,- | Honda Sport SS 50 Standard, DM 1.098,- | Yamaha FS-1, DM 1.348,- | Batavus TS 49 S, DM 1.970,- | Zündapp KS 50 water-cooled, DM 2.198,- |
| 1974 | Jawa 50 Typ 23, DM 919,- | Yamaha GT 50 Mini-Enduro, DM 1.261,- | Garelli RSC Electronic Cross, DM 1.498,- | Fantic Chopper 60 TX, DM 2.350,- | Hercules K 50 GS, DM 2.600,- |
| 1975 | Jawa 50 Typ 23, DM 949,- | Honda Sport SS 50 de Luxe, DM 1.478,- | Gilera Touring RS, DM 1.660,- | Hercules K 50 GS, DM 2.700,- | SWM GS 50, DM 3.290,- |
| 1976 | Jawa 50 Typ 23, DM 978,- | Honda Sport SS 50 de Luxe, DM 1.478,- | Garelli RSC Electronic, DM 1.998,- | KTM Comet Grand Prix 50 S, DM 2.880,- | SWM GS 50, DM 3.550,- |
| 1977 | Jawa 50 Typ 23, DM 998,- | Suzuki GT 50, DM 1.948,- | Yamaha RD 50 DX, DM 2.300,- | Puch Monza 6 SL, DM 3.159,- | Hercules K 50 Ultra, DM 3.350,- |
| 1978 | Testi Grand Prix 50, DM 2.150,- | Yamaha RD 50 DK, DM 2.402,- | Puch M 50 Jet, DM 2.699,- | KTM 50 RSW, DM 3.530,- | Kreidler Florett RS-GS, 3.550,- |
| 1979 | Garelli RS 50 Touring, DM 2.150,- | Hercules K 50 Sprint, DM 2598,- | KTM 50 Enduro, DM 2.990,- | Gori Enduro 50, DM 3.790,- | Van Veen GS 50, DM 4.219,- |
| 1980 | Puch M 50 Jet, DM 2.880,- | KTM 50 RSL, DM 3.090,- | Puch Monza 6 SL, DM 3.270,- | Hercules Ultra II LC, DM 3.850,- | Horex Rebell, DM 3.950,- |

tatsächlich billig und konnten den westlichen Modellen nicht Paroli bieten. Den gewaltigen Preisunterschied rechtfertigt das allerdings nicht, aber die osteuropäische Jagd nach Devisen um jeden Preis, ließ diese Dumping-Geschäfte zu.

Am anderen Ende der Preisskala stehen nicht immer Modelle der großen deutschen Hersteller, italienische oder auch österreichische Sportmodelle stachen immer wieder mal mit hohen Preisen heraus.

Anhand von Produktions- und Importzahlen lässt sich speziell für den Kleinkraftradmarkt in Deutschland sehr gut nachvollziehen wie sich das Interesse in der Käuferschaft entwickelt hat. Aber auch, wie sich beispielsweise die Pleite von Kreidler (1981/82) und der Niedergang von Zündapp auf die Inlandsproduktion und den Export bei Mokicks ausgewirkt haben.

1976 waren Inlandsproduktion und Import von Kleinkrafträdern auf dem Höhepunkt angelangt, danach ging es stetig bergab, gleichzeitig legten die Zahlen bei den Mokicks zu. Besonders der Import stieg hier rasant an. Aber mit dem kometenhaften Aufstieg der Leichtkrafträder bis 80 ccm in der zweiten Hälfte des Jahres 1980 brach danach auch der Mokick-Markt in Deutschland dramatisch ein. Und erholte sich erst nach 1986 wieder, als die Höchstgeschwindigkeit für Mokicks auf 50 km/h gestiegen war und gleichzeitig der 80er Boom seinem Ende entgegen ging.

In den Jahren 1981 und 1982 fällt auf, dass die Zahlen beim Export von Kleinkrafträdern höher liegen als die der Inlandsproduktion. Das lag an teils riesigen Lagerbeständen, zum Beispiel bei Kreidler, die man versuchte, mit großen Nachlässen unter anderem nach Holland zu verkaufen.

Für die angegebenen Zahlen kann keine Gewähr übernommen werden, verschiedene Publikationen machten hier teilweise unterschiedliche Angaben.

| Produktion, Import, Export | | | | | | |
|---|---|---|---|---|---|---|
| **Jahr** | **KKR Produktion in Deutschland** | **KKR Import** | **KKR Export** | **Mokick Produktion in Deutschland** | **Mokick Import** | **Mokick Export** |
| 1970 | 48.632 | 10.144 | 16.667 | 29.131 | 2.548 | 6.187 |
| 1971 | 35.395 | 12.260 | 15.274 | 29.943 | 4.543 | 5.692 |
| 1972 | 36.658 | 12.180 | 11.679 | 28.382 | 6.756 | 4.745 |
| 1973 | 54.462 | 14.972 | 12.495 | 24.434 | 9.018 | 4.130 |
| 1974 | 34.354 | 12.197 | 11.896 | 39.137 | 17.491 | 6.525 |
| 1975 | 33.772 | 12.096 | 7.794 | 28.876 | 5.628 | 3.840 |
| 1976 | 36.920 | 28.352 | 15.520 | 40.346 | 6.632 | 16.228 |
| 1978 | 25.584 | 2.971 | 9.407 | 51.984 | 60.947 | 5.218 |
| 1979 | 24.792 | 4.306 | 9.864 | 44.250 | 62.205 | 4.552 |
| 1980 | 8.568 | 4.733 | 3.576 | 52.925 | 64.278 | 7.573 |
| 1981 | 3.670 | 2.180 | 3.699 | 17.392 | 30.924 | 5.227 |
| 1982 | 1.316 | 140 | 2.217 | 3.906 | 13.950 | 5.220 |

*> Hercules hielt bis zum äußersten Ende an dem Angebot von offenen 50ern fest. Die »Ultra 50 RS« mit Wasserkühlung der Jahre 1982/83.*